U0078076

精通 Azure Analytics

在雲端上使用 Azure Data Lake、
HDInsight 與 Spark

Mastering Azure Analytics
Architecting in the Cloud with Azure Data Lake,
HDInsight, and Spark

Zoiner Tejada 著

沈佩誼 譯

目錄

前言 xi

第一章　**企業級分析基礎** 1

資料分析管線 1

資料湖（Data Lake） 2

Lambda 架構 3

Kappa 架構 5

選擇 Lambda 或 Kappa 架構 6

Azure 分析管線 6

介紹分析情境（Introducing the Analytics Scenarios） 9

範例程式碼與範例資料集 11

準備事項 11

　　順暢連接的寬頻網路 11

　　訂用 Azure 服務 11

　　Visual Studio 2015 Update 1 版本 11

　　Azure SDK 2.8 或更新版本 14

本章總結 16

第二章　**將資料輸入 Azure** 17

擷取加載層 17

大量資料加載 19

　　硬碟運送（Disk Shipping） 19

終端使用者工具 34

基於網路的傳輸方法 51

串流加載 74

使用 Event Hub 進行串流加載 74

本章摘要 76

第三章　在 Azure 中儲存資料 **77**

依檔案儲存 77

Blob 儲存 79

Azure Data Lake Store 84

序列儲存 94

Blue Yonder 情境：智慧建築 95

Event Hub 96

IoT Hub 111

本章摘要 122

第四章　在 Azure 中即時處理資料 **123**

串流處理 123

從 Event Hub 取用訊息 125

一次一 tuple 處理法 129

HDInsight 129

EventProcessorHost 170

Azure Machine Learning 174

本章摘要 174

第五章　即時微批次處理 **175**

Azure 的微批次處理 175

HDInsight 的 Spark 串流 175

Storm on HDInsight 192

Azure 串流分析 200

本章摘要 206

第六章　在 Azure 中執行批次處理 **207**

在 MapReduce on HDInsight 執行批次處理 209

Apache Hadoop MapReduce 209

以 Hive on HDInsight 執行批次處理 213

　　內部及外部資料表 214

　　分割資料表 214

　　視圖 215

　　索引 215

　　資料庫 215

　　使用 Hive on HDInsight 216

　　Storage on HDInsight 218

　　批次處理 Blue Yonder Airports 資料 219

　　建立外部資料表 220

　　建立內部資料表 226

以 Pig on HDInsight 執行批次處理 229

以 Spark on HDInsight 執行批次處理 229

　　批次處理 Blue Yonder Airports 資料 233

　　建立外部資料表 234

以 SQL Database 執行批次處理 238

　　使用 SQL Database 240

　　批次處理 Blue Yonder Airports 資料 241

　　將認證資訊儲存到 Azure 儲存體 242

以 Data Lake Analytics 執行批次處理 249

　　使用 Data Lake Analytics 251

　　批次處理 Blue Yonder Airports 資料 251

　　以 U-SQL 處理 252

以 Azure Batch 執行批次處理 260

以 Azure Data Factory 架設批次處理管線 261

本章摘要 262

第七章　在 Azure 中進行互動式查詢 263

在 SQL Database 進行互動式查詢 265

　　分割區與分散區 265

　　索引 267

　　對 BYA 資料進行互動式探索 269

以 Hive 和 Tez 進行互動式查詢 271

索引 273

分割 273

對 BYA 資料進行互動式探索 274

以 Spark SQL 進行互動式查詢 280

索引 281

分割 281

對 BYA 資料進行互動式探索 281

以 USQL 進行互動式查詢 285

對 BYA 資料進行互動式探索 286

本章摘要 288

第八章　Azure 中的「冷」、「熱」路徑 289

Azure Redis Cache 292

即時服務層的 Redis 293

Document DB 298

即時服務層的 Document DB 301

批次服務層的 Document DB 304

SQL Database 305

即時服務層的 SQL Database 307

批次服務層的 SQL Database 313

SQL Data Warehouse 313

HBase on HDInsight 314

Azure 搜尋服務 319

本章摘要 320

第九章　智慧分析與機器學習 321

Azure 機器學習 324

R Server on HDInsight 326

SQL R 服務 327

Microsoft 認知服務 328

本章摘要 340

第十章　在 Azure 中管理中繼資料 **341**

　　以 Azure 資料目錄管理中繼資料 341

　　　　資料目錄在 Blue Yonder Airports 的應用 344

　　　　新增一個 Azure Data Lake Store 資產 346

　　　　新增 Azure 儲存體的 Blob 349

　　　　新增一個 SQL 資料倉儲 355

　　本章摘要 357

第十一章　在 Azure 中保護你的資料 **359**

　　身分與存取管理 359

　　資料保護 361

　　稽核 363

　　本章摘要 364

第十二章　執行分析 **365**

　　使用 Power BI 執行分析 365

　　　　在 BYA 情境中以 PowerBI 即時分析 367

　　在 BYA 情境中以 Power BI 執行批次分析 377

　　向前展望 381

索引 **383**

推薦序

「每25毫秒，渦輪就會發出10個不同的資料點…」過去六年來我所參與過的大數據及高階分析專案中，幾乎都以這類句子開啟與客戶們的對話。關於風力發電廠資料需求的簡單故事即明確點出各行各業間客戶資料的發展規模、速度及資料的形式。隨著時間推移，技術名稱、整合方案及技術指導將會不斷演變進化，但有幾件事卻不因時間流動而改變：

- 快速擴張的資料量，各種形式規模的資料之生產與儲存是客戶們必須著手解決的首要課題。

- 深入了解客戶，消費模式、機器性能、交易量等等資訊正迅速成為商業籌碼，因為競爭對手也會對客戶多方研究。

- 供應商，以及更重要的，整個生態系統的創新步伐正在締造新的紀錄。

客戶們從高階分析、大數據及機器學習中所擷取的珍貴資訊，可望轉變為創新的商業模式，但目前仍有許多事物需要整合在一起。我很幸運能夠擁有這麼一個令人興奮、具有價值回報，而且樂趣無窮的工作，創造可以幫助客戶解決挑戰的產品。這些技術幫助人們得以創造出過去五至十年前根本不可能實現的解決方案。

在解決方案中加入 Azure 雲端這個選項將使客戶獲得全新的靈活度。諸如 HDInsight 之類的雲端服務讓測試多種軟體與硬體組合的效率更快、更簡單，同時節省更多成本。客戶可以根據特定專案的具體細節，優化雲端資源的消耗量，並依照需求擴張或減縮規模。此外，與在本機電腦取得及操作這些工具的模式具有本質上的差異，雲端經濟模式能讓過去無法實現的情景變得可能。我們已經見證客戶將 Azure 軟體應用至大量支援 GPU 的機器上，使用最新穎的深度學習資料庫進行訓練，然後將輸出資料應用到客戶自身的網路服務（以及運行在任何地方的設備上）。每當客戶有運算需求時，僅需支付幾美元的費用即可。現在，當客戶需要在這些系統上進行管理與協作時，這種自由的靈活度即迅速成為關鍵挑戰。

這本書將帶領讀者一探在現實世界中執行分析專案的實際工作流程——架設資料管線。首先，透過擷取及儲存資料，你將在 Azure 軟體中設置一個資料平台，從而衍生關於資料的豐富洞察與見解。當你擷取資料之後，就能即時處理資料，於線下批次處理，同時使用你熟悉的工具與語言。下一個階段則是善用你所得到的洞察，不論是藉由 Azure 內建儀表板，或是透過進階整合至其他應用程序或服務中而得到的資料洞察。通常我們所期望的資料分析可能涉及機器學習，對資料進行預測或產生結構。據說大多數的機器學習專案在進行任何機器學習之前有八成已事先擷取並處理資料，而本書所展示的工具即可應用於事前階段。最後，我們必須謹慎處理任何資料管線都會面臨的一系列實際操作議題，例如資料安全及資料治理，在任何專案中都需要全盤考量這些層面。

Zoiner 對於這個領域的專業經驗經過多年淬鍊，與希冀運用資料的力量轉變業務模式的客戶們攜手努力合作。我與 Zoiner 相識於近 10 年前，那時我們都在分布式系統這一塊領域中打拼，一同分享對於協作引擎和訊息層的想法與熱情。從那時起，我一直很欣賞他能夠運用複雜的技術工作，並將解決方案的關鍵選項及方方面面提煉成任何人都能夠理解的簡單指導。我很開心看到他將同樣的方法應用到與我切身相關的主題上，同時也非常期待讀者們將會用他們所獲得的知識做些什麼。

—— *Matt Winker*

團隊計畫經理

大數據與機器學習

微軟 *Microsoft*

伍丁維爾，華盛頓州

前言

如果你正在著手進行軟體解決方案，會有很大機率遇上資料問題，甚至可能有進階分析或需要使用機器學習才能解決的問題。然而，問題是，軟體開發和那些大數據及進階分析兩個領域，差別甚大，似乎距離好幾光年之外──它們使用各自的軟體堆疊、不同的名詞術語以及往往大相徑庭的工程方法，並且具有多種選擇。本書旨在為你提供一張「銀河」地圖，幫助你規劃學習課程，從資料中擷取洞察及指導──不管資料是以物聯網感測器的極快速度即時到達，或是像冰河時期一樣緩慢地積累數十年歷史資料。

本書架構依架設資料管線流程而編排，按照即時路徑（熱資料）和批次路徑（冷資料）進行資料的採集、處理、儲存和交付。你可以善加利用眾多 Azure 服務來架設資料管線，每個服務可能涵蓋於一個章節或多個章節之中。本書將會介紹所有在架設管線的過程中需要列入考量的服務與工具。閱讀本書的另一種方式是，將分析流程的每一個階段視為獨立的工具箱：你想要使用哪一種 Azure 服務長期儲存資料？書中章節將會展示如何使用 Azure 儲存體和 Azure Data Lake Store。要如何儲存串流資料呢？我們提供多種選項──包括 Azure 串流分析、Azure HDInsight 搭配 Storm 或 Spark，以及 Event Processor Host，並帶你了解如何操作這些服務。

當然，如果缺乏明確的目的地，這張地圖顯然不夠吸引人們仔細查閱。為了刺激這趟使用 Azure 服務來建構分析資料管線的旅行動力，本書提供了一個虛擬的商業情境，目標是妥善管理機場的資料，並提供情境所需的示範資料及程式碼，鞏固你對 Azure 服務的認知與理解。

閱讀這本書時，請將它當作一本旅遊指南：你可以從頭細細讀到尾，或者直接挑選感興趣的領域並深入鑽研。本書的「銀河」地圖一一標示並詳細介紹許多「星座點」，也就是那些可用於架設資料管線的各種 Azure 服務及工具。在某些情況下，這些「星座」相當複雜、深刻及強大。在其他情況下,它們是專為部分問題而開發的一系列簡單解決方案。這些「星座點」可能包含開源程式碼,或者它們可能是 Microsoft 的獨家資源。無論如何,在閱讀完本書之後,你應該已經建立屬於你的銀河系統指南,知道哪些服務及工具的應用出自於何種目的,並且很好地掌握了 Azure 分析服務。

本書編排慣例

本書使用下列編排慣例:

斜體字(*Italic*)
> 代表新出現的名詞、URL、email 地址、檔名及副檔名。

定寬字(`Constant width`)
> 用於程序清單,以及於段落內引用程序要素,諸如變數或函數名稱、資料庫、資料類型、情境變數、語句陳述和關鍵字。

定寬粗體字(**`Constant width bold`**)
> 表示應由使用者逐字輸入的指令或其他文字。

定寬斜體字(*`Constant width italic`*)
> 表示應由使用者提供的值或由上下文決定的值來替換的文字。

代表提示或建議。

代表說明敘述。

代表警告。

使用範例程式

補充資源（程式範例、練習等）可以在此處下載：

https://github.com/ZoinerTejada/mastering-azure-analytics

本書旨在幫助讀者了解 Azure 服務。一般來說，讀者可以在自己的程式或文件中使用本書的程式碼，但如果是特殊的使用狀況，則需要取得我們的授權。舉例來說，設計一個程式，其中使用數段來自本書的程式碼，並不需要許可；但是販賣或散布 O'Reilly 書中的範例，則需要許可。例如引用本書並引述範例碼來回答問題，並不需要許可；但是把本書中的大量程式碼納入自己的產品文件，則需要許可。

還有，我們很感激各位註明出處，但這並非必要舉措。註明出處時，通常包括書名、作者、出版商、ISBN。例如：「*Mastering Azure Analytics* by Zoiner Tejada (O'Reilly). Copyright 2017 Zoiner Tejada, 978-1-491-95665-6」。

如果覺得自己使用程式範例的程度超出上述的許可範圍，歡迎與我們聯絡：

permissions@oreilly.com

企業級分析基礎

我們將在第一章探究企業級分析架構的基礎知識。我們將會介紹資料分析管線,這是一個從資料來源擷取資料,經過多個加工步驟,讓資料可應用於用戶端分析的基本過程。接著,介紹「資料湖」(data lake)的概念,以及兩個不同的資料管線架構:Lambda架構與 Kappa 架構。本章將會詳細介紹典型的資料管線處理(以及關於「冷」資料與「熱」資料的考量)的特定步驟,並作為本書內容的主要框架。我們會介紹本書運用的案例研究場景作為第一章的總結,以及各自適用的資料集,在 Azure 服務上執行巨量資料分析提供更加真實的環境。

資料分析管線

資料可不會自動自發地排列成整齊格式;這需要經過一系列的步驟,包括從資料來源取得資料,梳理龐雜的資料,使其成為可供分析的適當格式(這個過程有時被稱為「資料角力(*data wrangling*)」或「資料清理(*data munging*)」,最後則是將準備好的資料結果應用於實際分析上。我們可以使用管線(*pipeline*)的概念來思考這些概念。

資料分析管線是理解任何一種分析解決方案的基礎,對於本書目標「如何使用 Microsoft Azure 服務進行分析」來說非常實用。如圖 1-1 所示,資料分析管線由五個主要元件組成,幫助使用者理解和設計任何分析解決方案。

來源(*Source*)

　　新的原始資料被提取或是被送入管線的位置。

擷取(*Ingest*)

　　從資料來源接收原始資料以供後續處理的運算過程。

處理（*Processing*）

　　決定資料如何進行準備和處理以供交付的運算過程。

儲存（*Storage*）

　　存放擷取、中間及最終計算結果的眾多位置。儲存形式可為暫時的（資料只在有限的時間內儲存於記憶體中）或是永久的（資料被長期保存）。

交付（*Delivery*）

　　最終資料結果呈現於消費者眼前的各種形式，可以是分析師專用的客戶分析解決方案，或者是再透過 API（應用程式介面），將資料結果整合到更大的解決方案中或進行其他處理。

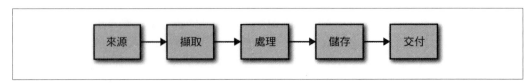

圖 1-1　資料分析管線是一個概念性架構，有助於理解各種資料技術應用於何處。

資料湖（Data Lake）

資料湖儼然成為時下最新的流行語，依循**大數據**的發跡路徑吸引大眾目光，與此同時，它的定義也因為眾多企業廠商依照最貼近自家產品，對「資料湖」一詞有各方說法而變得愈發模糊。現在，讓我們從定義「資料湖」的概念開始。

一座資料湖由兩部分組成：儲存和處理。資料湖儲存需要一個可無限擴展、可容錯的儲存庫，以便處理不同形式、規模及擷取速度的巨量資料。資料湖處理則要求一個能夠在該規模上成功操作資料的處理引擎。

資料湖一詞最先由 Pentaho 的技術長 James Dixon 提出，他利用這個詞語區別出傳統的、高度模式化的資料市場（data mart）。

> 如果將資料市場視為一間販售瓶裝水──乾淨、經過包裝且方便購買的──商店，那麼資料湖就是一座處於更加自然狀態的水體。湖中的水源自某個源頭，這座湖泊的眾多使用者可以前來檢驗、潛入或從湖中取樣。

根據上述定義，資料湖就是一座刻意將資料保持在原始狀態或經過最少處理的儲存庫，讓開發者可以自行對資料進行加工，這是被預先置入特定架構或其他形式的資料無法做到的。

這則簡明的定義理應被視為資料湖的中心思想，然而當你翻閱本書，將會發現資料湖的定義與實際內容有些出入。實際上，一座資料湖不僅僅是一個處理引擎，而是多個處理引擎。再加上，資料湖所代表的是企業層級、以中心化管理來源及經處理後資料的儲存庫（畢竟它標榜的是能夠「全盤儲存」的資料管理方法），它還需要具備中繼資料（metadata）管理、探索、治理等功能。

請注意：目前資料湖的概念主要用來解釋「批次處理」，所以可以允許較高的延遲（latency，直到結果出現所花費的時間）。也就是說，開發與支持低延遲處理技術自然是革新資料湖的目標之一，因此資料湖的定義可能會隨著科技創新而為之改變。

掌握關於資料湖的廣泛定義後，我們來認識以下兩個不同架構：Lambda 架構與 Kappa 架構，處理由資料湖管理的資料。

Lambda 架構

Lambda 架構是由 Apache Storm 的發明者 Nathan Marz 提出。在著作 *Big Data: Principles and Best Practices of Scalable Realtime Data Systems* 中，他提出一種資料管線架構，將任何增量計算限制在該架構的一小部分，旨在降低即時分析管線常見的複雜性。

將資料導入 Lambda 架構的路徑有兩條（見圖 1-2）：

- 「熱」路徑：無法承受延遲情形的資料（例如，必須在瞬息間取得結果），以供分析用戶端盡快取用。

- 「冷」路徑：導入所有資料並批次處理，可以容許較高的延遲（例如，允許花上一些時間處理再得到結果），直到資料結果準備就緒。

當資料流入「冷」路徑，此時資料不可再進行任何修改。任何對於某特定資料數值的變動，將會產生一個新的、加上時間戳記的資料，並且與原先的資料資料一同儲存在系統中。這個方法讓系統可以重新運算所收集資料於歷史上任何時間點的當前值。「冷」路徑可以容忍在處理結果就緒前較高的延遲性，所以可用在龐大資料集的運算上，而且計算類型可以是較為耗時的。「冷」路徑的目標可以概括為：「別急，慢慢來，請給我最準確的結果。」

當資料流入「熱」路徑，這份資料是可以改動的，且可以更新。除此之外，熱路徑約束了資料處理的延遲性（因為需要即時得出結果）。因此，受延遲約束特性影響，熱路徑能夠執行的計算類型僅限於可以快速完成的計算。這意味著此時我們選擇了一個提供近似值結果而非精確答案的演算法。舉個例子來說，算出資料集中特定項目的數量（比如網站訪問者數），你可以將每個資料納入計算（如果數量很多就會造成相當高的延遲），或者可以利用如 HyperLogLog 等演算法求得近似值。「熱」路徑的目標可以概括成：「以沒那麼精確的結果為代價，盡快將資料結果準備好。」

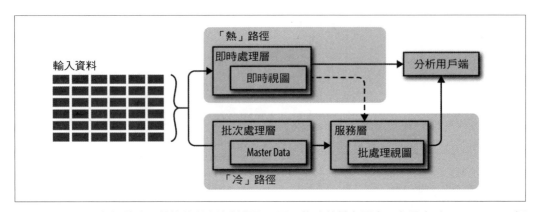

圖 1-2　Lambda 架構將流入管線的所有資料擷取至不可修改的儲存層中，在圖中以 Master Data 標註。這份資料由批次處理層（Batch layer）處理，接著以批處理視圖的格式輸出至服務層（Serving layer）。在即時處理層（Speed layer）輸入資料，進行低／零延遲計算，並以即時視圖的形式呈現。分析用戶端可以根據所需資料的時間急迫性高低，擇一使用即時處理層或服務層的視圖。在某些應用情境中，服務層可以同時承載即時視圖與批處理視圖。

最終，冷熱路徑會匯集於分析用戶端的應用上。客戶必須從中選擇一條擷取分析結果的路徑。客戶可以使用從熱路徑得來，較不準確但即時產出的分析結果，或者使用來自冷路徑，花費較長時間而得的精確結果。客戶在做出決定之時，有一項關鍵：當熱路徑在極短時間內得出結果時，冷路徑尚未產出分析結果。換個角度來想，熱路徑在一小段時間內所得出的結果，最終會被來自冷路徑，更加準確的分析結果所更新。從而得出熱路徑必須處理最小化資料量的效果。

創造 Lambda 架構的動機由來可能相當令人驚訝。沒錯，創造一個能夠即時處理資料的簡單架構是很重要，但它問世的原因是為了提供人性化的容錯性。事實上，現在的科技發展到能夠確實保存所有原始資料的階段，Lambda 架構理解即使在生產中也會出現 bug。Lambda 架構提供了一個不僅能適應系統故障，也能容許人為錯誤的解決方案，因為它擁有保存所有輸入資料並（透過批次運算）重新運算任何出錯計算的能力。

Kappa 架構

Kappa 架構的出現是為了回應透過單一變動來顯著簡化 Lambda 架構的迫切需求：消除冷路徑並讓所有資料處理都以近即時（near-real-time）串流的模式進行（見圖 1-3）。根據處理需求，使用者依然可以重新運算資料，透過 Kappa 管線再次進行串流。Kappa 架構由 Jay Kreps 根據他在 Linkedin 的工作經歷而提出，特別是在 Lambda 資料架構中處理「程式碼共享」這問題上所遇到的挫折——也就是如何讓熱路徑執行計算的邏輯，與冷路徑中進行相同計算的邏輯保持同步。

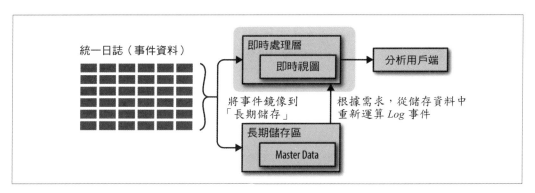

圖 1-3　在 Kappa 架構中，客戶只會從即時處理層得到資料結果，因為所有運算都發生在串流資料上。輸入事件可以鏡像到長期儲存區，如有必要，可允許對歷史資料進行重新運算。

Kappa 架構集中於一個統一日誌（logs）上（將它想像成可高度擴展的序列），這個日誌擷取了所有資料（在這個架構中被視作一個個「事件」）。在架構中部署日誌的方法很簡單，所有蒐集到的事件資料都是不可修改的，事件依照先後順序排列，而且只能透過新增新事件來改變某事件的當前狀態。

這份統一日誌被設計為分散式且容錯的，符合其在拓撲分析的中心地位。所有事件都在輸入流中進行處理，並以即時視圖保存（正如 Lambda 架構的熱路徑一樣）。在支持人性化容錯方面，從統一日誌中擷取的資料通常被保存到一個可以擴展、容許錯誤的永久性儲存體中，因此即使當資料「過時」了，依然可以從統一日誌中提取並重新運算。

Kreps 的 *Kappa* 架構
如果你想要了解更多關於 Kappa 架構的知識,可以查閱 Jay Kreps 的
《*I Heart Logs*》一書(由歐萊禮出版),該書將 Kappa 架構應用到事件
日誌的處理及分析。

如果這個架構對你來說並不陌生,沒錯,它正是你腦中所浮現的架構。**Kappa** 架構所應用的格式與你可能使用過的 Event Sourcing(事件回溯)或 CQRS 架構(指令查詢職責分離)的形式一樣。

選擇 Lambda 或 Kappa 架構

爭論 Lambda 架構或 Kappa 架構孰優孰劣就好像討論哪個程式語言最好用──很容易演變成狂熱、關乎信仰的辯論。先撇開這個議題,本書宗旨在於使用這兩種架構作為初始動機,教導讀者如何在 Mircosoft Azure 服務中設計並實施這些資料管線。我們將選擇權交還給你,親愛的讀者,由你來決定哪一種架構最能貼近需求,適用你的資料分析管線。

Azure 分析管線

在本書中我們將著墨於資料分析管線,來理解依照特定情境架設資料管線的各式。我們將會以兩個方向進行:第一,廣泛介紹 Azure 所有服務在資料管線上的個別應用。第二,透過描述特定情境,了解如何在解決方案中應用 Azure 服務的相應選項。我們將在解決方案中探討資料湖、Lambda 架構及 Kappa 架構等概念,並展示如何利用最尖端先進的 Azure 服務來實現這些概念。

縱貫全書,我們會把資料管線一一拆解成更為具體的各種元件,以便明確應用 Azure 服務到個別元件上。本書將資料分析管線(來源、擷取、儲存、處理、交付)細分為下列元件,如圖 1-4 所示。

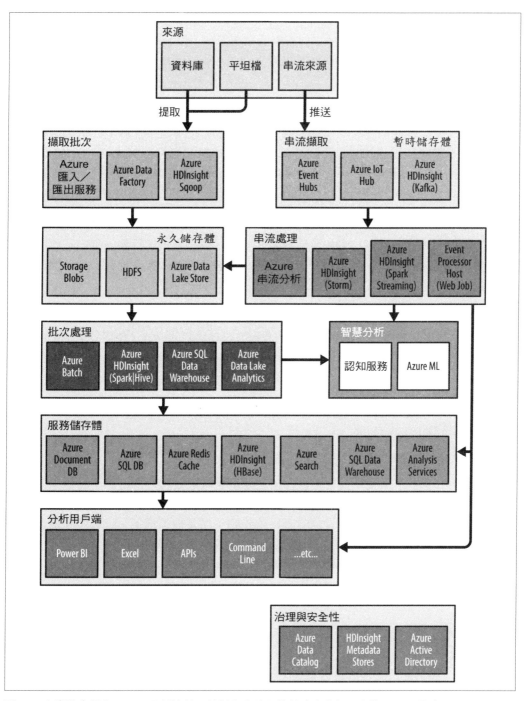

圖 1-4 本書將會探索 Azure 分析管線，並於各自適用的情境中介紹眾多的 Azure 服務。

來源

根據本書需求，我們將著眼於三個不同的來源類型：如 SQL Server 的本機資料庫、本機文件（如文件共享中的 CSV）以及定期傳輸資料的串流源（例如日誌記錄系統或遙測裝置）。

擷取

第二章將會介紹擷取資料的元件，透過批次擷取（批次資料加載）或是透過串流。我們將檢驗基於推送的資料加載方法，例如將串流訊息接收到 Azure Event Hub 或 IoT Hub。同時也會檢驗拉引方法，諸如使用 Azure 導入／導出服務將滿載文件的磁碟發送到 Azure Storage，或利用 Azure Data Factory 代理從本機來源查詢資料。

儲存

第三章將探索用來儲存已擷取資料、中間資料及最終資料的元件，諸如基於序列或基於文件的儲存方法。依照不同情境，有三種儲存選項：暫時儲存、永久儲存及服務儲存。

暫時儲存體（*Transient storage*）

可以採用基於持續時間到其內容的多管道訊息序列的形式，適用於 Event Hub 和 IoT Hub。

永久儲存體（*Persistent storage*）

這類元件可以無限期且大規模儲存內容，可見於 Azure Blob Storage、FDFS 和 Azure Data Lake Store。

服務儲存體（*Serving storage*）

在第七章及第八章，我們將會介紹為分析管線最終用戶端提供服務結果而加以優化的儲存服務，通常適用於支援靈活、低延遲的查詢方案。在某些情況下，這可能是經即時處理的資料之直接著陸點；在其他情況下，這些服務儲存服務則是以批次處理，經歷耗時計算所得之處理結果的儲存庫。我們將會討論 Azure Document DB、Azure SQL Database、Azure SQL Data Warehouse、Azure Redis Cache、Azure Search 以及 HBaseon HDInsight 等元件。

處理

自第四章到第八章的內容針對處理與轉移已擷取資料並產生查詢結果的元件進行探討。我們將探索各種延遲（latency），從批次計算的高延遲，到互動式查詢寄望的低延遲，再到即時處理的最低延遲。在批次處理方面，我們將探索運行 Spark 或利用 Hive 來應對查詢需求的 Azure HDInsight，同時採用類似的方法來應用 SQL Data

Warehouse（及其 PolyBase 技術）來查詢批次儲存。其次，我們將著眼於 Azure Data Lake Analytics 有關批處理和批查詢的統一功能。最後，介紹 Azure 為批次運算所提供的 MPP 選項（以 Azure Batch 的形式），以及如何應用 Azure Machine Learning 於批次儲存中。

交付

第十二章所介紹的分析工具確實執行分析功能，而且有些工具可以從即時處理管線直接擷取所需資料，例如 Power BI。其他分析工具則仰賴服務儲存元件，例如 Excel、自定義 web 服務 API、Azure Machine Learning Web 服務或其他命令行。

治理元件允許我們管理解決方案中項目的元資料，控制存取權及保護資料。這包括由 Azure Data Catalog 和 HDInsight 提供的中繼資料功能，將在第 10 章中介紹。

介紹分析情境（Introducing the Analytics Scenarios）

為了激勵讀者設計、選擇解決方案，以及應用本書提及的 Azure 服務，我們會利用一個虛構商業情境——Blue Yonder Airports，作為案例分析。透過對本書案例發想一個解決方案，迎面而上的正是那些你在日後實踐可能遇上的「實際世界」挑戰。

想像一下，Blue Yonder Airports（BYA）為眾機場提供系統服務，旨在改善乘客的機場體驗。BYA 的客戶為許多大型機場提供服務，客戶主要位於美國，BYA 為他們提供物流軟體，幫助機場客戶協調乘客在機場中各處移動的「混亂局面」。

美國聯邦航空管理局（FAA）將提供定期搭乘服務，每年至少有一萬名乘客使用的機場分類為**主要商業服務機場**。「主要商業服務機場」再根據客流量的大小，分為四個樞紐等級：

- 非樞紐機場：年處理旅客人數少於美國總發送旅客人數之中的 0.05%，但多於 10,000 人。
- 小型樞紐機場：年處理美國總發送旅客人數之中的 0.05% 到 0.25%。
- 中型樞紐機場：年處理美國總發送旅客人數之中的 0.25% 到 0.1%。
- 大型樞紐機場：年處理旅客人數多於美國總發送旅客人數之中的 1%。[1]

---

1 *https://en.wikipedia.org/wiki/List_of_airports_in_the_United_States*

2014 年，在美國共有 30 個大型樞紐機場及 31 個中型樞紐機場[2]。BYA 的主要業務即為通過這些中大型樞紐機場的旅客提供更加優化的機場體驗。

為了更加說明客流量之大，以最大型樞紐機場的任一天之客流量來說，BYA 在該機場每天為高達 25 萬名乘客，提供超過 1,500 次的航班，並在超過 400 個國內外登機門管理乘客體驗。

最近，BYA 發現他們有機會利用現有的資料資產，並結合提供即時遙測的新系統，提供「智慧機場」服務。他們想要將智慧分析應用在有關登機體驗的挑戰

他們希望在維持乘客舒適度的同時，將環境溫度控制在華氏 68 至 71 度之間，此時有乘客在登機門等待出發，或從已抵達的航班中下機。同時，在登機門沒有乘客的情況下，他們想要極力避免空調系統出現加熱或冷卻的情形。當然他們也希望避免出現暖氣及冷氣循環交替，相互作用的奇怪情形。

如今，許多 BYA 機場按照固定的時程表發送暖氣及冷氣，但 BYA 公司相信，透過更加掌握航班延誤情事，能夠合理預測出發和抵達延誤。同時，透過建立強大的感測器網路，他們能夠提供更加優化的乘客體驗，並節省機場的供暖和製冷成本。

Blue Yonder Airports 檢驗了所有資料後，辨識出下列資料資產在後續解決方案中可能有所作用：

航班延誤

BYA 收集了所有航空公司超過 15 年有關準時績效的歷史資料。這些資料包括諸如航空公司、航班號碼、出發地和目的地機場、出發和抵達時間、航班飛行時間和距離，以及造成延誤（天候、航空公司問題、飛行安全等）的具體原因等因素。

天候

BYA 仰賴天候資料來滿足其營運需求。航班延誤資料為抵達和出發航班的歷史天氣狀況提供了有用訊息，同時也與第三方合作，為 BYA 提供當前的天氣條件，還提供天氣預報。這些資料包括溫度、風速、方向、降水量、氣壓和能見度等因素。

智慧建築遙測

BYA 安裝智慧儀表和閘道器，為運行於機場的 BYA 系統提供即時遙測。起初，他們的智慧儀表遙測專注於加熱／冷卻和動作感測器兩個領域上，因為他們希望在維

2　*https://en.wikipedia.org/wiki/List_of_the_busiest_airports_in_the_United_States*

持乘客舒適度的同時降低營運成本。這些資料提供依時間排序的資料，包括給定時間點上每個設備的溫度，以及加熱／冷卻和經動作觸發時的啟動／關閉事件。

範例程式碼與範例資料集

在接下來的每一章，我們會提供有關章節中 BYA 內容的任何範例程式碼和範例資料集之連結。在此之前，你需要按照下一節的說明來設置環境。

準備事項

搭配本書範例，你將需要以下這些項目。

順暢連接的寬頻網路

許多範例都直接以 Azure 展示，所以至少需要能夠執行 Azure 服務的順暢網路。當然，越快速的網路更好，特別是當你在電腦和雲端之間轉移資料集的時候。

訂用 Azure 服務

強烈建議使用「即付即用」訂用或 MSDN 訂用。免費試用可以幫助你了解一些範例，但很容易超過免費的 200 美元額度。欲查看所有 Azure 入門選項，請參考 Microsoft Azure 購買頁面（*https://azure.microsoft.com/en-us/pricing/purchase-options/*）。

Visual Studio 2015 Update 1 版本

本書範例使用 Visual Studio 2015 Update 1 版本。社群、專業或企業版本任一也適用。

如果你已經安裝 Visual Studio 2015，但尚未安裝 Update 1 版本，可以在線上下載 Update 1（*https://www.visualstudio.com/news/vs2015-update1-vs*）。當下載完成後，啟動安裝程式並將 Visual Studio 升級到 Update 1。

如果你沒有已經安裝好 Visual Studio 的開發機器，但又想盡快進入狀況，可以從預先安裝 Visual Studio 2015 的 Azure Marketplace 建立一個虛擬機器（VM），然後在遠端桌面使用。除了縮短設置時間之外，大多數資料傳輸都將從 Azure 資料中心內運行中受益（例如，處理速度變得更快）。只要在你不使用時，記得關閉虛擬機器，節省一些用電成本！

你可以根據下列步驟，設定預先安裝了 Visual Studio 的虛擬機器（VM）。

1. 進入 Azure 入口網站（*http://portal.azure.com*）頁面，以訂用序號登入。

2. 點選「新建」。

3. 在「新建」字樣下會出現一個搜尋欄位顯示預設的「搜尋 Marketplace」。輸入 **Visual Studio 2015** 並送出（見圖 1-5）。

圖 1-5 在 Azure Marketplace 中搜尋 Visual Studio 2015。

4. 頁面將會顯示包含 Visual Studio 2015 的 VM 圖像清單。選擇「在 Windows Server 2012 R2 使用 Visual Studio Community 2015 Update 1 與 Azure SDK 2.8」（見圖 1-6）。如果此特定版本不可用，請選擇具有更新版本的 Visual Studio 和 Azure SDK 的版本。

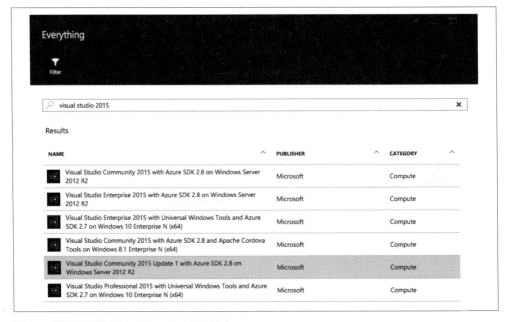

圖 1-6 選擇正確的 Visual Studio 2015 版本。

5. 將「選擇部署模型」設置為 Resource Manager，然後點擊「建立」。

6. 在基本資訊視窗中，設定 VM 名稱、用來登錄的用戶名和密碼、來源群組名稱（例如「analytics-book」），以及您所在地域（請參見圖 1-7）。

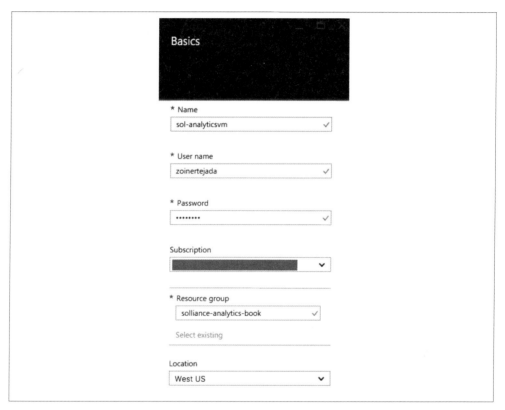

圖 1-7 VM 的基本設定。

7. 點選「確定」。

8. 在「選擇大小」視窗中，選擇 VM 實例的大小。我們推薦使用 A3 Basic，但任何至少具有四核心和 7 GB 或 RAM 的選項都可以提供舒適體驗。如果沒有看到 A3 選項，請點擊視窗右上角附近的「查看全部」選項。

9. 點選「選擇」。

10. 在「設置」視窗上，將所有設定保留為預設值，然後點擊「確定」。

11. 在「摘要」視窗上，點擊「確定」以便開始使用 VM。

12. 可能需要等待 7-15 分鐘。

13. 建立 VM 後，將會出現該 VM 視窗。點選工具欄中的「連接」按鈕來下載 RDP 文件（見圖 1-8）。打開文件（如果它沒有自動打開）以便連接你的 VM。

14. 使用在設定步驟中所指定的用戶名稱和密碼登錄頁面。

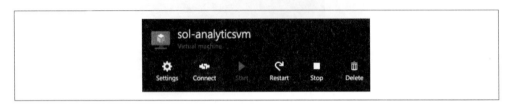

圖 1-8 以 RDP 連接。

Azure SDK 2.8 或更新版本

除了安裝 Visual Studio 之外，確認你擁有 Azure SDK 2.8 或更高版本。下列內容將引導你完成安裝手續。

如果你在自己的機器上使用 Visual Studio：

1. 啟動 Visual Studio。

2. 從工具菜單中選擇「擴展和更新」。

3. 在左側欄位中，選擇「更新」，然後選擇「產品更新」。你應該會在此處看到 Microsoft Azure SDK 2.8.2（或更高版本）。點擊列表中的該項目，然後點擊「更新」按鈕（見圖 1-9）。

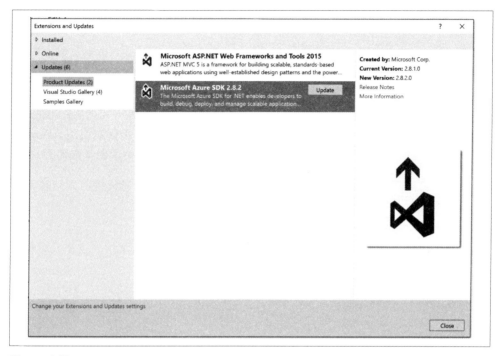

圖 1-9 安裝 Azure SDK 2.8.2。

4. 按照提示下載更新版本。然後運行下載的文件，按照引導完成安裝程式。

如果你使用的是預先安裝了 Visual Studio 的 VM，那麼理應已安裝好 Azure SDK 2.8.2 或更高版本。如果你發現情況並非如此，請按照下列步驟操作：

1. 透過遠端桌面連接到 VM，Server Manager 應用程式應會自動啟動。

2. 點擊左側導覽欄上的「本機服務器」選項。

3. 在「屬性」視窗中，點擊「IE 增強安全配置」旁邊的「開啟」連結。如連結已顯示「關閉」，則可以跳過下一步，該步驟會禁用 Internet Explorer 的增強安全性。

4. 將「管理人員」功能關閉，然後點擊「確定」。

5. 開啟瀏覽器並將頁面導至 *https://azure.microsoft.com/en-us/downloads*。

6. 點擊 .NET 下的 VS 2015 連結，並在出現提示時點擊「運行」以安裝 Azure SDK 2.8.2。完成安裝程式。

現在，你已經準備好嘗試本書中提到任何範例了。

本章總結

本章首先提供了企業及分析架構的基礎知識，介紹高階資料分析管線。同時引入「資料湖」背後的概念，接著介紹實現資料管線的兩種權威架構：Lambda 架構和 Kappa 架構。我們在這一章節中（依不同的詳細程度）一窺本書涵蓋的所有 Azure 服務，並利用每一階段適用的各服務來發展我們的資料分析管線。本書以一間虛構的 Blue Yonder Airports 公司為研究案例，提供我們繼續鑽研的動力與範例。最後以使用 Azure 服務前的必要條件與設定指示作為總結，有了這些準備事項，方能開始學習本書範例。

下一章的內容將著重於資料分析管線的第一階段：擷取資料，首先探討如何將資料導入 Azure 服務中。

第二章

將資料輸入 Azure

本章將會介紹從資料來源將資料傳輸至 Azure 的方法。我們將討論兩種方法：一次性傳輸大量資料（批次資料加載）與傳輸單一資料（串流加載），並深入研究各方法的相關通訊協定和工具。

以 Azure 資料分析管線作為指南，本章著重介紹圖 2-1 中紅色虛線框出的項目。

擷取加載層

為了在 Azure 上執行分析功能，第一步必須將資料傳輸到 Azure 中。這正是資料擷取階段的重點。從資料來源（例如，本機電腦或其他雲端）取得資料，在 Azure 中以基於文件或基於序列的儲存方式。我們將會探討將資料導入至 Azure 中會使用到的用戶端工具、流程及通訊協定。

我們用 Blue Yonder Airlines 的案例情境來闡述擷取層的概念。BYA 擁有航班延誤及天氣的歷史資料，以及期望能用在分析上的智慧建築遙測。前兩個資料集是大量加載的最佳人選，將於下文討論。至於最後一個智慧建築遙測資料集，可以使用串流加載，將資料傳輸到 Azure 中，我們也會在本章一一檢驗。

下一章將會深入討論當資料進入 Azure 後如何被儲存的細節，而本章會聚焦在如何將資料導入 Azure。

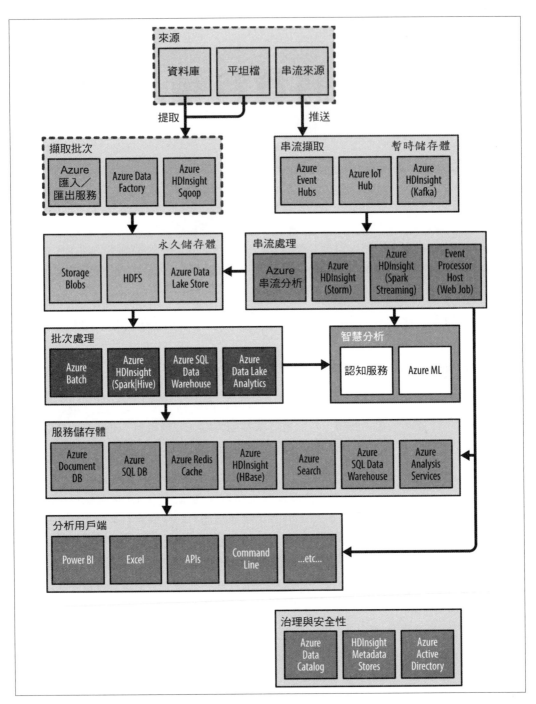

圖 2-1 本章聚焦在 Azure 資料管線的資料擷取。

大量資料加載

大量資料加載（Bulk Data Loading）或大量擷取（Bulk Ingest）是一種批次讀取較大資料集的過程。大量加載可以是一次性事件（例如將所有歷史資料加載到 Azure 中），或是處於持續進行狀態（例如，在一段時間內時不時以批次收集的方式收集所有遙測資料）。

硬碟運送（Disk Shipping）

硬碟運送是一種大量加載資料的手段，正如其名，你需要一張硬碟，在硬碟中寫入希望儲存到 Azure 的資料，然後將硬碟實際郵寄到一個處理中心。收到你所寄送的硬碟後，處理中心將會從你的硬碟中複製資料，並匯入 Azure 中。讓我們回到 Blue Yonder Airlines 的例子，了解他們考慮採用硬碟運送手段的原因。

BYA 擁有數 TB 之多的航班延誤歷史資料，這些資料經年累月，非常龐大。他們想要一大批一大批地將資料傳輸到 Azure，因此在開始處理當前和即時資料之前，必須先處理這些可用的歷史資料。由於這批資料規模相當大（多達好幾 TB），而且傳輸這些歷史資料可能是一次性事件（一旦歷史資料匯入 Azure，將直接在 Azure 中進行更新），因此先將航班延誤歷史資料儲存到大容量硬碟的作法合情合理。

採取硬碟運送手段，你大可不必處理網路設置，或是花費心力確保穩定網路連線等事情。你還可以省去等待上傳的時間：在 100Mbps 寬頻網速的條件下，傳輸 1TB 資料可能需要花上一整天的時間才能上傳完成，因此如果有 5TB 資料等著上傳，最快也要等上整整五天（假設文件傳輸沒有中斷而且保持一致的吞吐率）。最後，你還大大節省了設置、維護高效能網路連線的相關成本，尤其是當你只需要傳輸這一次資料的時候。

儘管按照當今的科技來說可能稍嫌過時，但我還是很喜歡引用這句話，這句話是從我的一位史丹佛大學教授引用「新駭客辭典」[1]時聽到的：

> 「永遠不要低估光碟和寬頻網路，這組合就像 747 飛機一樣快速。」

你可以使用匯入／匯出服務，在 Azure 上執行硬碟運送。

1　Eric S. Raymond, ed., *The New Hacker's Dictionary,* 3rd ed. (Cambridge, MA: MIT Press, 1996).

Azure 匯入／匯出服務

匯入／匯出服務可以幫助你運送高達 6TB 硬碟容量的資料到當地的處理中心，而處理中心可以從你的硬碟複製資料，再以高速內部網路將資料安全地傳輸到指定的 Azure Blob 儲存體中，完成後再將硬碟寄回。當你必須寄送多於 6TB 的資料時，可以依需要寄送多張硬碟。至於費用，Azure 會向你收取每台硬碟 80 美元的固定費用，同時需要支付運送費用。

供應地區

在本書撰寫之時，除了澳洲、巴西及日本之外，大多數 Azure 地區皆可使用 Azure 匯入／匯出服務。

使用匯入／匯出服務加載資料的大致流程如圖 2-2 所示，我們將在接下來的步驟一一說明。

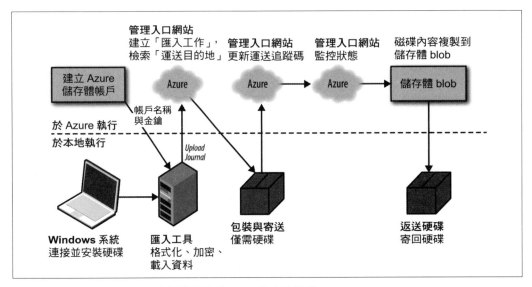

圖 2-2 使用匯入／匯出服務將資料運送到 Azure 的大致流程。

1. 建立 Azure 儲存體帳戶，記住帳戶名稱和密碼。

2. 將硬碟連接到你的 Windows 電腦。使用 WAImportExport 工具（檔案名為 *WAImportExport.exe*），在你的硬碟上啟用 BitLocker 加密，將檔案複製到硬碟上，接著準備好有關該工作的中繼資料檔案。

3. 使用 Azure Management Portal（*http://manage.windowsazure.com*）來建立一個匯入工作，上傳中繼資料檔案，選擇資料中心的所在位置，並設定運送資訊。

4. 將你的硬碟包裝好（硬碟即可，不需附上任何傳輸線或轉接器），並將它寄送到你指定的處理中心。

5. 在你寄送硬碟之後，在 Management Protal 上輸入包裹追蹤號碼，更新匯入工作。你可以透過 Management Portal 檢視包裹運送、接收、轉交和匯入工作完成等狀態。

6. 當匯入工作完成後，資料將會出現在 Blob 儲存體的指定位置上，硬碟也會寄回給你。

匯入工作要求：在進行傳輸之前，首先要記得確認硬碟要求。你所使用的硬碟必須是 3.5 英吋 SATA II/III 內建硬碟——外接硬碟或是 USB 硬碟是行不通的。如果你和我一樣使用桌上型電腦，這表示你會需要一個 SATA II/III-to-USB 轉接器。以我的例子來說，我使用 Sabrent EC-HDD2 轉接器。像是遊戲卡帶一樣，將硬碟插到轉接器上，透過 USB 連線到電腦，然後你的電腦將會識別這個附加硬碟（見圖 2-3）。

圖 2-3 圖為一個 SATA-to-USB 範例轉接器，透過外部 USB 將內建硬碟連接到電腦。

另一個必須注意的重點是，你的硬碟容量不可以大於 6TB——容量可以小一點，但切記不要超過 6TB。如果你必須寄送多於 6TB 的資料，一項匯入工作可以寄送最多 10 個硬碟，而你的儲存帳戶允許同時進行最多 20 項匯入工作（所以理論上一次可以複製多達 200 個硬碟空間的資料）。

其次，你的電腦上必須安裝擁有 BitLocker 硬碟加密的 Windows 系統。具體來說，支援版本包括 Windows 7 企業版、Windows 7 旗艦版、Windows 8 專業版、Windows 8 企業版、Windows 10、Windows Server 2008 R2、Windows Server 2012 和 Windows Server 2012 R2。

在本書撰寫之時，Azure 匯入／匯出服務僅支援以 Classic 模式申辦的 Azure 儲存體帳戶。如果你是以 v2 或 Resource Model 模式申辦儲存體帳戶，將無法使用該服務。

準備硬碟：假設你已經準備好 Azure 儲存體帳戶及相容硬碟，讓我們來看看進行匯入工作前必要的硬碟設定步驟。

1. 從 *http://bit.ly/2mtenkm* 下載 WAImportExport 工具。

2. 將文件解壓縮到可以輕鬆存取的地方（例如，*C:\WAImport*）。在該檔案夾中，應該會看到如圖 2-4 的文件。

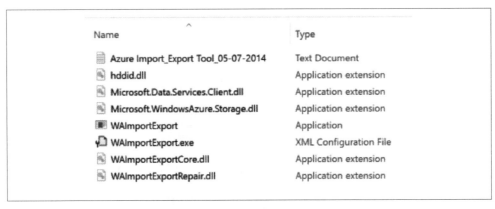

圖 2-4 WAImportExport 工具內含文件。

3. 將 SATA-to-USB 轉接器與電腦連接，並將硬碟插到轉接器上。

4. 在 Windows 系統中安裝硬碟（如果是全新硬碟，需要安裝並將它格式化）。你可以打開檔案管理器介面，按右鍵選擇「我的電腦」或「本台電腦」並選擇「管理」（見圖 2-5）。

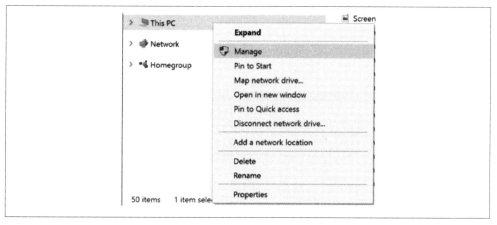

圖 2-5　進入本機電腦的管理菜單。

5.　在「電腦管理（Computer Management）」中點選「硬碟管理（Disk Management）」
　　（見圖 2-6）。

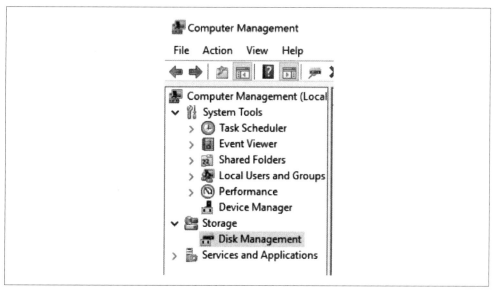

圖 2-6　在「電腦管理」中點選「硬碟管理」選項。

6. 在硬碟列表中，你會看到已列出的硬碟（如果是新的硬碟，看起來會像是一片灰線）。按右鍵點選所選硬碟並選擇「新建簡易磁卷（New Simple Volume）」（見圖2-7）。

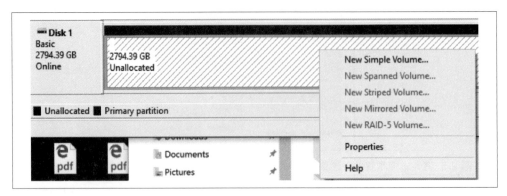

圖 2-7 在未分配硬碟中選擇「新建簡易磁卷」。

7. 在「新建簡易磁卷」精靈中，選取「下一步（Next）」。

8. 將磁卷的預設大小設定為全部硬碟容量，然後點選「下一步」（圖 2-8）。

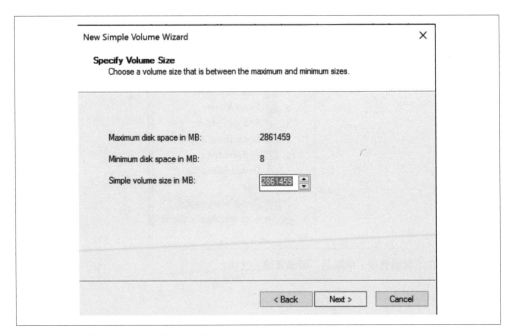

圖 2-8 設定磁卷大小以充分利用硬碟容量。

9. 選擇安裝硬碟的硬碟編號，然後點選「下一步」（圖 2-9）。

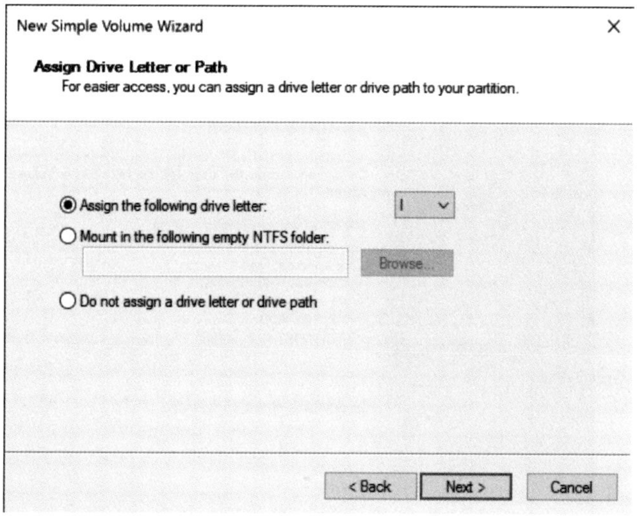

圖 2-9 指定給該磁卷的硬碟編號。

10. 選取「不要格式化該磁卷（Do not format this volume）」，然後點選「下一步」（圖 2-10）。

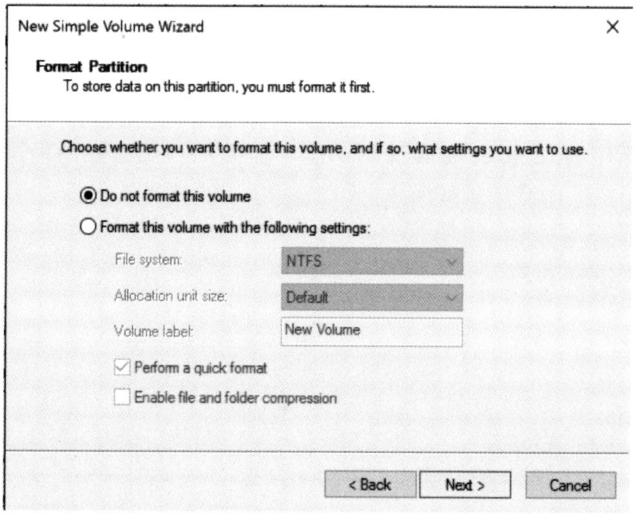

圖 2-10 選擇「不要格式化該磁卷」。

11. 點選「完成（Finish）」關閉設定精靈。記住你所選取的硬碟編號，因為你將在 WAImportExport 工具的命令行中用到它（圖 2-11）。

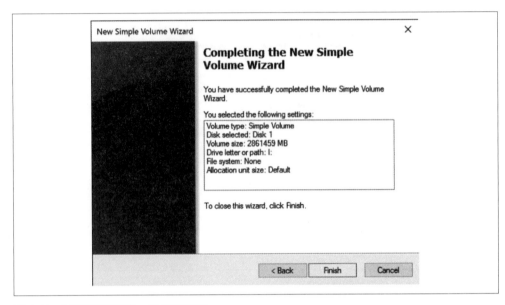

圖 2-11 「新建簡易磁卷」的摘要視窗。

運行 WAImportExport 工具：現在，安裝好硬碟並賦予它一個硬碟編號之後，準備開始使用 *WAImportExport.exe* 文件來準備硬碟（並複製資料到其中）。

以管理員身分（這點很重要！否則輸出結果會隨著新視窗開啟而關閉）開啟命令行介面，並導向解壓縮 WAImportExport 工具後的檔案位置。

這時，你可以啟用 BitLocker 磁碟加密功能，並使用一個命令將檔案從單一檔案夾複製到磁碟上。最簡單的命令形式如下：

```
WAImportExport PrepImport
/sk:<StorageAccountKey>
/t:<TargetDriveLetter>
/format
/encrypt
/j:<JournalFile>
/id:<SessionId>
/srcdir:<SourceDirectory>
/dstdir:<DestinationBlobVirtualDirectory>
```

這則命令會格式化並加密磁碟，然後將檔案從來源複製到硬碟上，同時保有檔案夾的結構。在前述的命令行中，你需要設定的參數是 <> 中的值。這些參數有：

StorageAccountKey

　　檔案最終被複製到 Azure 儲存體帳戶的金鑰。

TargetDriveLetter

　　你所安裝的外接硬碟之硬碟編號，在運送硬碟時會用到。

JournalFile

　　WAImportExport.exe 中繼資料檔案的名稱。這份檔案包含 BitLocker 金鑰，因此不能一併與硬碟運送（稍後透過入口網站上傳衍生的 XML 檔案）。你可以幫它任意命名，例如，*transfer1.jrn*。

SessionID

　　每一次運行命令行可以在外接硬碟上建立新的對談（session），允許從數個相異來源檔案夾複製資料到同一個硬碟，或者為同一組檔案改變目標 blob 儲存體的虛擬路徑。交談識別碼（SessionID）是使用者為該次對談提供的標籤，ID 名稱必須是獨特的。

SourceDirectory

　　欲複製之來源檔案夾的本機路徑。

DestinationBlobVirtualDirectory

　　在 Azure Blob 儲存體中存放檔案的路徑。必須以斜線（／）結尾。

> *WAImportExport.exe* 使用參數
> 想要了解更多 *WAImportExport.exe* 支援的所有參數，請參閱 Microsoft Azure 文件（*http://bit.ly/2mUS9nx*）。

舉例來說，以下有一個完整的命令行（顧及安全隱私，我截短了自己的儲存帳戶密鑰）：

```
WAImportExport PrepImport
/sk:c42fXQ==
/t:i
/format
/encrypt
/j:threetb01.jrn
/id:session#01
/srcdir: "Q:\sources\sampledata"
/dstdir:imported/sampledata/
```

完成一次資料複製的所需時間，主要取決於欲複製資料的多寡，以及硬碟的輸入／輸出速度。舉例來說，我使用的是 3TB 容量的 SATA III 硬碟，連接轉接器後，通常為 85 MB ／秒的傳輸速度。

完成後，你會在外接硬碟中看到一個對談檔案夾，以及一個 manifest 資源配置文件（圖 2-12）。

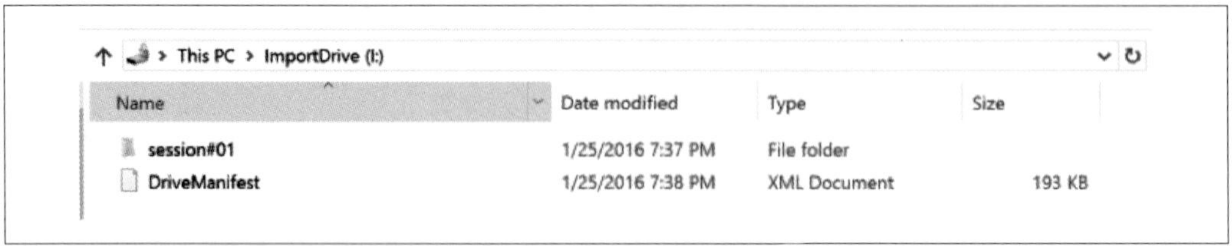

圖 2-12　運行 WAImportExport 工具一次後，外部硬碟的內容。

在對談檔案夾中，會看到你所選擇的檔案，且維持原檔案夾結構。

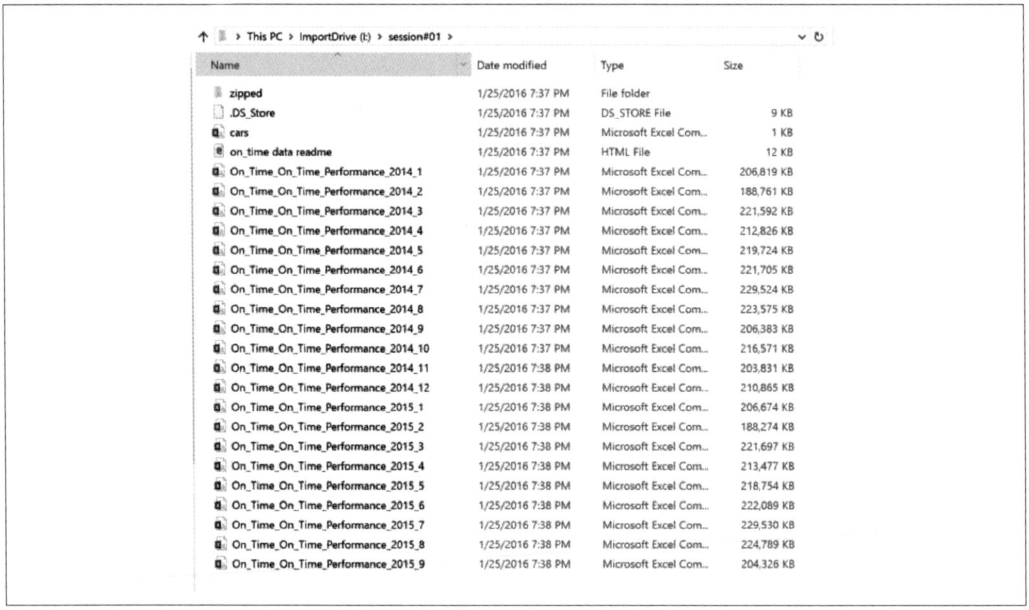

圖 2-13　一次對談（session）的內容。

而且，在 *WAImportExport.exe* 的目錄中，可以看到日誌檔案（journal file）、一個 XML 文件（將會上傳到 Azure 上），以及包含日誌（logs）的檔案夾（圖 2-14）。

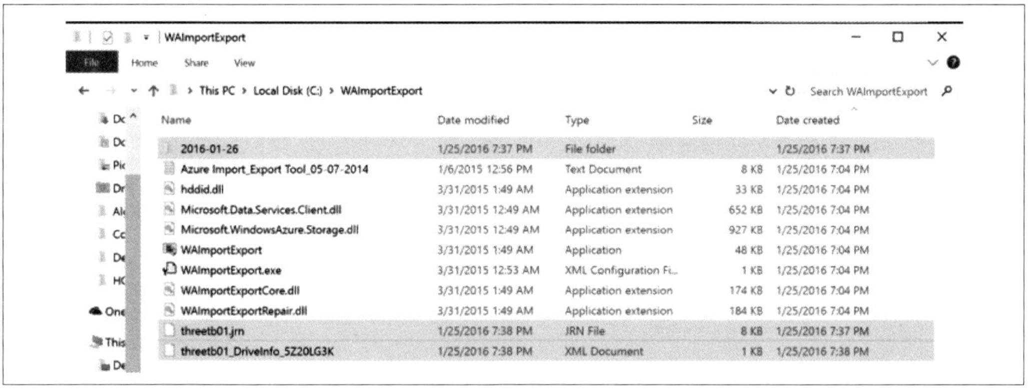

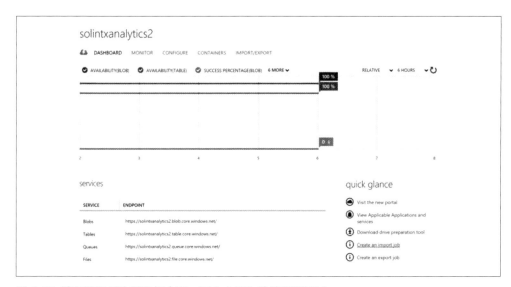

圖 2-14 運行 WAImportExport 工具後所建立的中繼資料和日誌檔案。

現在，一切準備就緒，可以在 Azure 中建立匯入工作了。

新建匯入工作：備妥硬碟，在瀏覽器開啟 Management Portal 頁面（*http://manage. windowsazure.com/*），登入你的 Azure 儲存體帳戶。

1. 選取你的儲存體帳戶的儀表板介面（圖 2-15）。

圖 2-15 儲存體帳戶的儀表板介面，圖中右下為快速瀏覽區域。

2. 在快速瀏覽區塊，選擇「新建匯入工作」。

3. 在「新建匯入工作」精靈的第一個畫面，勾選「I've prepared my hard drives, and have access to the necessary drive journal files.」，接著點選箭頭進行下一步（圖 2-16）。

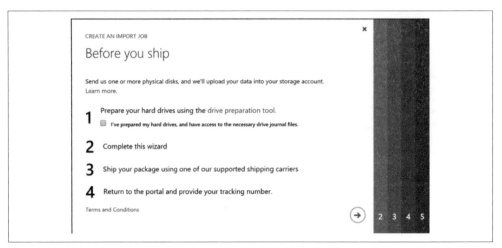

圖 2-16 「新建匯入工作」步驟 1，勾選「我準備好硬碟，而且可以存取必要硬碟日誌檔案」。

4. 填寫聯絡資訊及日後寄回硬碟的地址。如果你想要詳細日誌檔案，請勾選「Save the verbose log in my 'waimportexport' blob container.」。點選箭頭進行下一步（圖 2-17）。

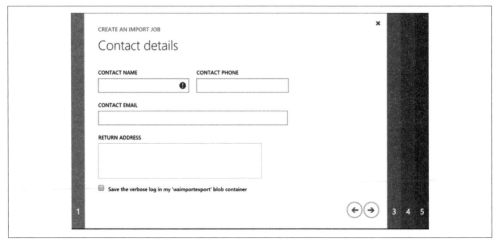

圖 2-17 「新建匯入工作」步驟 2 勾選「將詳細日誌保存在我的 "waimportexport" blob 儲存體」。

5. 在「硬碟日誌檔案」視窗中，點選「瀏覽檔案」左側的檔案夾圖示，選擇由 WAImportExport 工具輸出的日誌檔案（如果你有遵循命名傳統，那檔名應為 .jrn），然後點選「新增」按鈕。

6. 成功上傳檔案後，會出現綠色勾勾，這時請點選箭頭進入下一步（圖 2-18）。

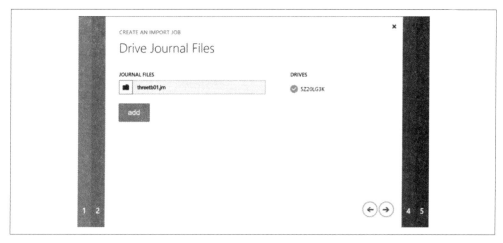

圖 2-18 「新建匯入工作」步驟 3。

7. 為該工作命名，確認你將要寄送硬碟的收件地址（圖 2-19）。「選擇資料中心位置（Select Datacenter Region）」的下拉式選單會自動搜尋你所註冊的儲存體帳戶所在區域。點選箭頭進行下一步。

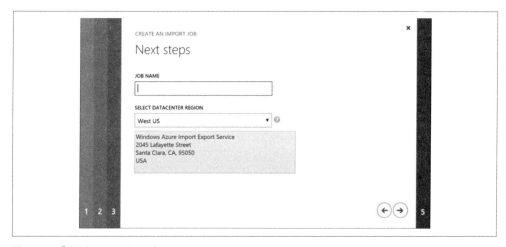

圖 2-19 「新建匯入工作」步驟 4。

8. 填寫寄送資訊（圖 2-20）。美國地區僅能使用 FedEx 貨運，所以請在「客戶標號」欄位輸入你的 FedEx 客戶編號。其次，如果你希望在日後提供包裹追蹤號碼，可以勾選「I will provide my tracking number for this import job after shipping the drives.」。點選打勾完成設定。

圖 2-20 「新建匯入工作」步驟 5，勾選「在寄送硬碟後，我會提供包裹追蹤號碼」。

9. 這時介面應該列出新建立的匯入工作，狀態為「建立中」。這時請中斷硬碟連線，妥善包裝，然後寄送到 Azure 資料中心。拿到追蹤號碼後再填寫到圖 2-21 所示頁面。

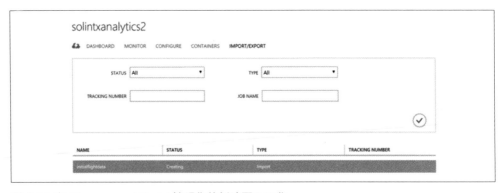

圖 2-21 在 Management Portal 檢視你的新建匯入工作。

10. 在清單中選擇該工作，並點選「運送資訊」（圖 2-22）。

圖 2-22 頁面上「運送資訊」按鈕。

11. 完成填寫聯絡資訊，然後點選箭頭（圖 2-23）。

圖 2-23 填寫運送資訊。

12. 在「運送明細」頁面，填寫貨運公司名稱及追蹤號碼，然後在右下方勾選（圖 2-24）。

圖 2-24 提供貨運公司名稱及追蹤號碼以便完成運送資訊的填寫作業。

13. 接下來請耐心等待。這流程通常需要 3 至 5 天,包含硬碟運送以及完成傳輸所需時間。你可以利用入口網站檢視當前狀態(狀態從「建立中」到「運送中」,最後再到「完成」)。完成傳輸作業後,資料將會在 Azure Blob 儲存體等著你。

終端使用者工具

在某些情況下,尤其是必須處理龐大資料量時,可以採用前述的硬碟運送方法。當然,有多種工具幫助你直接從本機電腦將資料批次加載到 Azure 中。在這一節的內容,我們會介紹提供使用者友善介面的工具,以及編碼用途的工具(如命令行與 PowerShell)。

圖形化用戶端

本節將會討論用來批次加載資料到 Azure 中的圖形化用戶端。通常,批次資料會被載入到 Azure Blob 儲存體或 Azure Data Lake Store。

以 Visual Studio 雲端總管及伺服器總管來批次加載資料到 Blob 儲存體:Visual Studio 2015 有兩種工具,提供幾乎相同的功能,可以查詢並列出 Azure 中的儲存體目的地(例如 Azure 儲存體和 Azure Data Lake Store)。它們一個是新推出的雲端總管(Cloud Explorer),另一個是行之有效的伺服器總管(Server Explorer)。

雲端總管和伺服器總管兩者皆以相同方式存取 Azure 儲存體的容器並支援資料上傳。當你進入檢視某一容器的內容這一步驟，這時介面可支援選擇及上傳多個檔案到 Azure 儲存體帳戶內該容器或是該路徑內的檔案夾中。使用者介面可以同時處理四個上傳作業。如果同時有多於四個文件需要上傳，文件們會依序排隊，等待當前上傳作業完成後再一一上傳。

如果想要用伺服器總管上傳一批文件到 Blob 儲存體，請依照下列步驟：

1. 開啟 Visual Studio，在瀏覽選單選取伺服器總管。

2. 在伺服器總管窗格上方附近，展開 Azure 節點（見圖 2-25）。如果出現提示視窗，請連線到 Azure 訂用帳戶。

圖 2-25 伺服器總管上顯示的 Azure 資源。

3. 片刻後，這項工具將會列出眾多依照服務分類的 Azure 資源。請展開「儲存體」節點，檢視可用的 Azure 儲存體帳戶。

4. 在「儲存體」節點之下，可以看到你的儲存體帳戶，帳戶之下還有「Blob 儲存體」、「資料表儲存體」及「佇列儲存體」等節點。

5. 展開「Blob 儲存體」節點，查看該帳戶內的 Blob 容器（圖 2-26）。

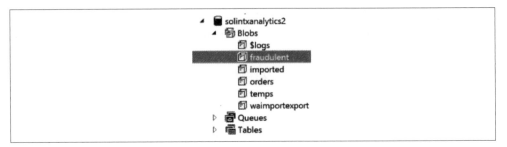

圖 2-26 以伺服器總管檢視儲存體帳戶內可用的儲存容器。

6. 點擊「容器」節點以檢視內容（圖 2-27）。

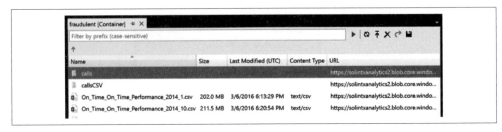

圖 2-27 在已開啟容器中的 Blob 儲存體清單。

7. 在出現的 Blob 容器文件中，點選「上傳 Blob」按鈕（圖 2-28）。

圖 2-28 「上傳 Blob」按鈕。

8. 在「上傳新檔」對話框中，點選「瀏覽」（圖 2-29）。

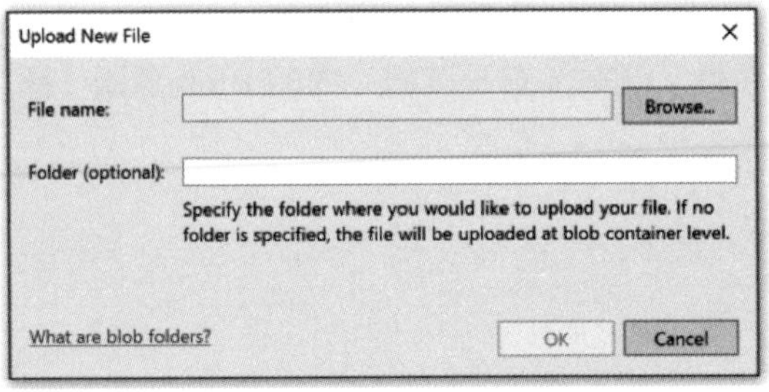

圖 2-29 「上傳新檔」對話框。

9. 在「上傳 Blob」對話框中，你可以使用 Ctrl 鍵選取多個檔案，或者以 Shift 鍵選取特定範圍的檔案。當完成檔案選取後，請點選「開啟」（圖 2-30）。

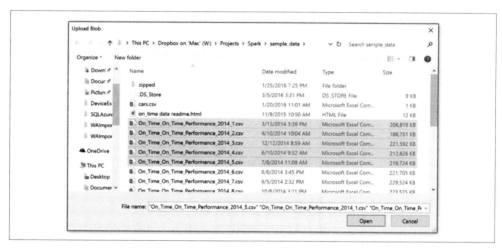

圖 2-30 選取多個檔案上傳至 Blob 儲存體。

10. 回到「上傳新檔」對話框，你可以選擇提供一個檔案夾子路徑，在已選定的容器內存放已上傳的檔案。點選「確定」開始上傳。

11. 利用跳出的 Azure Activity Log 查看上傳進度。

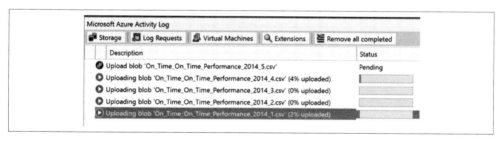

圖 2-31 Azure Activity Log 顯示正在進行中的上傳作業。

12. 當上傳作業完成後，點選「更新」按鈕（在「上傳 Blob」按鈕旁邊），更新清單並檢視已上傳檔案（圖 2-32）。

圖 2-32 「更新」按鈕。

若要使用雲端總管來批次上傳資料到 Blob 儲存體，請參照下列步驟：

1. 開啟 Visual Studio，在瀏覽選單選取雲端總管。

2. 在提示視窗輸入帳號密碼，登入 Azure 訂用帳戶。

3. 片刻後，這項工具將會列出眾多依照服務分類的 Azure 資源。請展開「儲存體帳戶」節點，檢視可用的 Azure 儲存體帳戶（圖 2-33）。

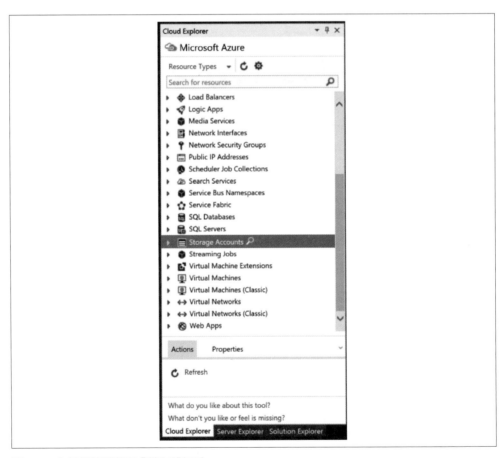

圖 2-33 在雲端總管點選「儲存體帳戶」。

4. 展開「Blob 容器」節點以檢視帳戶內的容器（圖 2-34）。

圖 2-34 檢視儲存體帳戶內的 Blob 容器。

5. 雙擊「容器」節點以檢視其內容（圖 2-35）。

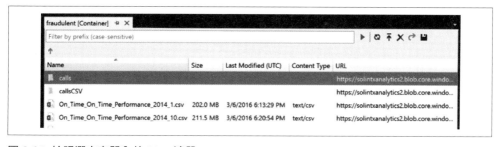

圖 2-35 檢視選定容器內的 Blob 清單。

6. 在出現的 Blob 容器文件中，點選「上傳 Blob」按鈕（圖 2-36）。

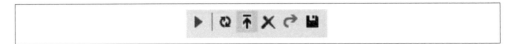

圖 2-36 「上傳 Blob」按鈕。

7. 在出現的對話視窗中，點選「瀏覽」（圖 2-37）。

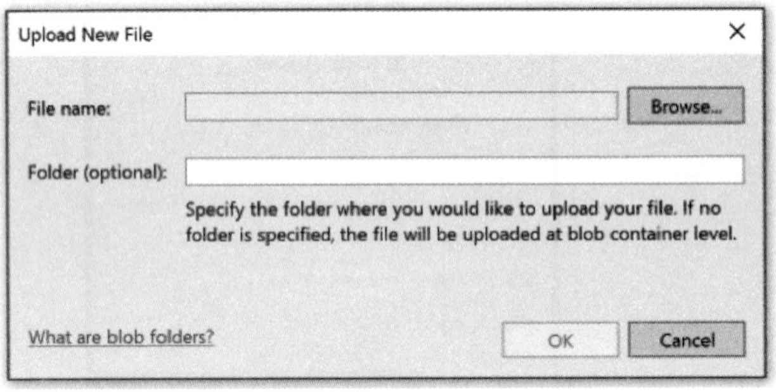

圖 2-37 「上傳新檔」對話框。

8. 在「上傳 Blob」對話框中，你可以使用 Ctrl 鍵選取多個檔案，或者以 Shift 鍵選取特定範圍的檔案。當完成檔案選取後，請點選「開啟」（圖 2-38）。

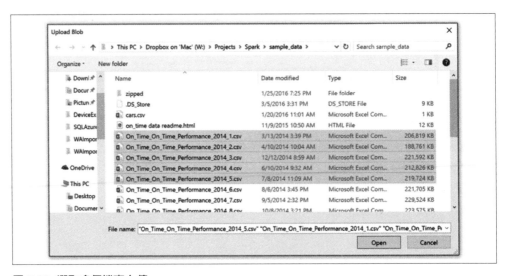

圖 2-38 選取多個檔案上傳。

9. 回到「上傳新檔」對話框,你可以選擇提供一個檔案夾子路徑,在已選定的容器內存放已上傳的檔案。點選「確定」開始上傳。

10. 利用跳出的 Azure Activity Log 查看上傳進度。

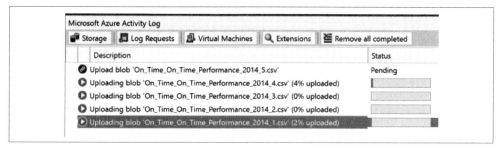

圖 2-39 在 Azure Activity Log 中追蹤上傳進度。

11. 當上傳作業完成後,可以點選「更新」按鈕(在「上傳 Blob」按鈕旁邊),更新清單並檢視已上傳檔案(圖 2-40)。

圖 2-40 「更新」按鈕。

以 Visual Studio 雲端總管批次加載資料到 Data Lake Store:如同以雲端總管批次加載資料到 Blob 儲存體,在你的 Data Lake Store 中選定一條路徑,一次上傳多個檔案。這個工具支援同時上傳六個檔案,其餘檔案以佇列形式等待上傳。你可以決定佇列中檔案的優先上傳順序。

想要使用雲端總管批次上傳資料到 Azure Data Lake Store,請參照下列步驟:

1. 首先請安裝最新版本的 Azure Data Lake 工具,然後重啟 Visual Studio。在雲端總管展開「Data Lake Store」節點,然後選擇你的 Data Lake Store。

2. 在動作面板有一個標示為「開啟檔案總管」的連結。點擊該連結,會在雲端總管上方出現「尚未安裝 Azure Data Lake 工具,請下載最新版本。」的訊息,點擊下載連結。

3. 完成檔案下載後,執行該安裝程式(沒有自定義選項,所以安裝步驟很直覺簡單)。

4. 重啟 Visual Studio,然後回到雲端總管,選擇你的 Azure Data Lake Store,並再次開始檔案總管。

5. 這時將會出現一個列出 Data Lake Store 內容的新文件（圖 2-41）。

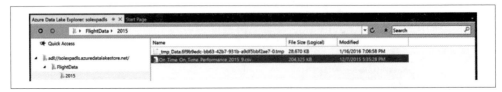

圖 2-41　查看 Data Lake Store 的內容。

6. 如果在樹狀檢視窗格點選一個檔案夾，然後按右鍵，會出現一個有上傳檔案選項的
   菜單（圖 2-42）。選擇「以行結構檔案」上傳 CSV 或分隔文字資料，或是「以二進
   制檔案」上傳沒有保存行結尾的檔案類型。

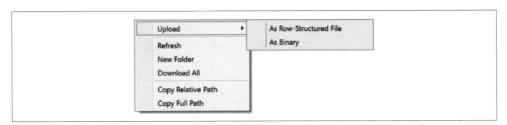

圖 2-42　上傳檔案到 Data Lake Store 的形式選項。

7. 在「上傳檔案」對話框中，你可以使用 Ctrl 鍵選取多個檔案，或者以 Shift 鍵選取
   特定範圍的檔案。當完成檔案選取後，請點選「開啟」，開始上傳（圖 2-43）。

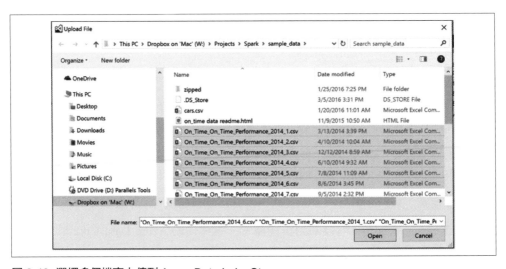

圖 2-43　選擇多個檔案上傳到 Azure Data Lake Store。

8. 可以在 Azure Data Lake 總管任務清單查看上傳進度（圖 2-44）。

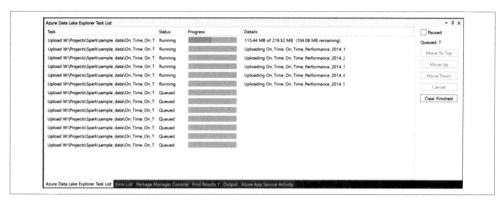

圖 2-44 用 Data Lake 總管任務清單檢視上傳進度。

9. 完成上傳任務後，文件會自動更新，列出存放在 Azure Data Lake Store 的檔案。

Azure 儲存體總管：本程式可從 Microsoft 網頁（*http://storageexplorer.com/*）免費下載，可幫助使用者在不使用 Visual Studio 的情況下，管理在 Blob 儲存體的檔案。本程式可以運行在 Windows、macOS 以及 Linus 系統。安裝這個程式後，你可以一次上傳多個檔案到 Azure Blob 儲存體（圖 2-45）。

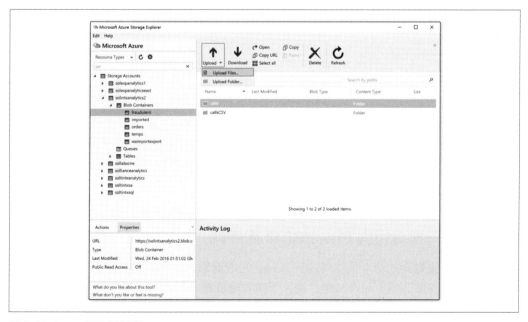

圖 2-45 Azure 儲存體總管。

Azure 入口網站：在 Azure 入口網站內的某些特定 Azure 服務允許透過網頁瀏覽器（如 Azure Data Lake Store 和 Azure 檔案）。不幸的是，這只適用於一次上傳一個檔案，如果想批次上傳檔案到 Azure 中要另尋他法。

第三方用戶端：當然還有一些優秀且免費的第三方工具支援大量上傳資料。我最推薦的是 Cerebrata 開發的 Azure Explorer（*http://www.cerebrata.com/products/azure-explorer/introduction*）。這個工具僅支援 Windows 系統，提供與 Windows 總管相似的介面，可以從本機電腦拖曳並拉放檔案到 Azure Blob 儲存體中（圖 2-46）。

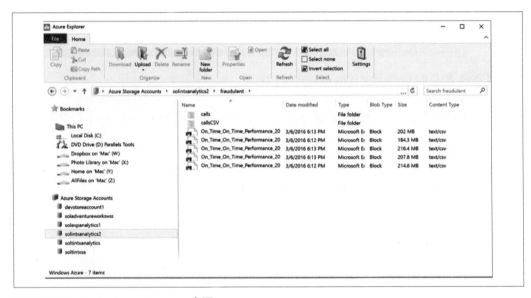

圖 2-46　Cerebrate Azure Explorer 介面。

SSIS Feature Pack：如果你已經在電腦上運行 SQL Server 2012 或更新版本，則可以使用 SQL 伺服器整合服務（SSIS）與 Azure Feature Pack（*http://msdn.microsoft.com/en-us/library/mt146770(v-sql.120).aspx*），從本地目錄中提取資料並寫入 Blob 儲存體。簡而言之，Azure Feature Pack 內附一個名為 Azure Blob Upload 的 SSIS 任務，可以透過 SQL Server 批次加載資料到 Blob 儲存體。

程式編寫──命令行與 PowerShell 用戶端

有時候，從本機電腦的資料批次傳輸到 Azure 的最簡單方法不太需要使用者介面，最重要的是具備腳本編寫能力和網路穩定性。下面有幾個命令行選項供你選擇。

AZCopy：AZCopy 是 Microsoft 提供的命令行公用程式，可以將資料複製到／複製出 Azure Blob 儲存體。同時支援 Azure Tables 和 Azure Files 服務，按照本書宗旨，我們聚焦在如何從本機電腦的檔案系統中擷取資料，然後傳送到 Azure Blob 儲存體。這正是 AZCopy 擅長之處，因為它支援每台機器同時進行至多 512 個上傳作業（也就是說，AZCopy 能極盡可能地運用網速），而且 AZCopy 具備自動日誌紀錄機制，當傳輸過程因網路問題而中斷，則會自動在上次執行到一半的地方重新開始傳輸。

AZCopy 是僅限 Windows 系統使用的命令行執行程式。如果你需要可以運行在 macOS 或 Linux 系統的批次加載執行程式，請翻閱第 46 頁的「Azure 命令行介面」。可以在線上下載 AZCopy（*http://bit.ly/2o50Pb6*）。該網頁也有介紹 AZCopy 功能的文件可供參考。

以 AZCopy 批次加載資料到 Blob 儲存體：下載並安裝 AZCopy 之後，請以管理員身分開啟命令視窗並瀏覽至電腦上的 AzCopy 安裝目錄（在 64 位元 Windows 系統，預設位置為 *C:\Program Files (x86)\Microsoft SDKs\Azure\AZCopy*，在 32 位元 Windows 系統則為 *C:\Program Files\Microsoft SDKs\Azure\AZCopy*）。

在 AZCopy 命令視窗中，從本機目錄複製資料到 Blob 儲存體的最基本語法形式如下：

```
AzCopy /Source:<pathToLocalFiles>
/Dest:<uriToBlobStorage> /Key:<storageAccountKey>
/S /NC:<numParallelOperations>
```

使用到的參數如下：

`<pathToLocalFiles>`
　　作為資料來源的本機檔案或檔案夾的路徑。

`<uriToBlobStorage>`
　　形式為 *https://<storageAccountName>.blob.core.windows.net/<container-Name>/<optionalVirtualPath>*。`storageAccountName` 是你的 Azure 儲存體帳戶名稱，`containerName` 為該儲存體帳戶內的目標 Blob 容器名稱，`optionalVirtualPath` 則是附加的子檔案夾路徑，將來源檔案存放於此。

`<storageAccountKey>`
　　你的 Azure 儲存體帳戶金鑰。

/S

指定複製作業的遞迴模式，此語法是非必要的。如果選擇寫入 /S，在遞迴模式中，AzCopy 會複製所有符合指定檔案模式的 Blob 或檔案，包括子檔案夾中的 Blob 或檔案。如果不寫入 /S，則 AZCopy 僅會複製來源目錄內的根目錄檔案，不會同時複製子檔案夾。

\<numParallelOperations\>

這則語法非必要選項，不過它能幫助你掌握在該過程中（如我們現在討論的檔案上傳作業）有多少平行作業正在進行。在多數情況下，如果一次同時進行過多上傳作業，則意味著需要很長時間才能完成上傳所有檔案，所以存在報酬遞減（diminishing returns）。根據檔案大小（以我們的目的來說，檔案相當大）和網路速度，最好將數值設定為較小的數字，如 2、3 或 5。最多可以將數值設定為 512（即允許一次進行 512 個平行作業）。在預設情況下，AZCopy 將此數值設定為電腦處理器核心數量的八倍（如果你的電腦為 4 核心，則代表 AZCopy 可嘗試 32 個平行上傳作業）。

舉例來說，以下這則命令行，將我電腦上的 *sampl_data* 檔案夾內的所有檔案上傳至名為 solintanalytics2 的 Azure 儲存體帳戶內，名為 *imported* 的容器中。

```
azcopy /Source:Q:\Projects\Spark\sample_data\
/Dest:https://solintxanalytics2.blob.core.windows.net/imported
/DestKey:gPl/Qf0==
```

> *Azure Data Movement Library*
> 如果你有更多程式編寫需求，並且想在程式碼中善用 AZCopy，可以多加利用 Azure Data Movement Library，參考 .NET 程式集。請瀏覽 Azure 部落格（*http://bit.ly/2ndQ74x*）查看更多說明。

Azure 命令行介面：如果你想要一個跨系統（macOS、Linux 及 Windows 系統）通用的命令行來批次傳輸資料，可以考慮使用如圖 2-47 所示，由 Microsoft 提供的 Azure 命令行介面（Azure CLI），可控制由 REST API 展示的所有 Azure 服務，包括 Azure 儲存體。

可參照本網址 *http://bit.ly/2n7QM5T* 指示，下載並安裝 Azure CLI 到你所使用的平台系統。

圖 2-47 Azure 命令行介面

使用 Azure CLI 上傳檔案的基本語法如下：

```
azure storage blob upload -a <storageAccountName>
-k <storageAccountKey> <localFilePath> <containerName>
```

語法中使用到的參數有：

<storageAccountName>

你的 Azure 儲存體帳戶名稱。

<storageAccountKey>

你的 Azure 儲存體帳戶金鑰。

<localFilePath>

欲上傳本地檔案的路徑。

<containerName>

檔案會上傳到你的 Azure 儲存體帳號內 Blob 容器之名稱。

請注意在前述的例子，我們並沒有特別註明檔案名稱（程式會自動判斷與 Blob 儲存體可用的相應文件名）。

再更具體說明，現在我要傳輸一個 CSV 檔案到 Fraudulent 容器：

```
azure storage blob upload -a solintxanalytics2
-k gPl ==
Q:\On_Time_On_Time_Performance_2015_9.csv
fraudulent
```

你一定注意到這則語法只允許一次傳輸一個檔案。不幸的是，Azure CLI 的目前版本尚未支援指定上傳特定目錄。暫行的解決方案是將 Azure CLI 結合系統偏好的 shell 腳本中，為欲上傳的所有檔案或檔案夾建立循環（loop）。

AdlCopy：你可以使用 ADlCopy 將本機檔案移動到 Azure Data Lake Store。目前此作法並非直接複製檔案（想知道其他更直接的選項，請查閱第 50 頁的 PowerShell cmdlets 內容）。首先你必須（例如，使用 AZCopy 或 Azure CLI）把檔案放在 Blob 儲存體中，接著運行 AdlCopy 從 Blob 儲存體傳輸檔案到 Azure Data Lake Store 中。

AdlCopy 是 Microsoft 提供的服務，可在此網址下載：*http://aka.ms/downloadadlcopy*。AdlCopy 目前只支援 Windows 10 系統。

從 Blob 儲存體容器中複製檔案到 Azure Data Lake Store 的檔案夾，最簡單的語法如下：

```
adlcopy /Source <uriToBlobContainer>
/Dest <uriToADLSfolder> /SourceKey <storageAccountKey>
```

使用到的參數如下：

<uriToBlobContainer>

你的 Azure 儲存體帳戶 Blob 容器的 URL 網址。

<uriToADLSfolder>

你的 Azure Data Lake Store 的 URL 網址。

<storageAccountKey>

你的 Azure 儲存體帳戶金鑰。

你可能會好奇要在哪裡輸入 Azure Data Lake Store 帳密資訊。運行 adlcopy 指令，此時會跳出一個視窗供你填寫。

舉個例子來說，下面是一個完整的命令行，顯示了如何從我的 solintxanalytics2 帳戶的 imported 容器中複製檔案，而且只複製 sampledata/zipped 此路徑下的檔案，到名為 Solliance 的 Azure Data Lake Store 其根目錄下名為 imported2 的檔案夾：

```
adlcopy
/Source https://solintxanalytics2.blob.core.windows.net/
imported/sampledata/zipped/
/Dest adl://solliance.azuredatalakestore.net/imported2/
/SourceKey gPlftsdgs==
```

在上述例子，輸入 *uriToADLSfolder* 時，你可以使用 adl: 通訊協定（正如上例），或是 swebhdfs: 通訊協定（通常出現在文件內容）。adl 通訊協定具正向相容性的偏好選項，而 swebhdfs 通訊協定則具備回溯相容性。

PowerShell cmdlets：Azure PowerShell cmdlets 可以將本機檔案自動化傳輸到 Azure Blob 儲存體或 Azure Data Lake Store。

批次加載到 Azure 儲存體帳戶的 blob 內：使用 Set-AzureStorageBlobContent cmdlet 指令程式一次上傳檔案。透過 Get-ChildItem cmdlet 指令程式，將當前目錄中的所有本機檔案上傳到 Blob 儲存體容器中。

```
Get-ChildItem -File -Recurse |
Set-AzureStorageBlobContent -Container "<containerName>"
```

想要確實執行這則指令，必須具備 Azure 訂用服務並選定 Azure 儲存體帳戶。以下是一個完整序列範例。

```
Add-AzureAccount

Select-AzureSubscription -SubscriptionName "my subscription"

Set-AzureSubscription -CurrentStorageAccountName "solintxanalytics2"
-SubscriptionName "my subscription"

Get-ChildItem -File -Recurse |
Set-AzureStorageBlobContent -Container "imported"
```

以上指令執行的輸出結果如圖 2-48。

圖 2-48 使用 Azure PowerShell 上傳到 Azure 儲存體的範例輸出。

批次加載到 Azure Data Lake Store：Azure PowerShell 1.0 及更新版本提供的 cmdlet，可以直接從你的電腦上傳檔案及檔案夾到 Azure Data Lake Store 的檔案夾路徑中。

綜觀來看，語法如下所示：

```
Import-AzureRmDataLakeStoreItem -AccountName "<ADLSAccountName>"
-Path "<localFilePath>" -Destination <filePathInADLS>
```

使用參數如下：

`<ADLSAccountName>`

你的 Azure Data Lake Store 名稱（不是 URL 地址）。

`<localFilePath>`

檔案或檔案夾的本機路徑。檔案夾以反斜線（\）結尾。

`<filePathInADLS>`

檔案名稱或檔案夾名稱。在 Azure Data Lake Store 的檔案夾請以斜線（/）結尾。

欲引動（invoke）此 cmdlet，必須首先啟動 PowerShell。接著你要需要 `Login-RmAccount` cmdlet 指令程式以取得存取權。如果你擁有多個訂用項目，你可能需要使用 `Select-RmSubscription` 指令，從活躍中的訂用變更至欲使用的訂用項目。再來，引動 `Import-AzureRmDataLakeStoreItem` cmdlet 指令程式。以下是範例序列：

```
Login-RmAccount

Select-AzureRmSubscription
-SubscriptionName "Solliance Subscription"

Import-AzureRmDataLakeStoreItem -AccountName "solliance"
-Path "W:\Projects\Spark\sample_data\" -Destination /imported3
```

這則指令將得到如圖 2-49 的輸出結果。

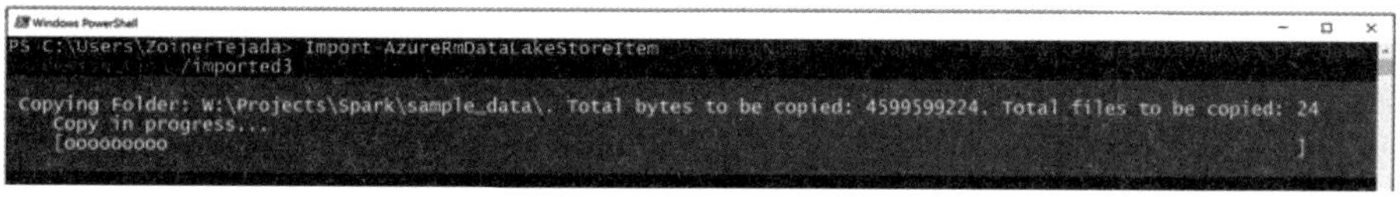

圖 2-49　使用 Azure PowerShell 上傳到 Azure Data Lake Store 的範例輸出。

基於網路的傳輸方法

還有一些需要仰賴網路連線以批次傳輸資料的方法，我們將這些歸類為「基於網路的傳輸方法」，與前文提到的圖形化用戶端或命令行用戶端做區分。在某些情況下，這些方法主要依賴特定通訊協定如 FTP、UDP 或 SMB。在其他情況下，則仰賴於建立可支援穩定混合式連接的網路管道──例如在本機電腦與 Azure 之間建立虛擬私人網路（VPN）。

FTP

對許多舊有系統來說，檔案傳輸通訊協定（FTP）是用來批次傳輸資料檔案的主要通訊協定。目前 Azure 服務中尚未直接支援透過 FTP 擷取檔案，不過，可以部署一個通訊協定閘道，以便在外圍實現從 FTP 擷取檔案，然後再傳輸至 Azure Blob 儲存體。

有三種手段可以實現此目標：

- 建立一個展現 FTP 端點的雲端服務工作角色。

- 運行安裝了 FTP 服務的虛擬機器，此虛擬機器以 Windows 系統運行，從 FTP 伺服器檔案夾將資料傳輸到 Azure 儲存體。

- 透過 Azure Web Apps 服務加以利用可用的 FTP 端點，接收來自 FTP 的檔案，先暫存至檔案系統上受監控位置，接著再將檔案傳輸至 Azure 儲存體。

雲端服務工作者角色選項可在 Microsoft 社群中找到相關分享,但其程式碼非常需要更新。如果你偏好採取此作法,建議你瀏覽 *http://ftp2azure.codeplex.com/* 相關資源。

關於如何設定虛擬機器的細節雖超出本書討論範圍,但你依舊可以在網路上找到詳細教學文,如這篇部落格文章 "FTP Server Proxy for Azure Blob Storage" (*http://www.redbaronofazure.com/?p=5781*)。

最後一個選項,也是我較偏好的,是透過 Web Job 使用 Azure Web App。Web Job 提供 FTP 端點並接收檔案至該應用提供的儲存體中。Web Job 被當作託管程式碼的主機(例如 .NET 中的 FileSystemWatcher 元件),可於檔案系統中查找新檔案,然後觸發執行邏輯,將檔案複製到 Azure 儲存體。關於 Web Job 的設定步驟,請查閱 *http://bit.ly/2mVH2u2*。

UDP 傳輸

隨著雲端儲存越來越普及,優化本地到雲端之間傳輸流程的需求越來越明顯。多數的雲端儲存服務,例如 Azure 儲存體,都是透過仰賴雙向通訊的傳輸控制通訊協定(Transmission Control Protocol,TCP)存取。當你要執行一個上傳作業時,基本上通訊必須是單一方向,從資料來源傳輸到目的地,而且當免除了因維護雙向通訊所產生的雜訊,可望使網路傳輸速度顯著加快。為了達成上述效果,請改變傳輸通訊協定:採用單向性的用戶封包通訊協定(User Datagram Protocol,UDP)取代 TCP。

目前 Azure 服務尚無提供 UDP 端點的服務,有兩家網路服務公司提供部署至 Azure 的優秀解決方案,讓使用者可透過 UDP 從本機電腦上傳檔案到 Azure 儲存體中。儘管這兩項服務需要付費,它們可望成為資料擷取策略中的關鍵要素,提供穩定可靠、快速且持久的服務,幫助你擷取大量檔案至 Azure 儲存體中。這兩項服務為:

- Aspera Server On Demand(*http://bit.ly/2nCI5U2*)
- Signiant Flight(*http://bit.ly/2ndDJBD*)

SMB 網路分享

另一個用來擷取資料的媒介是使用網路分享(file share)。在本機電腦系統上這功能相當實用,可在伺服器之間複製檔案,那麼如果是從本機電腦複製檔案到 Azure 儲存體呢?網路分享最常用的通訊協定是伺服器訊息區塊(Server Message Block,SMB),而有一項 Azure 服務可以支援它,那就是 Azure Files。Azure Files 是 Azure 儲存體的一個元件,可在一個任何經授權裝置或用戶端應用得以存取的網路分享中儲存多達 5TB 的檔案。

有了 Azure Files 元件，你可以從支援 SMB 3.0 的本地用戶端服務（基本上是 Windows 8 及 Windows Server 2012 以後的版本）安裝網路分享。不過，這裡有一個隱憂：出於安全考量，許多網路服務供應商屏蔽了 SMB 所要求的 TCP 端口 445 埠。換句話說，雖然 Azure Files 可幫助你透過 SMB 在本地電腦和 Azure Files 之間建立連接，但你的 ISP 可能會阻斷連接。這個不利因素常常排除掉使用 SMB 傳輸的選項。

混合式連接與 Azure Data Factory

混合雲此一術語，代表能夠在本地資料中心與雲端之間，支援雙向通訊的服務。一種建立上述連接的方式為採用站對站網路，我們將在下一節討論。另一種方式則是使用混合式連接，以下將會介紹。

混合式連接的概念圍繞在 Azure 中運行的服務需要存取僅在本地可用的服務或資源，並且只需要出站 TCP 或 HTTP 連接，這樣做對網路配置的影響最小。我們可以部署一個位於本機網路的代理軟體，同時扮演 Azure 服務的代理服務角色，以便在網路上存取所需服務。這個代理服務確保與 Azure 建立安全的連線，並負責代理往來 Azure 服務和目標服務之間的流量。典型的例子包括使用 Azure 的 Web 應用查詢儲存於 SQL Server 的資料，或者存取一個僅存在於本地電腦的檔案（請見圖 2-50）。

通常會進行如下設定：

1. 選定一個可與 Azure 進行混合式連接的服務。

2. 透過入口網站下載安裝程式到本機電腦。

3. 安裝完成後，回到入口網站設置代理的通訊目標（例如，SQL Server 的主機名稱和連接埠，或是檔案伺服器的 IP 位址。）

4. 設置完成後，使用該代理的 Azure 服務即能與本機電腦通訊。

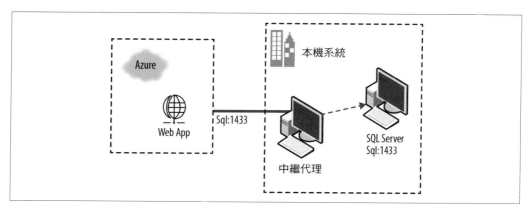

圖 2-50 使用 Azure 服務的網路應用（app）與本機電腦運行的 SQL Server 的混合式連接示例。

Azure App 服務可以使用混合式連接，舉例來說，運行於一個 Web App 的網站及 Web Jobs 即可利用混合式連接功能，與本機 SQL Server 進行通訊。如果你有程式碼需要在應用程式服務中託管，可能會對這主題感興趣。為應用程式設置混合式連接的方法很簡單，但不在本書的討論範圍之內。相關資訊，可以參考 Microsoft Azure 文件（*http://bit. ly/2mV9GMq*）。

我們在本書中著重介紹的混合式連接，專為從本機資源批次傳輸資料而設計。提供此功能的 Azure 服務是 Azure Data Factory（ADF）。ADF 提供服務與工具來匯集並整合資料，建構資料管線，即時監控管線狀態。Azure Data Factory 擁有一系列廣泛功能，將在本書中多次回顧，但我們主要著眼於 Data Factory 所支援的資料擷取功能，擷取來源包括檔案分享、SQL Server、Teradata、Oracle 資料庫、MySQL 資料庫、DB2、Sybase 資料庫、PostgresSQL、ODBC 和 HDFS 等本機來源。Azure Data Factory 可將所擷取資料傳送到其他 Azure 服務，包括 Azure Blob 儲存體和資料表儲存體、Azure SQL 資料庫、Azure SQL 資料倉儲，以及 Azure Data Lake Store。

為了實現與本機來源之間的連接，Azure Data Factory 使用資料管理閘道（Data Management Gateway），該閘道正是我們於前文提過的混合式連接代理。安裝資料管理閘道之後，就可以設置代表資料來源和目的地的資料集，並建構由單一活動（「複製」活動）組成的管線，在這些資料集之間移動資料。

從檔案共享擷取資料到 Blob 儲存體

我們來看看建立 Azure Data Factory 管線的詳細步驟，該管線將檔案從一個網路分享上的檔案夾複製到 Azure 儲存體的 Blob 內。從建立一個 Azure Data Factory 示例開始。

1. 登入 Azure 入口網站（*https://portal.azure.com*）。

2. 點擊「新建」。

3. 選擇「資料 + 分析」，然後點擊「Azure Data Factory」。

4. 為新的 Data Factory 命名，接著選擇 Azure 訂用帳戶、資源群組及區域。

5. 點擊「確定」，建立 Azure Data Factory。

建立 Data Factory 後，大約需要等待 20 分鐘，才會自動出現在 Azure 入口網站中。現在，可以安裝和設置資料管理閘道（Data Management Gateway）。

1. 登入準備安裝 Data Management Gateway 代理的電腦。

2. 導航到 Azure 入口網站。如果可以,請使用 Internet Explorer 操作以下步驟,因為使用 ClickOnce 可以更輕鬆安裝閘道。

3. 在 ADF 視窗中,點擊「編寫與部署」(圖 2-51)。

圖 2-51 Data Factory 視窗的「編寫與部署」。

4. 在跳出視窗中,點擊「更多指令」(圖 2-52)。

圖 2-52 「更多指令」按鈕。

5. 點選「新資料閘道」。

圖 2-53 「新資料閘道」按鈕。

6. 命名你的資料閘道,並點擊「確定」。

7. 在設置視窗中,點選「快捷設定」下方的連結。如果你不是使用 IE 瀏覽器,點選「下載並安裝資料閘道」連結(記得要複製「新金鑰」值,好在安裝時輸入)。請參考圖 2-54。

圖 2-54 下載資料閘道安裝程式的設置視窗。

8. 按照安裝視窗上的指示。

9. 不久之後會看到閘道已經連接到 Microsoft 資料管理設置管理器（圖 2-55）。

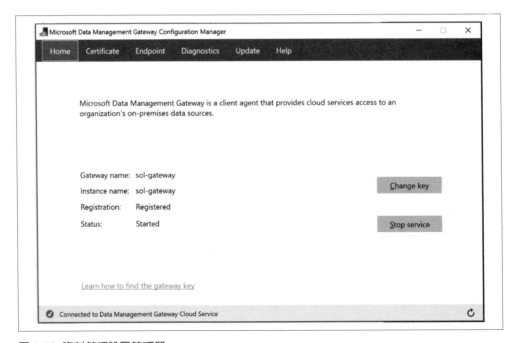

圖 2-55 資料管理設置管理器。

10. 回到設置視窗，點選「確定」以完成「新資料閘道」設定。

11. 這時你會回到「編寫與部署」視窗。點選「新資料存放區」（圖 2-56）並從下拉式選單選定檔案系統。

圖 2-56 「新資料存放區」按鈕。

12. 在跳出的對話視窗中，為 typeProperties 物件之下的屬性填入相應值（見範例 2-1）：

host

　　輸入檔案分享的 UNC 路徑。請利用雙重反斜線（\\）來跳脫一般反斜線（\）字元——例如 \\mycomputer\sampledata\ 應該輸入為 \\\\mycomputer\\sampledata\\。

getawayName

　　輸入閘道名稱。

範例 2-1 連結服務的設置範例

```
{
    "name": "OnPremisesFileServerLinkedService",
    "properties": {
        "type": "OnPremisesFileServer",
        "description": "",
        "typeProperties": {
            "host": "\\\\DESKTOP-ORFJ0P6\\SampleData\\",
            "gatewayName": "sol-gateway",
            "userId": "<Domain user name e.g. domain\\\\user>",
            "password": "<Domain password>"
        }
    }
}
```

13. 當完成輸入 gatewayName 後，應該會出現一個「加密資訊」按鈕（如果沒有出現，請嘗試刪除 gatewayName 之前的單引號，然後重新讀取）。點選「加密資訊」按鈕。此時會下載一個名為 Credential Manager 的 ClickOnce 應用，請輸入具存取權的 Windows 帳號名稱與密碼。因為這個步驟需要使用 ClickOnce 來安裝該應用，你必須使用 IE 瀏覽器。

14. 請在 Credential Manager 中輸入下列相應值（見圖 2-57）：

Username

　　提供可以存取檔案分享的本機用戶名。請記得使用域名 \ 用戶名的格式。

Password

　　輸入用戶密碼。

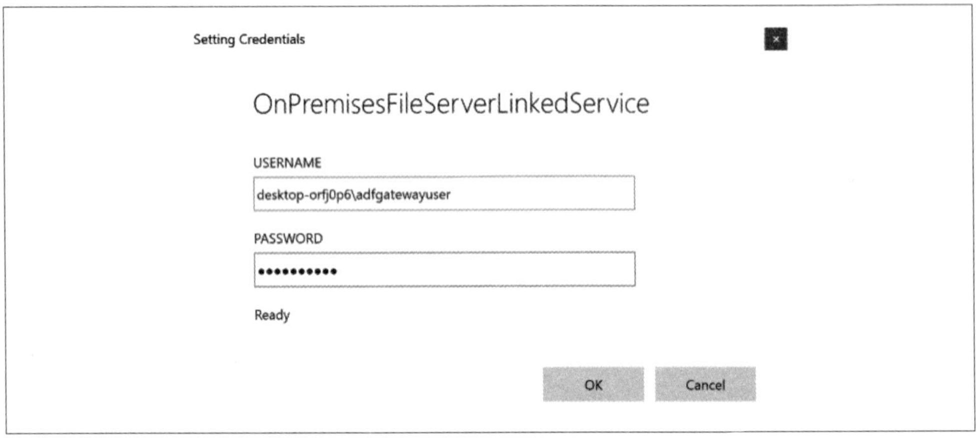

Setting Credentials　　　　　　　　　　　　　　　　　　　　　　　×

OnPremisesFileServerLinkedService

USERNAME

desktop-orfj0p6\adfgatewayuser

PASSWORD

●●●●●●●●●●

Ready

OK　　　Cancel

圖 2-57　Data Factory Credential Manager 視窗。

15. 點擊「確定」。

16. 回到你正在編輯的連結服務並點選「部署」（圖 2-58）。

圖 2-58　「部署」按鈕。

現在透過一個連結服務，為檔案分享建立連接，你已經準備好開始架設資料集與資料管線了。首先，建立一個代表該檔案分享的資料集。

1. 在「編寫與部署」視窗中，點選「新資料集」。

2. 在下拉式選單選擇「本機檔案」（圖 2-59）。

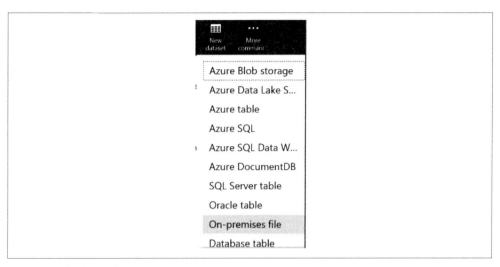

圖 2-59 新資料集的來源選項。

3. 輸入下列屬性值（範例 2-2）：

name
> 輸入本資料集名稱。

linkedServiceName
> 輸入連結服務的名稱。

folderPath
> 提供檔案夾的相對路徑（相對於該檔案分享的根目錄。）用雙重反斜線輸入該路徑（例如，*foo\\bar*）。

availability.frequency
> 指定間隔時間單位，可能值有 Minute、Hour、Day、Week、Month。

availability.interval
> 指定間隔為整數（因為它是整數而不是一個字符串，所以沒有引號）。

external
> 這個屬性並未出現在範本中，但你必須（在 availability 之後）新增它，因為本資料集的資料產生於資料管線之外（即這些資料為管線的輸入值）。將該值設定為 true。

範例 *2-2* 本機電腦內的資料集範例

```json
{
    "name": "OnPremisesFile",
    "properties": {
        "type": "FileShare",
        "linkedServiceName": "OnPremisesFileServerLinkedService",
        "typeProperties": {
            "folderPath": "raw\\"
        },
        "availability": {
            "frequency": "Minute",
            "interval": 15
        },
        "external": true
    }
}
```

4. 點選「部署」。

接著，需要建立一個代為連接到 Azure 儲存體的連結服務。

1. 在「編寫與部署」視窗中，點選「新資料存放區」。

2. 從下拉式選單選擇「Azure 儲存體」。

3. 指定下列屬性（範例 2-3）：

   connectionString

   　　為包含目的 blob 容器的儲存體帳戶提供 AccountName 和 AccountKey 值。

範例 *2-3* 到 *Azure* 儲存體的連結服務範例

```json
{
    "name": "AzureStorageLinkedService",
    "properties": {
        "type": "AzureStorage",
        "description": "",
        "typeProperties": {
            "connectionString":
                "DefaultEndpointsProtocol=https;AccountName=
                <accountname>;AccountKey=<accountkey>"
        }
    }
}
```

4. 點選「部署」。

有了連接到 Azure 儲存體的連結服務，現在你需要為它建立一個資料集。

1. 在「編寫與部署」視窗中，點選「新資料集」。

2. 從下拉式選單選擇「Azure Blob 儲存體」。

3. 指定相應屬性。假設你要上傳 CSV 檔案，則必須刪除結構物件，然後指定下列屬性（範例 2-4）：

linkedServiceName

為連結到 Azure Blob 儲存體的連結服務命名。

folderPath

輸入將會寫入檔案的容器與路徑，包括在 partitionedBy 屬性中指定的任何分區（例如，*containername/{Year}/{Month}/{Day}*）。

format

輸入 TextFormat。

columnDelimiter、rowDelimiter、EscapeChar、NullValue

這些屬性可以省略，除非你的 CSV 檔案包含特殊屬性。

availability.frequency

指定間隔時間單位，可能值有 Minute、Hour、Day、Week、Month。

availability.interval

指定間隔為整數（不帶單引號）。

範例 *2-4 Azure Blob 儲存體資料集的設置*

```
{
    "name": "AzureBlobDataset",
    "properties": {
        "published": false,
        "type": "AzureBlob",
        "linkedServiceName": "AzureStorageLinkedService",
        "typeProperties": {
            "folderPath": "adfupload/{Year}/{Month}/{Day}",
            "format":{
                "type": "TextFormat"
            },
            "partitionedBy": [
                {
```

```
                        "name": "Year",
                        "value": {
                            "type": "DateTime",
                            "date": "SliceStart",
                            "format": "yyyy"
                        }
                    },
                    {
                        "name": "Month",
                        "value": {
                            "type": "DateTime",
                            "date": "SliceStart",
                            "format": "MM"
                        }
                    },
                    {
                        "name": "Day",
                        "value": {
                            "type": "DateTime",
                            "date": "SliceStart",
                            "format": "dd"
                        }
                    }
                ]
            },
            "availability": {
                "frequency": "Minute",
                "interval": 15
            }
        }
    }
}
```

4. 點選「部署」。

這時，你已經為資料來源（檔案分享上的檔案）以及目的地（Azure 儲存體的 Blob）準備好相應資料集。一切就緒後，即可著手建立一條資料管線，透過各種活動來描述資料動態（在這裡的例子中，是在兩個資料集進行單一的「複製」活動）。

1. 在「編寫與部署」視窗中，點選「更多指令」，接著選擇「新資料管線」（圖 2-60）。

圖 2-60 「新管線」按鈕。

2. 點選「新增活動」（圖 2-61）。

圖 2-61 可用資料管線活動的清單。

3. 從下拉式選單選擇「複製活動」。

4. 至少要指定下列屬性（範例 2-5）：

Description

　　為此資料管線新增描述。

inputs[0].name

　　提供檔案分享資料集的名稱。

outputs[0].name

　　提供 blob 容器資料集的名稱。

typeProperties.source.type

　　輸入 FileSystemSource。

typeProperties.source.sqlReaderQuery

　　刪除此一屬性。

typeProperties.sink.type

　　輸入 BlobSink。

scheduler.frequency

> 指定時間單位。

scheduler.interval

> 指定間隔為整數（不帶引號）。

start

> 輸入此資料管線開始運作的日期，以 YYYY-MM-DD 的格式填寫。請設定為今天日期。

end

> 輸入此資料管線停止運作的日期，以 YYYY-MM-DD 的格式填寫。請設定為未來日期。

5. 請記得刪除範本中出現的 typeProperties.source.sqlReaderQuery 屬性。

範例 2-5 管線範例

```
{
    "name": "PipelineTemplate",
    "properties": {
        "description": "copies files from a share to blob storage",
        "activities": [
            {
                "name": "CopyActivityTemplate",
                "type": "Copy",
                "inputs": [
                    {
                        "name": "OnPremisesFile"
                    }
                ],
                "outputs": [
                    {
                        "name": "AzureBlobDataset"
                    }
                ],
                "typeProperties": {
                    "source": {
                        "type": "FileSystemSource"
                    },
                    "sink": {
                        "type": "BlobSink"
                    }
                },
```

```
                "policy": {
                    "concurrency": 1,
                    "executionPriorityOrder": "OldestFirst",
                    "retry": 3,
                    "timeout": "1.00:00:00"
                },
                "scheduler": {
                    "frequency": "Minute",
                    "interval": 15
                }
            }
        ],
        "start": "2015-03-07T00:00:00Z",
        "end": "2015-03-15T00:00:00Z"
    }
}
```

6. 點選「部署」。

參數文件

想了解更多有關 Azure Blob 儲存體連結服務的所有可用參數，請參考 Microsoft Azure 文件（*http://bit.ly/2n80dCr*）。

恭喜你！你成功建立了一第一條資料管線，可以從本機檔案分享複製資料到 Azure 儲存體的 blob 中。你的資料集將會很快地開始處理資料，不久後你就能在 Azure Blob 儲存體中見到這些檔案。

如果想要確認資料管線的狀態，在 Azure Data Factory 的首頁視窗中點選 Monitoring App，如圖 2-62 所示。

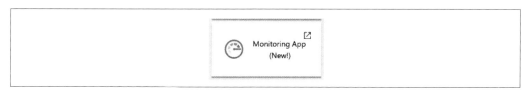

圖 2-62　Data Factory 視窗上的 Monitoring App 圖示。

這時會跳出一個新的瀏覽器視窗，載入 Monitoring App 介面，可以按照活動（activity）與時間切片（time slice）檢視資料管線的狀態（圖 2-63）。

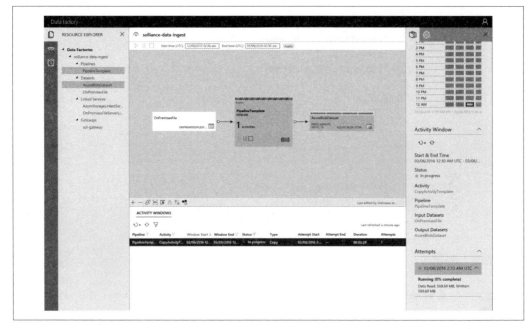

圖 2-63　顯示管線活動的 Data Factory Monitoring App。

從檔案共享擷取資料到 Azure Data Lake Store

上一節我們介紹了本機檔案連結服務與資料集，基於上述內容，將展示如何將資料傳輸到 Azure Data Lake Store。

在進入這一節內容之前，你應該已經建立好 Azure Data Lake Store。詳細設定過程將會在第三章進行介紹，在此你可以先利用 Azure 入口網站建立一個。

1.　點選「新建」。

2.　選擇「資料＋儲存」。

3.　選擇 Azure Data Lake Store。

4.　提供名稱並選擇訂用帳戶、資源群組與區域。

5.　點擊「建立」。

準備好安裝一個連接到 Azure Data Lake Store 的連結服務。

1. 在「編寫與部署」視窗中，點選「新資料存放區」。

2. 從下拉式選單中選擇 Azure Data Lake Store。

3. 在編輯器中，輸入下列屬性（範例 2-6）：

datalakeStoreUri

輸入你的 Data Lake Store 的 URL 網址，應該如 *https://[datalakestorename].azuredatalakestore.net/webhdfs/v1* 的形式。

accountName、subscriptionID、resourceGroupName

如果你的 Data Lake Store 和 Azure Data Factory 同屬相同訂用帳戶，可以刪除這些屬性。如果情況不是這樣，請確實填寫上述屬性。

4. 點選「授權」按鈕，此時會跳出一個新視窗，用來授權 Data Lake Store 的存取權。

範例 2-6 一個完整的 Data Lake Store 連結服務範例

```
{
    "name": "AzureDataLakeStoreLinkedService",
    "properties": {
        "type": "AzureDataLakeStore",
        "description": "",
        "typeProperties": {
            "authorization":
              "https://portal.azure.com/tokenauthorize?code=AAABAAAAiL9kn...",
            "dataLakeStoreUri":
              "https://<storename>.azuredatalakestore.net/webhdfs/v1",
            "sessionId": "eyJJZCI6bn..."
        }
    }
}
```

5. 點選「部署」。

有了導向 Azure Data Lake Store 的連結服務，現在你需要為它建立一個資料集。

1. 在「編寫與部署」視窗中，點選「新資料存放區」。

2. 從下拉式選單中選擇 Azure Data Lake Store。

3. 輸入相應屬性。假設你要上傳 CSV 檔案，那麼你必須刪除結構物件，然後指定下列屬性（範例 2-7）：

linkedServiceName

　　輸入 Azure Data Lake Store 的連結服務名稱。

folderPath

　　輸入將會寫入檔案的容器與路徑，包括在 partitionedBy 屬性中指定的任何分區
（例如，*foldername/{Year}/{Month}/{Day}*）。

filePath

　　在上傳檔案夾時刪除此屬性。

format

　　輸入 TextFormat。

columnDelimiter、rowDelimiter、EscapeChar、NullValue

　　這些屬性可以省略，除非你的 CSV 檔案包含特殊屬性。

compression

　　刪除此屬性，讓 CSV 檔案不被壓縮。

availability.frequency

　　指定間隔時間單位（Minute、Hour、Day、Week、Month）。

availability.interval

　　指定間隔為整數（不帶單引號）。

範例 2-7 一個完整的 Data Lake Store 資料集範例

```
{
    "name": "AzureDataLakeStoreDataset",
    "properties": {
        "published": false,
        "type": "AzureDataLakeStore",
        "linkedServiceName": "AzureDataLakeStoreLinkedService",
        "typeProperties": {
            "folderPath": "adfupload/{Year}/{Month}/{Day}/{Hour}",
            "format":{
                "type": "TextFormat"
            },
            "partitionedBy": [
                {
                    "name": "Year",
                    "value": {
```

```
                                    "type": "DateTime",
                                    "date": "SliceStart",
                                    "format": "yyyy"
                                }
                            },
                            {
                                "name": "Month",
                                "value": {
                                    "type": "DateTime",
                                    "date": "SliceStart",
                                    "format": "MM"
                                }
                            },
                            {
                                "name": "Day",
                                "value": {
                                    "type": "DateTime",
                                    "date": "SliceStart",
                                    "format": "dd"
                                }
                            },
                            {
                                "name": "Hour",
                                "value": {
                                    "type": "DateTime",
                                    "date": "SliceStart",
                                    "format": "HH"
                                }
                            }
                        ]
                    },
                    "availability": {
                        "frequency": "Minute",
                        "interval": 15
                    }
                }
            }
        }
```

4. 點選「部署」。

> **Azure Data Lake Store 參數**
>
> 想了解更多有關 Azure Data Lake Store 連結服務與資料節的所有可用參數,請參考 Microsoft Azure 文件(*http://bit.ly/2nnOaDk*)。

這時,你已經為資料來源(檔案分享上的檔案)以及目的地(Azure Data Lake Store 的檔案)準備好相應資料集。想必你已經做好準備,可以建立一條資料管線,透過各式活動來描述資料動態(這裡的例子是——單一的「複製」活動。)

1. 在「編寫與部署」視窗中,點選「更多指令」,接著選擇「新資料管線」。

2. 點選「新增活動」。

3. 從下拉式選單中選擇「複製活動」。

4. 至少要指定下列屬性(範例 2-8):

Description
> 為此資料管線新增描述。

inputs[0].name
> 提供檔案分享資料集的名稱。

outputs[0].name
> 提供 blob 容器資料集的名稱。

typeProperties.source.type
> 輸入 FileSystemSource。

typeProperties.source.sqlReaderQuery
> 刪除此一屬性。

typeProperties.sink.type
> 輸入 AzureDataLakeStoreSink。

scheduler.frequency
> 指定時間單位。

scheduler.interval
> 指定間隔為整數(不帶引號)。

start
> 輸入此資料管線開始運作的日期,以 YYYY-MM-DD 的格式填寫。請設定為今天日期。

end

> 輸入此資料管線停止運作的日期,以 YYYY-MM-DD 的格式填寫。請設定為未
> 來日期。

5. 請記得刪除範本中出現的 **typeProperties.source.sqlReaderQuery** 屬性。

範例 *2-8* 一個完整的本機檔案分享資料到 *Azure Data Lake Store* 管線的範例

```
{
    "name": "PipelineOnPremToLake",
    "properties": {
        "description":
            "Copies data from on-premises share to Data Lake Store",
        "activities": [
            {
                "name": "CopyActivityTemplate",
                "type": "Copy",
                "inputs": [
                    {
                        "name": "OnPremisesFile"
                    }
                ],
                "outputs": [
                    {
                        "name": "AzureDataLakeStoreDataSet"
                    }
                ],
                "typeProperties": {
                    "source": {
                        "type": "FileSystemSource"
                    },
                    "sink": {
                        "type": "AzureDataLakeStoreSink"
                    }
                },
                "policy": {
                    "concurrency": 1,
                    "executionPriorityOrder": "OldestFirst",
                    "retry": 3,
                    "timeout": "01:00:00"
                },
                "scheduler": {
                    "frequency": "Minute",
                    "interval": 15
                }
            }
```

```
    ],
    "start": "2016-03-06T00:00:00Z",
    "end": "2016-03-15T00:00:00Z"
  }
}
```

6. 點選「部署」。

此時你的資料管線應該會開始運作，從本機檔案分享複製檔案到 Azure Data Lake Store，不久後即可看到檔案出現在 Azure Data Lake Store 中。如果使用 Data Factory 視窗的 Monitoring App，可以看到兩條管線正在運作，如圖 2-64 所示。

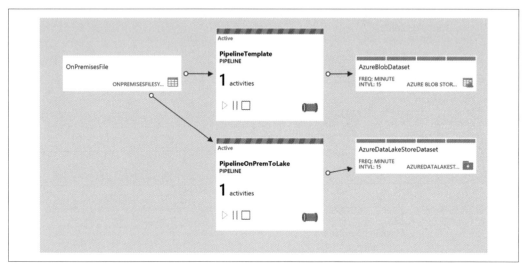

圖 2-64　在 Monitoring App 檢視兩條管線。

如果出現錯誤，請利用 Monitoring App 來檢視這些錯誤的詳細資訊。在活動視窗面板（位於下方正中間）中選擇一條發生錯誤的列，然後在嘗試（Attempts）下的活動視窗詳細面板（在最右方），可以檢視所選定的時間切片內發生的任何錯誤。展開該錯誤執行，可以檢視詳細資訊，如圖 2-65 所示。

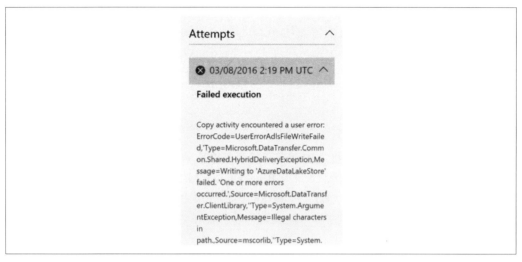

圖 2-65　在 Monitoring App 查看例外（錯誤執行）。

站對站網路

說到批次加載資料，你可能也會考慮在本機網路和 Azure 之間設置一個站對站（site-to-site）網路連線，這可以採取兩種方法。

Express Route：Express Route 幫助你於不需透過公用網路的情況下，在本機資料中心與 Azure 之間建立私人連線。比起前面提過的其他選項，Express Route 的設定步驟更為複雜，且成本更為高昂，不過如果有持續大量資料傳輸需求，仍可以考慮此手段。Express Route 支援使用者使用 Microsoft *peering*，允許運行在本機的應用程式透過 Express Route 傳輸資料到 Azure 服務中，不需透過公用的網路連線，提供更高的吞吐率和安全保障。舉例來說，強大可靠的 Express Route 連線將幫助你使用任何上述的應用程式或命令行來批次傳輸資料到 Azure Blob 儲存體中。

更多 *Express Route* 資訊

想知道更多關於 Express Route 的資訊，請參閱 Microsoft Azure 文件（*http://bit.ly/2n7UXyC*）。

虛擬私人網路：Azure 虛擬網路服務可設定站對站虛擬私人網路（VPN）。和 Express Route 不同的是，站對站 VPN 並沒有支援 Microsoft peering 選項，因此無法直接透過 VPN 直接使用 Azure 儲存體等服務。再加上，連接到 Azure 的 VPN 連線使用的是公用網路，新增一個 VPN 意味著批次資料傳輸速度有可能比沒有 VPN 還要更緩慢。

串流加載

說到串流加載，當我們採取與批次加載不同的手段擷取資料到 Azure 中，通常是出於相當不同的目標。在批次資料加載狀況下，Blue Yonder Airlines 著重於傳輸航班延誤的歷史資料，而在串流加載情境中，BYA 所關注的則是收集由恆溫器發出的遙測（如時間點溫度以及是否正在進行加熱或冷卻）以及動作感測器（如時間點讀數，顯示過去 10 秒內是否檢測到動作）等資料。

串流加載的目標佇列為：能夠緩衝事件或訊息，直到下游系統可以處理的佇列。

依照本書需求，我們將會檢驗作為目標的 Azure Event Hub 和 Azure IoT Hub，並且也討論將兩者直接視為佇列端點的情境。我們將在下一章深入研探它們的功能。

使用 Event Hub 進行串流加載

Event Hub 為大規模事件擷取提供託管服務。至於規模有多大？想像一天有多達數十億個事件吧！ Event Hub 從公開端點接收事件（或者是訊息）並將它們儲存在可以水平擴展的佇列裡，以供後續使用。

Event Hub 提供支援 AMQP 1.0 及 HTTPS（遵循 TLS，也就是傳輸層安全性）兩種協議的端點。AMQP 專為訊息傳送者（aka 事件發布者）設計，它需要一個長期穩定的雙向連線，例如 Blue Yonder Airports 案例情境中持續連線的恆溫器。傳統上，HTTPS 通訊通訊協定被使用在訊息傳送者無法維持穩定連線的情境。想像一個使用移動網路的裝置，在使用者不定時使用的情境下，由於網路費率及電池容量的限制使得使用者比起讓裝置保持連線，更傾向於讓裝置連接網路、傳遞訊息後即中斷連線。

傳送到 Event Hub 的事件可以一次傳送一個，也可以批次發送，只要結果事件不超過 256 KB。使用 AMQP，事件會以二進制酬載單元（見圖 2-66）傳送。使用 HTTPS 協議時，事件則與 JSON 序列酬載單元（payload）一起傳送。

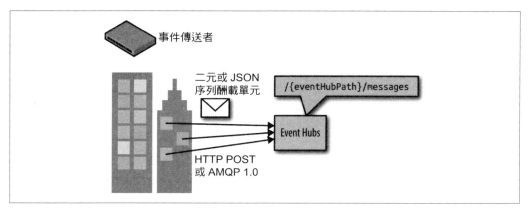

圖 2-66 使用 Event Hub 擷取串流資料。

使用 IoT Hub 進行串流加載

IoT Hub 是另一項 Azure 服務，用於大規模擷取訊息或事件。根據本章目的（聚焦在擷取訊息），IoT Hub 端點提供與 Event Hub 相近的功能性（事實上它提供了 Event Hub 端點）。關鍵差異在於如果你選擇使用 IoT Hub，將得到額外協議——MQTT 的支援，這是一個相當常見於 IoT 解決方案的協議。因此，利用 IoT Hub 從設備上擷取資料傳送到雲端的流程正如圖 2-67 所示。

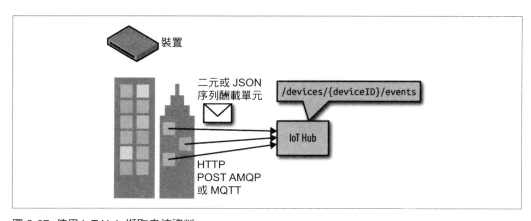

圖 2-67 使用 IoT Hub 擷取串流資料。

下一章將會詳細檢驗 Event Hub 和 IoT Hub，並一併介紹為 Blue Yonder Airports 打造的模擬發送遙測之模擬器。

本章摘要

本章聚焦在擷取加載層，探討兩種不同的擷取方法。首先，學習從本機電腦以批次資料加載的方式將資料傳送至 Azure 的各種方式。我們廣泛地介紹了各種方式，包括匯入／匯出服務、Visual Studio、Microsoft Azure Storage 總管、AzCopy、AdlCopy、Azure CLI 及 Azure PowerShell cmdlets、FTP 上傳、UDP 上傳、SMB 傳輸、混合式連接、Azure Data Factory，以及點對點網路等選項。接著，探索遙測資料導入 Azure 的串流資料擷取方式，以及其支援服務，也就是 Event Hub 和 IoT Hub。

在下一章將焦點轉移到擷取資料的**目標**，也就是已傳輸資料的最初儲存位置。

第三章

在 Azure 中儲存資料

本章將會探索資料的存放位置，以及如何在眾多儲存選項中挑選最適當的存放方式。這些選項可以大致分為兩類：「依檔案儲存」與「依佇列儲存」。選擇不同分類的儲存選項，將會影響資料管線後續階段的處理類型（與延遲長短）。我們刻意省略其他資料倉儲（如 NoSQL 或檔案存放區）作為最初存放位置，因為依檔案儲存與依佇列儲存這兩種存放選項最為簡單，而且最不容易在進入處理流程前對資料造成變動。

以 Azure 資料分析管線作為指南，本章將著重介紹圖 3-1 中紅色虛線框出的項目。

依檔案儲存

俗語說：「萬變不離其宗。」在分析情境中儲存巨量資料的各種創新手段也是如此——可建立樹狀目錄，並容納不同格式及編碼之檔案的檔案系統（filesystem）的概念，依舊存在於現今的雲端儲存科技中。在本節內容，我們將研究 Azure 中最為普遍的三種「檔案系統」：Blob 儲存、Azure Data Lake Store 和 Hadoop 檔案系統（HDFS）。

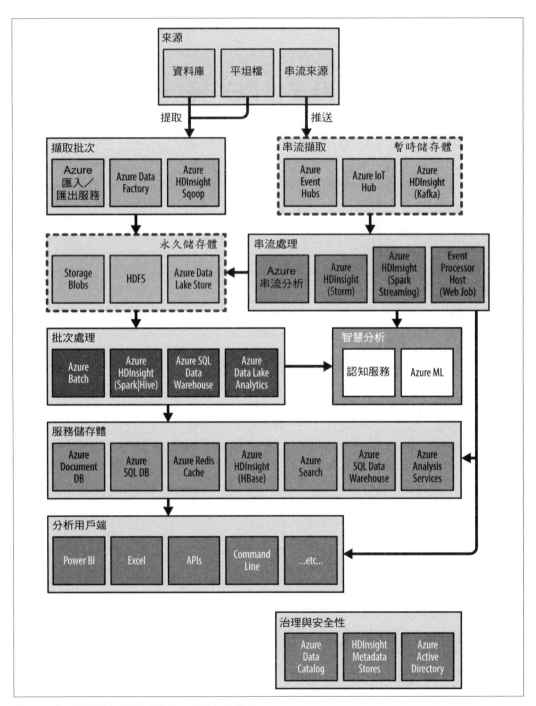

圖 3-1 本章將聚焦在「暫時儲存」與「永久儲存」。

Blob 儲存

Azure Blob 儲存體提供高度可用、大規模物件儲存服務，可以儲存檔案資料，例如文字檔案和二進制檔案。Blob 儲存體是 Azure 儲存服務其中一個元件，Blob 的全稱是 Binary Large Objects，為儲存二進制大型物件的容器。想在 Azure 訂用中配置 Blob 儲存體，首先需要建立一個 Azure 儲存體帳戶。在 Azure 儲存體帳戶中有三種儲存服務：資料表儲存體（NoSQL 索引鍵／值儲存）、佇列儲存體（簡單佇列服務），以及 Blob 儲存體──後者為本節聚焦重點。在 Azure 中，Blob 儲存體被廣泛用於將日誌內容儲存到虛擬機磁碟之應用。

Blob 儲存特色

根據不同的讀寫工作量，Blob 儲存體主要提供三種儲存檔案的格式。

Block blobs

Block blobs 適合儲存文字或二進制檔案，可以高效並行上傳／下載單個 block 或一串 block，使用者可夠針對每一區塊進行修改。修改一個 blob 的作法分為兩個階段。首先，將修改後的檔案以一串 block 列表上傳。接著，識別這串已上傳的 block 列表來提交（commit）更改。Block blobs 最常用於諸如文字檔案、CSV 和二進制檔案等，典型工作為讀取或寫入整個檔案。

Append blobs

Append blobs 是 Block blobs 的變體，對新增（append）這個動作進行優化，不允許刪除或更新現有的 block。

Page blobs

Page blobs 適用於部分 blob 的隨機讀寫工作（例如虛擬機器的硬碟），其中資料儲存於 page 中。

現在我們來認識 Blob 儲存體的 blob 檔案結構。在儲存帳戶的根目錄中，你有一個容器。容器是以 blob 的邏輯分組，類似於電腦的檔案夾將檔案分組的方式。容器可以設置其下 blob 的存取權限。在每一個容器中，可以擁有無限量的 blob。

每一個 blob（或更確切地說，每個容器和 blob 組合）代表一個分割區。換句話說，Blob 儲存體中的每個檔案都是它自己的分割區。

建立儲存體帳戶時，可以自行定義符合使用需求的資料複製程度，以便實現高可用性和災難恢復目的。儲存在一個儲存體帳戶中的資料至少會被複製到單一設施（例如：建築物）內的三個獨立節點上。複製選項如下：

本地備援儲存體（LRS）

　　LRS 將資料複寫，並將三份副本儲存於一個資料中心（通常為你建立儲存體帳戶所在區域的資料中心）。

區域備援儲存體（ZRS）

　　ZRS 強化 LRS 的功能，允許在同一所在區域的另一資料中心同步資料。ZRS 僅支援 Block blob 儲存。

異地備援儲存體（GRS）

　　GRS 自動將你的 Blob 儲存體複寫到與主要區域相隔數百英哩遠的次要區域。舉例來說，如果儲存體帳戶的主要區域位於美西，你可以將資料複寫到位於美東的次要地區。只有當無法取得主要區域的資料時，才能讀取次要區域的資料副本（而且當此情況發生時，無法採用故障恢復選項，Azure 將會傳送電子郵件通知）。當新資料上傳至儲存體帳戶，更新會先交付到主要區域的三份副本，然後更新會以非同步的方式複寫到次要地區，並同樣在此複寫三次。

讀取權限異地備援儲存體（RA-GRS）

　　讀取權限異地備援儲存體是異地備援儲存體（GRS）的延伸變體，提供次要端點，幫助使用者透過次要的儲存體帳戶讀取資料。

Blob 儲存體容量

Azure Blob 儲存體的容量主要取決於兩個項目：儲存體帳戶的相同容量限制，以及 block blob 或 page blob 的大小限制（見表 3-1 與表 3-2）。每一個 blob 可以儲存多達 8 KB 的使用者自定義索引鍵／值中繼資料，針對不傳輸整個 blob 並查詢中繼資料的情況來說相當實用。

表 3-1　Blob 儲存體容量

項目	限制
儲存體帳戶空間	500TB
單一 block blob 大小	4.77TB
單一 append blob 大小	～ 195GB
單一 page blob 大小	1TB
中繼資料的最大大小	8KB

表 3-2　Blob 儲存體輸送量

項目	限制
一個 blob 的目標輸送量	60 MB/S（～ 480 Mbps），每秒最高可處理 500 個請求。
最大輸入量	美國：10Gbps（GRS ╱ ZRS）或 20Gbps（LRS）
最大輸出量	美國：20Gbps（GRS ╱ ZRS）或 30Gbps（LRS）

如何運用在案例情境？

上一章介紹了許多將資料從本地電腦傳輸到 Blob 儲存體的機制。既然我們對 Blob 儲存體有了更全面的理解，現在，來看看它可以如何應用於 Blue Yonder Airports 情境。我們知道 BYA 掌握了航班延誤的歷史資料，而批次儲存於 Blob 儲存體中正是這種大規模資料的理想選擇。我們將使用美國運輸部（DoT）運輸統計局所提供的資料。該局定期維護更新一個名為*準時績效*（*On-Time Performance*）的航班延誤資料表（*http://www.transtats.bts.gov/Tables.asp?DB_ID=120*），可以下載為 CSV 檔案。此表格最遠可追溯到 1987 年 1 月，最近可查看近兩個月的相關資料。

取得範例資料

為了節省各位存取並點擊 DoT 使用者介面的時間，我們收集了一整年的資料（2014 至 2015 年），可以從 *http://bit.ly/sampleflightdata* 下載。

下載此檔案，解壓縮以查看內容。你應該會看到 24 個 CSV 檔案，總計約 4.88 GB（圖 3-2）。

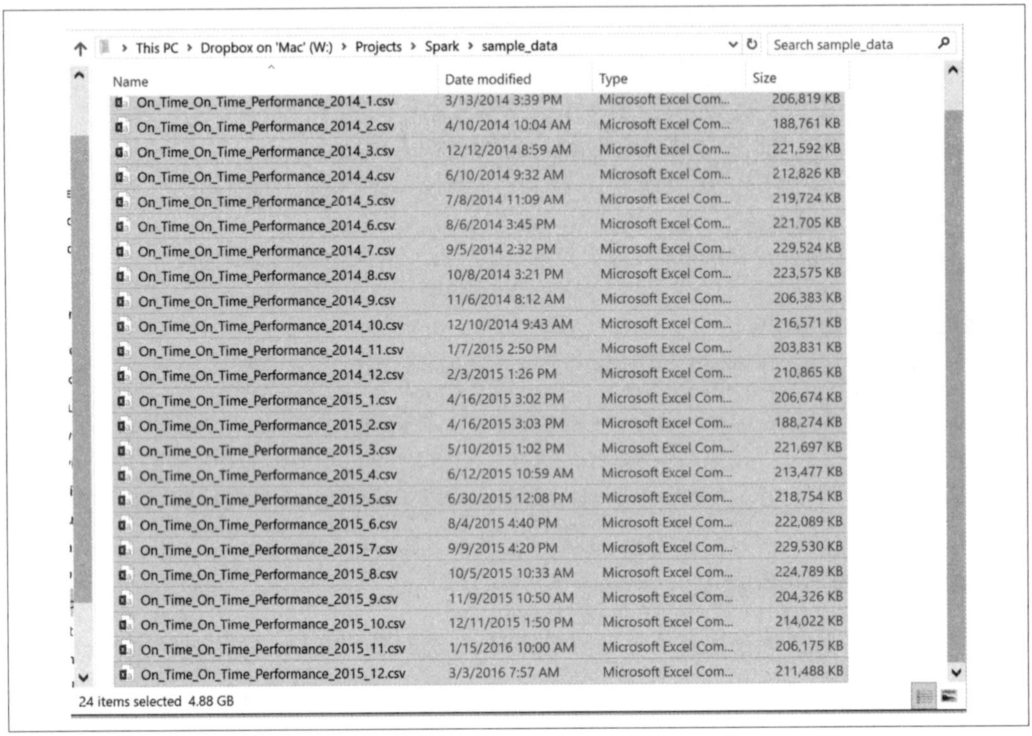

圖 3-2 BYA 情境中航班延誤資料的 CSV 檔案。

DoT 網站（*http://1.usa.gov/1qwC9cR*）上相當完善地描述了 CSV 檔案的模式，因此不會在此花費篇幅介紹。

接下來，到 Azure 入口網站建立一個新的儲存體帳戶。可以按照以下步驟進行操作（如圖 3-3 所示）：

1. 登入 Azure 入口網站（*https://portal.azure.com*）。

2. 點選「新建」按鈕。

3. 選擇「資料＋儲存」，接著選擇「儲存體帳戶」。

4. 在「建立儲存體帳戶」視窗中，為你的儲存體帳戶命名，該名稱必須是全域唯一的，你將會在本書中不斷使用它。

5. 選取 Resource Manager 做為部署模型，將效能層設定為「標準」。

6. 將儲存體帳戶的複寫選項設定為 LRS。

7. 驗證所選定的 Azure 訂用服務是否適用儲存體帳戶（如果你有多個 Azure 訂用服務）。

8. 將「資源群組」設定為閱讀本書時欲使用的名稱，以便對你建立的 Azure 服務進行邏輯分組（使其更易於管理或清理）。

9. 選取距離你最近的區域。

10. 勾選「釘選至儀表板」，方便你從 Azure 入口網站的儀表板直接取用。

11. 點選「建立」。

圖 3-3　建立一個儲存體帳戶，以便批次擷取航班延誤資料。

現在，你已經將儲存體帳戶準備好，我們來簡單討論一下某些關鍵設定的基本原理。之所以選擇 Resource Manager 做為部署模型，因為這是大多數新服務部署到 Azure 中的新標準，應當盡可能使用。而選擇「標準」效能層是因為我們將使用 block blob；「進階」效能層僅支援 page blob。最後，出於本書目的，之所以將複寫選項設定為 LRS，是因為我們不需要可用性保證。在實際應用中，強烈建議你選擇 ZRS（更佳的區域內可用性）或 GRS（更佳的多區域可用性）選項。

傳輸檔案

使用你在第 2 章中選定的上傳方法，上傳未壓縮的各檔案。如果你不確定要採取哪個步驟，建議使用 Visual Studio 或 Azure Explorer（皆於第 2 章中逐一演示）連接你的儲存體帳戶並複製檔案。如果透過我們所建議的虛擬機器執行上傳，假設虛擬機器和你的儲存體帳戶位於相同區域（例如，兩者均位於美國西部地區），則上傳速度將顯著加快。

因為你不會對這些檔案執行任何隨機寫入操作，請將這些 blob 上傳為 block blob（這也是大多數工具的預設）。這個初始上傳作業代表資料湖的開端，因為你將這些資料保留為主資料集，不管應用了任何下游處理，這些資料始終不作變動且始終可用。

在 Blob 儲存體中獲得航班延誤檔案，一切萬事俱備！我們將在整本書中不斷使用到這些資料。

Azure Data Lake Store

Azure Data Lake Store 是專為分析工作而優化的超大規模資料儲存庫。它能夠按照使用者需求擴展儲存容量，在任何時候都無需重新設計儲存空間，甚至無需擔心是否無法擴展容量。Azure Data Lake Store 的效能針對分析工作量進行優化，為並行讀取提供強大支援。它為 Hadoop 檔案系統提供使用者熟悉的檔案夾和檔案概念，這些檔案可以透過 WebHDFS API 存取，讓許多 Hadoop 生態系統組件都可以存取。

Azure Data Lake Store 專為那些深知資料可用性（所有資料在資料中心內複製三次）和安全性重要性的企業而構建。為企業提供認證（透過 Azure Active Directory）、授權（透過 POSIX 風格的存取控制列表及防火牆規則）和稽核等支援服務。同時支援靜態加密（即，在寫入時磁碟上資料時自動加密，並在讀取時解密）。

Azure Data Lake Store 公開一個 WebHDFS 端點，該端點可作為分析工作量的儲存基礎，以便善用 WebHDFS 提供的 RESTful 端點。在 Azure 中，這意味著為運行於

HDInsight 的分析工作量（當然還包括 Azure Data Lake Analytics）提供一流支援，同時也支援 Hortonworks Data Platform（HDP）和 Cloudera Distribution，包括 Apache Hadoop（CDH）以及其他能夠針對 WebHDFS API 發出 REST 請求的用戶端（請參見圖 3-4）。

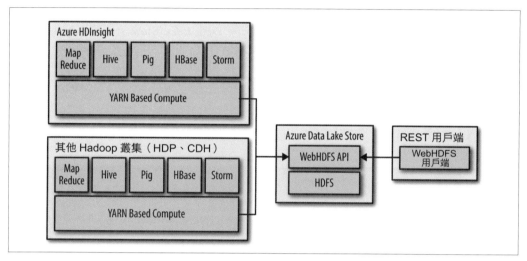

圖 3-4 Azure Data Lake Store 支援各式分析工作及用戶端。

儲存容量

Azure Data Lake Store 旨在允許資料儲存不受容量限制和「巨大」傳送量限制。實際上，這表示 Azure Data Lake Store 對單個檔案大小或其管理的所有檔案總大小沒有任何限制。相對於 Azure Blob 儲存體，你應該能夠體會其動機：Blob 儲存體針對每個檔案，限制各自容量大小（block blob 為 4.77 TB，page blob 為 1 TB），而且每一儲存體帳戶具有總檔案不超過 500TB 的限制。Azure Data Lake Store 則沒有這些容量限制。

至於傳送量，截至本文撰寫之時，Microsoft 官方尚未公佈目標傳送量。

如何運用在 BYA 案例情境？

此前，我們將資料從本機電腦上傳到 Blob 儲存體中。就其 Blog 儲存體本身而言，這是一個非常不錯的儲存區域，但有鑑於我們希望永久保留這些航班延誤資料，這時需要注意的是，在某些情況下，我們可能會耗盡儲存體帳戶的儲存容量，導致必須重新設計解決方案，允許使用多個儲存帳戶以便獲得解決方案所需的儲存容量。

或者，我們可以將 Blob 儲存體視為資料的暫時存放區域，然後將資料從 Blob 儲存體複製到 Azure Data Lake Store 以便永久儲存。這正是我們接下來將會介紹的內容。

設置 Data Lake Store

首先，你需要在 Azure 訂用服務中設置一個 Azure Data Lake Store。依照下列步驟幫助你快速完成此任務：

1. 登入 Azure 入口網站（*https://portal.azure.com*）。

2. 點選「新建」。

3. 選擇「資料＋儲存」，接著點選 Data Lake Store（圖 3-5）。

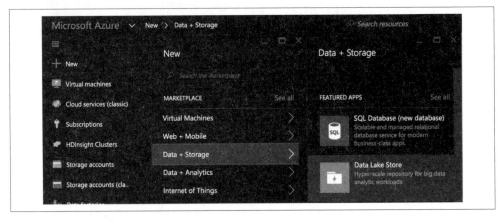

圖 3-5 利用 Azure 入口網站建立 Data Lake Store。

4. 在跳出的視窗中，為你的資料湖命名，選擇 Azure 訂用、資源群組以及部署區域，接著點選「建立」。新的 Data Lake Store 將會在幾分鐘內就緒（圖 3-6）。

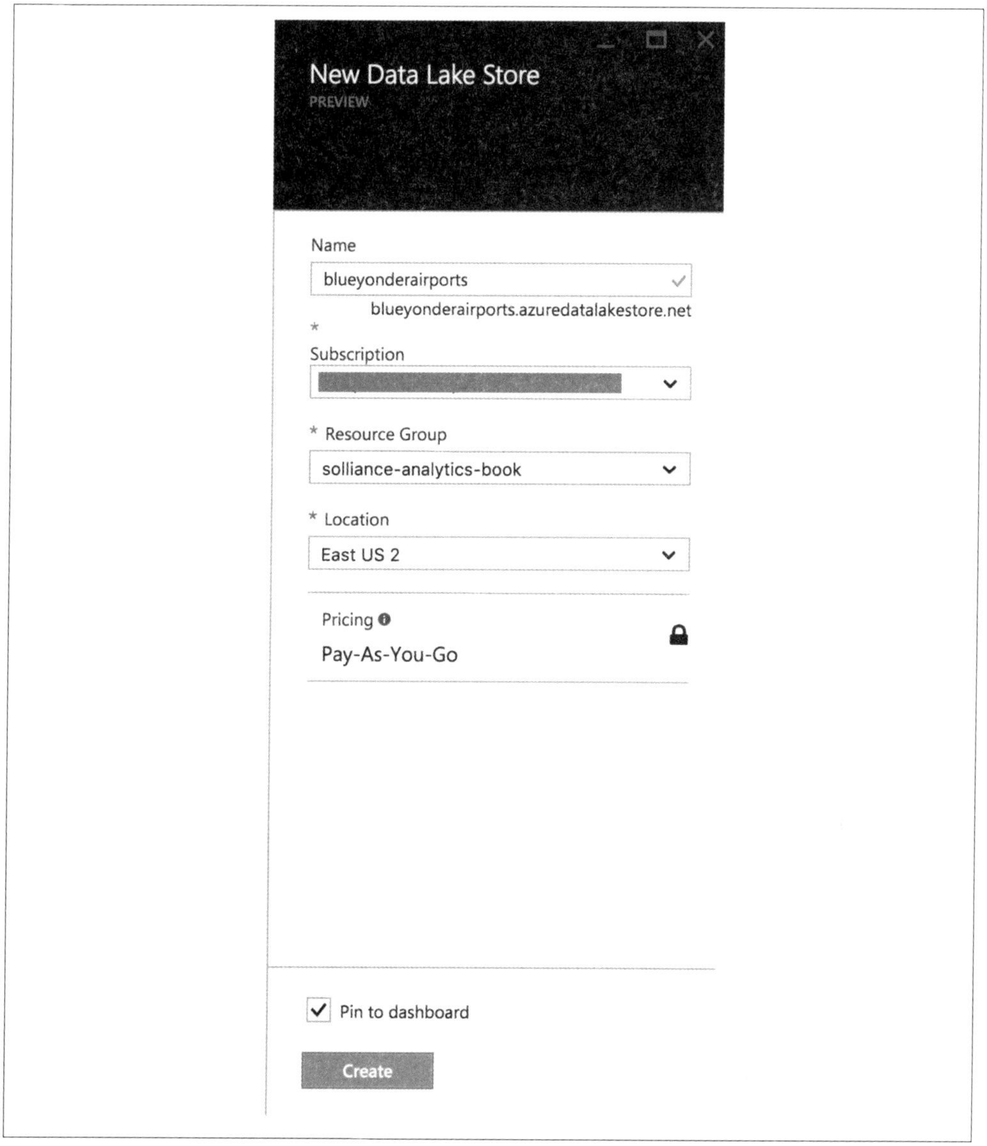

New Data Lake Store
PREVIEW

Name

blueyonderairports

blueyonderairports.azuredatalakestore.net

*

Subscription

* Resource Group

solliance-analytics-book

* Location

East US 2

Pricing ❶

Pay-As-You-Go

☑ Pin to dashboard

Create

圖 3-6 配置新的 Data Lake Store。

傳輸資料

如果按照前述步驟將資料上傳到 Azure Blob 儲存體,那麼在 Azure 中已經具備你的資料。現在,我們可以在 Azure Data Lake Store 中執行資料的橫向副本。正如第二章提過,可以使用 AdlCopy 命令行程式完成此項任務。

請加載命令提示符並導航至下載 AdlCopy 的目錄頁面。編寫命令,以便將資料從 Blob 儲存體複製到 Data Lake Store 中名為 *FlightDelays* 的檔案夾中:

```
adlcopy /Source https://<StorageAccountName>.blob.core.windows.net/
<path>/<to>/<flights>/
/Dest adl://adlmvp.azuredatalakestore.net/FlightDelays/
/SourceKey <StorageAccountKey>
```

在上面這則命令中,請將 *<StorageAccountName>* 替換為來源儲存體帳戶的名稱,並將 *<StorageAccountKey>* 替換為該儲存體帳戶的金鑰。同時用上傳的航班延誤 CSV 檔案的實際路徑替換 *<path>/<to>/<flights>*。請務必保留最後的斜線(/)之後的 *<flights>*,讓 AdlCopy 程式辨識它正在複製一整個目錄而不是單個 blob。

運行 AdlCopy,並在提示你使用帳密資訊登入到 Azure Data Lake Store(與存取 Azure 入口網站的帳密憑證相同)後,複製作業應該只需幾分鐘。當複製完成後,輸出將如圖 3-7 所示。

圖 3-7 利用 ADlCopy 從 Blob 儲存體複製航班延誤資料到 Azure Data Lake Store。

探索資料

現在,你已經上傳了航班延誤的歷史資料,讓我們透過 Azure 入口網站檢驗一下。

打開 Azure 入口網站並導航到你的 Azure Data Lake Store。在視窗頂部點擊「資料總管」(圖 3-8)。

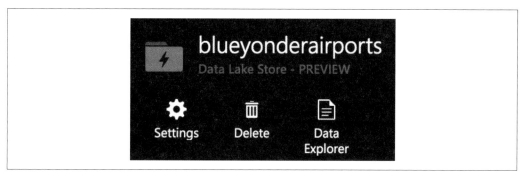

圖 3-8 Azure Data Lake Store 指令欄上的「資料總管」。

點擊 FlightDelays 檔案夾,並留意 CSV 檔案的顯示列表(圖 3-9)。

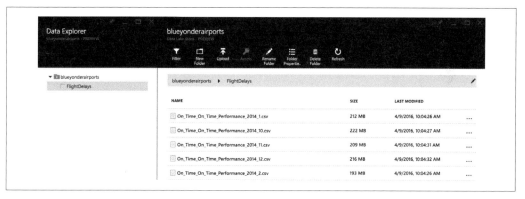

圖 3-9 資料總管視窗顯示 Azure Data Lake Store 上的檔案夾與檔案。

點擊任意一個 CSV 檔案,預覽檔案內容。這時會跳出「檔案預覽」視窗,讓你查看前 25 行資料(圖 3-10)。

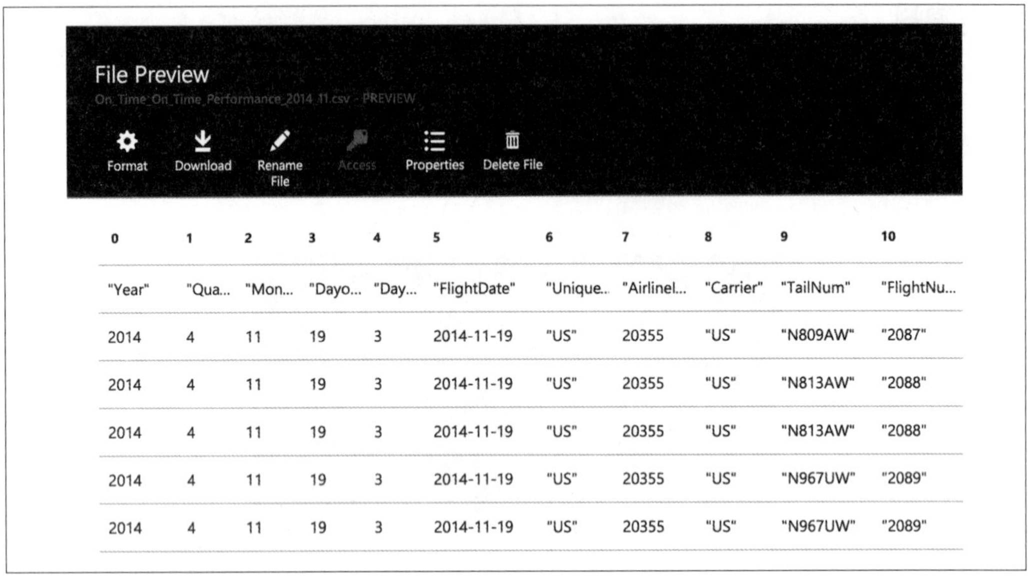

File Preview
On_Time_On_Time_Performance_2014_11.csv - PREVIEW

⚙ Format　　⬇ Download　　✏ Rename File　　🏷 Access　　☰ Properties　　🗑 Delete File

0	1	2	3	4	5	6	7	8	9	10
"Year"	"Qua...	"Mon...	"Dayo...	"Day...	"FlightDate"	"Unique...	"Airlinel...	"Carrier"	"TailNum"	"FlightNu...
2014	4	11	19	3	2014-11-19	"US"	20355	"US"	"N809AW"	"2087"
2014	4	11	19	3	2014-11-19	"US"	20355	"US"	"N813AW"	"2088"
2014	4	11	19	3	2014-11-19	"US"	20355	"US"	"N813AW"	"2088"
2014	4	11	19	3	2014-11-19	"US"	20355	"US"	"N967UW"	"2089"
2014	4	11	19	3	2014-11-19	"US"	20355	"US"	"N967UW"	"2089"

圖 3-10 檔案預覽視窗顯示一個 CSV 檔案的內容。

恭喜！現在你已經將航班延誤的歷史資料儲存在 Azure Data Lake Store 中，並且準備好進行分析工作（我們將在後續章節中回顧這些資料）。

HDFS

Hadoop 檔案系統（HDFS）已然成為巨量資料和分析情境中用來儲存資料的公認標準檔案系統。HDFS 的價值在於線性拓展其儲存的特性，透過新增更多計算節點，為叢集提供更多儲存空間。在最新版本中，它可以支援 10,000 個以上的計算節點。舉一個簡單的例子，如果你提供的每個節點都有 24 個磁碟，每個磁碟的大小為 4TB，那麼你可以得到高達 960 PB 的容量——換句話說，幾乎是原儲存容量的 1 倍！增加磁碟的容量，則可以獲得好幾個 EB（exabyte）的儲存空間。

HDFS 的設計主要著重在支援分析工作量；它適用於單寫多讀（WORM）作業，檔案可以被附加但不被修改。HDFS 的核心架構相當簡單。名稱節點對中繼資料進行管理，中繼資料可以告訴使用者哪些目錄和檔案（被分解為普遍 128MB 大小的區塊（block））是可用的，以及構成這些檔案的資料區塊之儲存位置。實際上，資料節點儲存資料區塊。當一個資料區塊被儲存，在預設情況下會將其複製到叢集中三個不同磁碟上。這在發生故障時提供了可用性，同時支援並行計算，因為這時有更多的資料副本可供讀取（圖 3-11）。

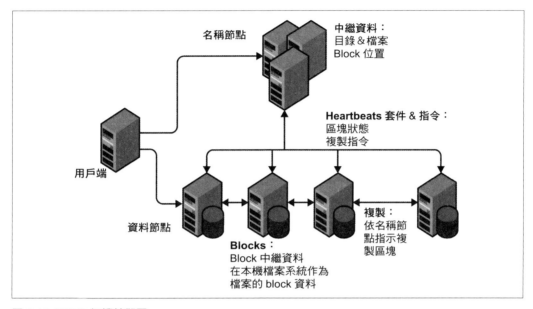

圖 3-11 HDFS 拓撲綜觀圖。

認識了這種拓撲結構，我們來介紹一下用戶端應用程式如何讀寫 HDFS 的關鍵所在。

從 HDFS 讀取時，使用 HDFS API 的用戶端應用程式向檔案的名稱節點發出請求，然後接收資料節點和區塊列表以便讀取檔案。用戶端接著從每個資料節點請求相應資料區塊（圖 3-12）。

在寫入 HDFS 時，用戶端應用程式首先與名稱節點通訊並檢索即將寫入的資料節點列表。然後，用戶端從列表中的第一個資料節點接收一個區塊列表，並利用這些區塊開始寫入檔案（圖 3-13）。

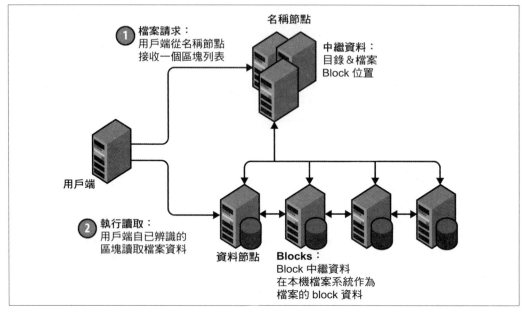

圖 3-12 讀取來自 HDFS 的檔案。

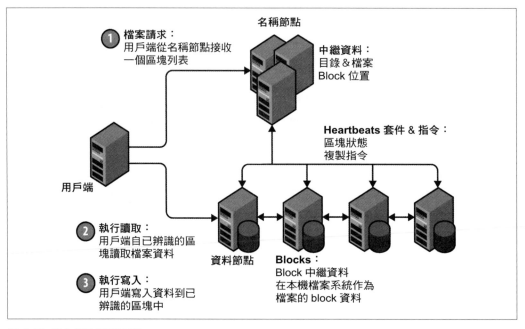

圖 3-13 寫入檔案到 HDFS。

雖然這並不會讓你搖身一變成為專業的 HDFS 管理人員，但希望上述說明有助於理解 HDFS 如何運行，並清楚解釋如何實現線性擴展、並行讀取和高可用性等重要優勢。你將在下列各節內容發現，在 Azure 服務中，比起 HDFS 本身，你會更加關注構建於 HDFS 之上的各種服務。

如何在 Azure 中使用 HDFS？

在 Azure 中，有幾種使用 HDFS 的方式。最顯而易見的方式即是，配置 HDInsight 叢集並使用與其一同配置的 HDFS（圖 3-14）。在這種情況下，連接到叢集虛擬機器的磁碟提供了實際的儲存空間。這種方式的缺點是在存取資料之前必須先運行叢集；為了提供儲存，你需要為運行計算支付成本（不管是金額還是啟動叢集所耗費的時間）。這是因為如果關閉叢集，則使用叢集而建立的名稱節點和資料節點也會一併關閉，如果沒有這些節點，則無法存取由本機 HDFS 儲存的資料。透過在叢集外進行外部儲存，可以使多個叢集和應用程式同時存取資料。出於上述原因，很少採用叢集本地儲存方式。

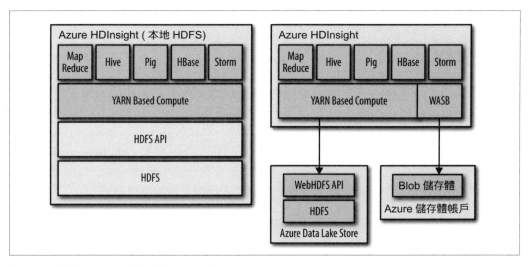

圖 3-14 在眾多 Azure 服務中「出現」的 HDFS。

外部儲存的選項是使用與 HDFS 兼容的儲存體，例如 Azure Blob 儲存體或 Azure Data Lake Store 所提供的儲存體。例如，在 HDInsight 叢集中，你的應用程式可以使用 *wasb:* 方案，透過 HDFS API 存取實際儲存在 Azure Blob 儲存體中的檔案。Windows Azure Storage Blob（*wasb:*）是一個基於 HDFS API 的擴充程式；從技術層面來看，它由 hadoop-azure 模組提供，該模組是 Hadoop 發布版的一部分。

同理，應用程式也可以透過 *adls:* 方案存取儲存在 Azure Data Lake Store 中的檔案。

上述方案的關鍵在於，透過 Azure Data Lake Store 或 Azure Blob 儲存體，你可以善用 HDFS 來支援與 HDFS 兼容的應用程式，同時仍然可以關閉任何計算叢集，不用擔心遺失檔案存取權限的風險。

> *ASV*
>
> 如果你在網路上搜索其他方案，則可能會遇到 *asv:* 方案。ASV 的全稱為 Azure Storage Vault，是一種從 HDInsight 存取 Azure Blob 儲存體的方法，不過，該方案目前已被棄用。請改為使用 *wasb:* 方案。

如何運用在案例情境？

針對 Blue Yonder Airports 情境，我們已經將檔案儲存在 Azure Blob 儲存體和 Azure Data Lake Store 中，你已準備好對這些資料執行處理作業。

序列儲存

序列儲存（Queue-oriented Storage）方式專為與傳統佇列形式相異的大量事件擷取而設計。大多數傳統佇列情況中，「取用者」會競相讀取佇列中的訊息。第一個檢索到訊息的取用者「獲勝」——該則訊息則從佇列中刪除，消失於其他取用者眼中。本節將介紹的佇列則不同於傳統佇列。相較之下，這些佇列是「多取用者（multiconsumer）」佇列。任何取用者對某則訊息進行處理，都不會令訊息從佇列中刪除。從佇列中刪除訊息的唯一方法是訊息保留（retention）規則，可以有效地淘汰掉舊有訊息。

這種佇列類型預期訊息將在特定時間內交由下游組件處理。它在 Event Sourcing 模式中相當常見，而且隨著事件日誌分析一次又一次出現。本章將會研究如何將訊息傳送到由 Event Hub 和 IoT Hub 上的「多取用者」佇列。在後續章節中，我們將詳細介紹訊息如何實際「被取用」，以及如何管理佇列進度。

首先，我們先在 Blue Yonder Airports 案例中加上更多細節，以便更能理解佇列用途。

Blue Yonder 情境：智慧建築

BYA 客戶中的中型和大型樞紐機場，通常有 2 至 9 個航站，而每一航站又有 12 到 22 個登機門。大多數客戶機場內的登機門介於 50 至 207 個登機門之間。

Blue Yonder Airports 在每扇登機門安裝一組感測器組件，由四個溫度感測器組成（一個感應登機門中央區域、一個感應登機門口，另外兩個感測器則偵測登機門外圍區域）。同時在登機門安裝一個動作感測器。此外，氣候控制單元（climate control units）會偵測並回報暖氣或冷氣處於運轉或關閉狀態。以上所有遙測信號都以時間序列資料（time series data）的形式傳送。

就溫度感測器的運作來說，溫度回報頻率為每分鐘回報 6 次平均溫度（每隔 10 秒即傳送前 10 秒內的溫度平均值）。至於動作感測器的運作，每隔 10 秒回報動作有無（因此如果在 10 秒內出現任何動作，則回報為「活動」）。最後，氣候控制單元的遙測資料，則是在每次變化出現時都進行回報，而且可以連接一扇或多扇登機門（因為許多機場內，所以一個給定氣候控制單元影響的可能不只一扇登機門）。

總之，先假設一個大型樞紐機場具有下列特徵：

- 200 扇登機門
- 800 個溫度感測器
- 200 個運動感測器
- 100 個氣候控制單元

中型樞紐機場具有以下特點：

- 50 扇登機
- 200 個溫度感測器
- 50 個運動感測器
- 25 個氣候控制單元

每個感測器都會發出略微不同的遙測信號。表 3-3 記錄了溫度感測器所發出的遙測信號。

表 3-3　溫度感測器遙測信號

欄	類型
temp	double
createDate	timestamp
deviceID	string

表 3-4 表示動作感測器發射出的遙測信號。

表 3-4　動作感測器遙測信號

欄	類型
activityDetected	bool
createDate	timestamp
deviceID	string

最後，HVAC 的遙測信號如下表 3-5 所示。

表 3-5　HVAC 遙測信號

欄	類型
state	int(noChange = 0，heatActivated=1，coolingActivated=2，heatDeactiva ted=3，coolingDeactivated=4)
createDate	timestamp
deviceID	string

Event Hub

我們在第 2 章簡略提到 Event Hub，它提供訊息儲存功能，並支援各種通訊協議（HTTP、AMQP 以及 AMQP over Web Sockets），將訊息從傳送源傳送到 Event Hub。本章將進一步深入，介紹 Event Hub 在擷取儲存方面所展現的高度可擴展、多取用者佇列等特性。在接下來的篇幅中，我們將研究另一種「擷取（ingest）」，也就是針對從 Event Hub 提取的訊息進行消耗和處理。

用 Event Hub 擷取與儲存

我們來認識一下如何從 Event Hub 用戶端擷取與儲存資料。傳送人可以使用任何一種軟體開發工具包（SDK）與 Event Hub 通訊。在本書撰寫之時，有 .NET、C、Node.js 和 Java 的用戶端 SDK。或者，只要平台支援傳送 REST 風格的呼叫（RESTful calls），也可以直接採用 REST API。

傳送人建立一個事件（event），該事件代表傳送到服務匯流排的「訊息」。在 Event Hub 的 .NET SDK 中，傳送人建立一個 EventData 層級，結構如圖 3-15 所示。

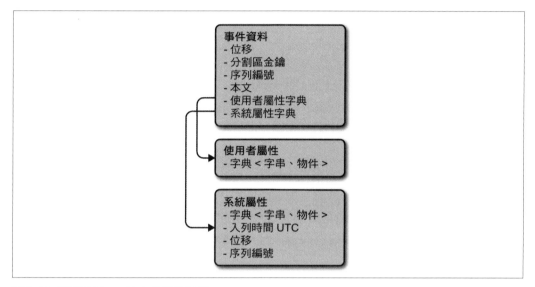

圖 3-15 傳送至 Event Hub 的事件結構。

綜觀來說，最重要的屬性有三類：使用者（user）、系統（system）和本文（body）。系統屬性由 Event Hub 本身設置，而使用者屬性可以包含索引鍵／值配對，該值所包含的字串對於下行訊息處理相當實用（比如識別訊息重要度、擷取傳送人的 ID 等）。主體屬性永遠是序列化二進制的有效內容（payload）。從 .NET SDK 傳送時，主體表示為 byte []。不過，當你使用 REST API 進行傳送時，提供二進制的有效內容可能是一項艱難挑戰，因此 Event Hub 接受 JSON 作為有效內容格式。最常見的格式是讓主體包含序列化二進制的 JSON 格式（很快將以程式碼呈現）。

位移（Offset）、入列時間（Enqueued Time）和序列編號（Sequence Number）等屬性由 Event Hub 在接收事件時設置。我們會在後續章節定義這些屬性，因為它們在 Event Hub 中扮演了重要角色。

儲存容量

每個事件最大可具有 256 KB。為了提升傳送效能，只要一批作業中所有事件的總大小不超過 256 KB，傳送人可以一次傳送整批事件。

Event Hub 支援將擷取的事件分散到數個分割區（partition）中——也就是說，將訊息分散到不同的「儲存桶」中進行儲存。設置 Event Hub 時，可以將分割區數量設定為 1 到 32 個。一旦完成配置，無法變更分割區數量。將事件傳送到 Event Hub 時，預設作法是以循環方式在眾分割區之間分派訊息。不過，如果有分割區金鑰，則可利用該值選擇確切分割區。分割區金鑰是一串字串（string），任何傳送到 Event Hub 且共享同一個分割區金鑰的事件（或者更確切地，具有相同的分割區雜湊值），都會依照傳送時間的前後順序，分派到相同的分割區。從傳送人的角度來看，除非使用分割區金鑰（這個做法不會直接指定分割區），通常不會刻意為事件指定分割區。分割區對 Event Hub 的取用者來說，具有非常重要的作用，我們將在後續章節中回顧檢視這個角色。

Event Hub 的規模透過傳送量單元（Throughput Units，TU）調控，如圖 3-16 所示。每個 TU 控制資料輸入和輸出量。對傳送者來說，事件輸入量為每 TU 1 MB／秒或每 TU 1,000 事件／秒。如果加諸任一限制，則會限縮訊息輸入量。在預設情況下，每個訂用帳戶的額度為 20 個 TU，但這只是軟性限制，使用者可以向 Azure 支援中心購買更多額度。當請求額外的 TU 時，你可以分批請求 20 個 TU，最高可請求 100 個 TU。當超過 100 個 TU 時，則可以請求批次為 100 的附加 TU。請注意，TU 配置適用於服務匯流排名稱空間（Service Bus Namespace，作用於一組服務匯流排訊息實體（如 Event Hub）的範圍容器）層級，這意味著你所分配的 TU 可以在多個 Event Hub 之間共享。

每個分割區還設定了輸入量限制。Event Hub 內的每個分割區最多可以使用 1 個 TU，如果這時有一個具 32 個分割區的 Event Hub，並且已經為包括該 Event Hub 例子的服務匯流排名稱空間分配了 32 個 TU，則基本上確保每個分割區都可以完整得到 1 MB／秒的輸入量。另一個例子，如果這時你分配了 33 個 TU，此舉並不會更有利於分割區（儘管多出來的的傳送量單元（TU）有益於服務匯流排命名空間中的其他 Event Hub）。

現在你學到訊息輸入的傳送量後，接著來認識訊息儲存。單個 Event Hub 的總儲存容量並無任何限制，一開始即提供每 TU 84 GB 的免費儲存空間。超過 84 GB 的儲存都按照在本地備援儲存體（LRS）模式下使用 Azure 儲存體的費用計算。Event Hub 管理訊息儲存的方式（因為使用者檢索後並不會自動刪除訊息）採用訊息保留規則（retention policy）。使用者可在 Event Hub 上自行配置的訊息保留規則，自動清除早於保留期限的訊息。保留期限以天為單位設置，可在 1 到 7 天之間選擇。

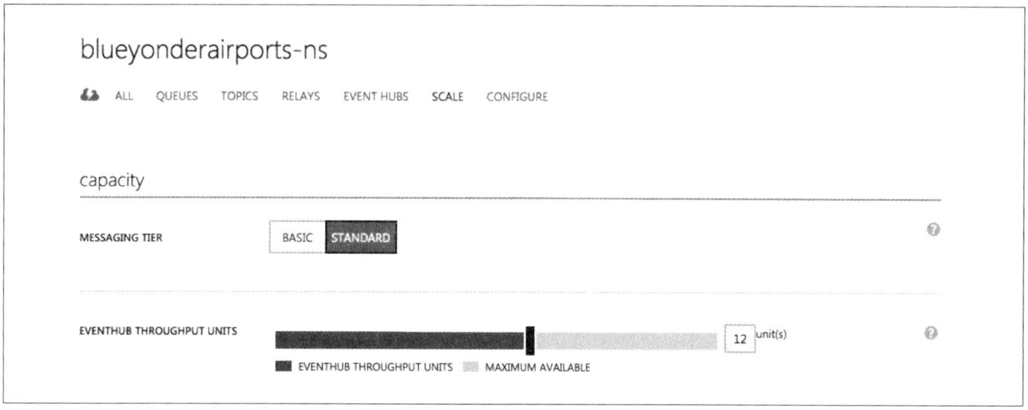

圖 3-16 用浮動塊決定 TU 數量。請注意，此配置將執行於服務匯流排命名空間上，而非單一 Event Hub 上。

訊息擷取還有最後一個關鍵考量因素：並行連接（concurrent connections）的數量限制取決於傳送者與 Event Hub 的通訊方式。如果你使用的是 HTTPS，則並行連接數量沒有限制；如果你正在使用 AMQP，則整個服務匯流排名稱空間內的數量限制為 5000 個並行連接。

表 3-6 Event Hub 輸入額度與限制

項目	限制
輸送量單元	每訂用帳戶預設 20 個 TU
輸入量	每 TU 1 MB ／秒，每 TU 1000 個事件
總儲存容量	無限制（～ 500 TB）
訊息保留	最短 1 天，最長 7 天
分割區	介於 1 至 32 個分割區
最大 event 大小	256 KB
最大 batch 大小	256 KB

如何運用在 BYA 案例情境？

既然我們已經介紹一些 Event Hub 擷取和儲存資料的背景知識，來看看如何應用在 Blue Yonder Airports 情境。正如上文提過，Event Hub 正從三個不同來源接收遙測信號──溫度感測器、動作感測器和 HVAC 裝置。

探索感測器的模擬器

為了以程式碼說明應用手法，這裡提供一個基於 C#.NET 的模擬器，根據模擬一天中班機從同一個登機門起飛降落的時間表，顯示三種感測器在一天內進行傳輸的所有遙測信號。

你可以從 *http://bit.ly/2bgsfHa* 下載程式碼，並使用 Visual Studio 開啟。

該解決方案涵蓋一些專案。在本章中，我們將著重介紹 SimpleSensorConsole 和感測器專案。前者提供模擬感測器資料並傳送到 Event Hub 或 IoT Hub 的命令行介面。第二個專案則提供建構虛擬時間表以及傳送事件的邏輯，其中處理傳送事件的邏輯是可插入的（因此可將 Event Hub 或 IoT Hub 當作傳送目標）。

介紹 Sensor 與 SimpleSensorConsole 專案： Sensors 專案為 *SensorBase.cs* 中的模擬感測器提供基底類別（base class）。綜觀之下，SensorBase 看起來如範例 3-1 所示。

範例 3-1 *SensorBase 為模擬感測器提供基底類別*

```
public class SensorBase
{
    protected string deviceId;
    protected Action<string> transmitHandler;
    protected List<string> datapoints;
    protected int reportingIntervalSeconds;

    public int CountOfDataPoints{}

    protected SensorBase(string deviceId, Action<string> transmitHandler){}

    public virtual void InitSchedule(int reportingIntervalSeconds){}

    public Task Start(){}

    private Task RunAsync(){}

    private void InternalEmitEvents(){}
}
```

具體實施細節雖非至關重要（不過也可仔細閱讀上面的程式碼），仍有幾點需要注意。首先，每個感測器的目標是產生資料點列表。每個資料點代表一個遙測事件，每個資料點都是一個 JSON 序列化字串。其次，衍生自 SensorBase 的每一個感測器，都需要實施專屬的 InitSchedule 方法。根據感測器適用的各種邏輯，產生資料點列表，以建立時間序列資料。一旦 InitSchedule 完成執行，即可產生一天內登機口經歷事件的所有資料點。第三，Start 方法牽引 InternalEmitEvents 的異步執行（asynchronous execution），在資料點列表中循環（loop）每個資料點並牽動 transmitHandler（作為構造器的參數）。transmitHandler 是一個將字串視作參數資料的動作（範例 3-2）。

範例 3-2 *InternalEmitEvents* 引動由 *transmitHandler* 提供的可插入動作，一次傳遞一個資料點

```
private void InternalEmitEvents()
{
    for (int i = 0; i < datapoints.Count; i++)
    {
        transmitHandler.Invoke(datapoints[i]);
    }
}
```

現在讓我們來學習如何具體實施感測器的運作。因為所有感測器的實施方法都是相同的，只要理解其中原理，即可融會貫通、舉一反三。來看看 TemperatureSensor（定義於 *TemperatureSensor.cs*），如範例 3-3。

範例 3-3 溫度感測器層級模擬溫度變化，例如一日中機場內某一登機門可能經歷的溫度

```
public class TemperatureSensor: SensorBase
{
    public TemperatureSensor(string deviceId, Action<string> transmitHandler)
    : base(deviceId, transmitHandler) [...]

    public override void InitSchedule(int reportingIntervalSeconds) [...]

    private bool IsWithinPreFlightWindow(int intervalNumber,
    int reportingInterval, int departureIntervalNumber) [...]

    private bool IsWithinPostFlightWindow(int intervalNumber,
    int reportingInterval, int departureIntervalNumber) [...]

    private bool HasPlaneDeparted(int intervalNumber,
    int reportingInterval, int departureIntervalNumber) [...]

    private class TempDataPoint
    {
        public double temp;
        public DateTime createDate;
```

```
        public string deviceId;
    }

}
```

請注意，上面的程式碼定義了稱為 TempDataPoint 的私有資料結構，包含溫度、資料點的建立日期，以及讀取溫度的裝置 ID。這個結構最終會被序列化成如下所示的 JSON 字串：

```
{"temp":65.0,"createDate":"2016-04-11T07:00:00Z","deviceId":"1"}
```

模擬感測器需要引動的第一個方法是構造函數（實施於 SimpleSensorConsole 專案），為 TemperatureSensor 提供裝置 ID，以利傳輸或回呼（callback）資料點。之後，導線引動 InitSchedule 方法，並以秒為間隔單位傳送回報。此時間間隔定義了裝置的最大回報粒度——也就是，感測器傳送事件的頻率可以有多快。預設情況下，導線將回報間隔設置為 10 秒。

在 SimpleSensorConsole 專案中，檢驗 *EventHunLoadSimulator.cs*，代表感測器的設置與執行方式（見範例 3-4）。

範例 3-4 設定並執行模擬感測器

```
public void SimulateTemperatureEvents()
{
    stopWatch.Restart();
    numEventsSent = 0;
    LogStatus("Sending Temperature Events...");
    SensorBase sensor = new TemperatureSensor("1", TransmitEvent);
    sensor.InitSchedule(10);
    Console.WriteLine("Generated {0:###,###,###} Events", sensor.CountOfDataPoints);
    sensor.Start().Wait();
    FlushEventHubBuffer();
    stopWatch.Stop();
    Console.WriteLine(
    "Completed transmission in {0} seconds. Sent {1:###,###,###} events.",
        stopWatch.Elapsed.TotalSeconds, numEventsSent);
}
```

操作感測器的第一步驟為，首先重新啟動 StopWatch，紀錄感測器的執行時間。同時也會追蹤已傳送的事件數（numEventSent），比對回報事件數量與實際傳送到 Event Hub 的事件數量。接下來，建立 TemperatureSensor，傳送任意一個裝置 ID 作為字串，transmitHandler 函數的方法名稱（method name）會將事件實際傳送到 Event Hub（稍後進行解釋）。然後，藉由調用 InitSchedule 預先產生當日事件。調用感測器上的 Start，傳送已產生事件。調用感測器上的 Wait，確定再進行下一步驟前，已完成傳輸所有事件。然後使用 FlushEventHubBuffer 清除剩下的未傳送事件。根據將事件傳送到 Event Hub 所花費時長以及實際傳送數量，結束程式碼的運行。運行 SimpleSensorConsole 的輸出如圖 3-17 所示。

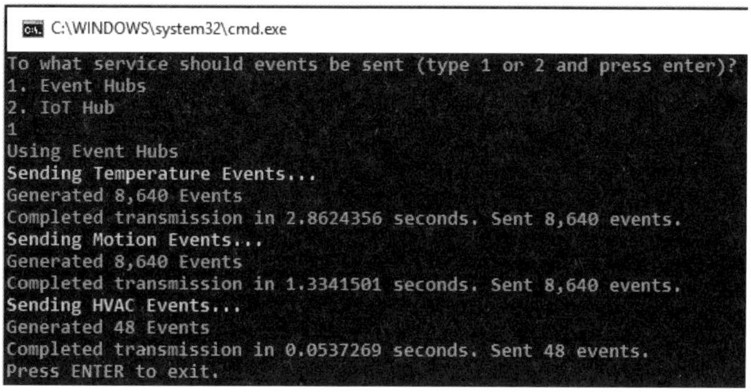

圖 3-17 在 SimpleSensorConsole 導線應用中運行三個不同感測器的輸出。

SimpleSensorConsole 導線可以一次傳送一個事件到 Event Hub，也可以整批傳送（一次傳送上百個事件），你可以藉由範例 3-5 掌握這兩種情境的傳輸模式。透過 *EventHubLoadSimulator.cs* 中的 TransmitEvent 方法完成以上運作。TransmitEvent 方法擷取字串資料點，並轉換為符合 UTF8 編碼的位元組，再傳送給 EventData 層級的構造器（將該位元組當作 EventData 的主體）。

範例 3-5 模擬器可以一次或批次傳輸感應事件

```
void TransmitEvent(string datapoint)
{
    EventData eventData;
    try
    {
        eventData = new EventData(Encoding.UTF8.GetBytes(datapoint));

        if (sendAsBatch)
        {
            SendToEventHubAsBatch(eventData);
        }
        else
        {
            SendToEventHubDirect(eventData);
```

```
    }
        //NOTE: Fastest execution time happens without console output.
        //LogStatus(datapoint);
    }
    catch (Exception ex)
    {
        LogError(ex.Message);
    }
}
```

先來看看如何使用 Event Hub.NET SDK 一次傳送一個事件到 Event Hub。負載模擬器的 Init 方法可從 *app.config* 文件中讀取 Event Hub 連接字串（見範例 3-6）。

範例 3-6 初始化 *EventHubClient*

```
public void Init()
{
    try
    {
        eventHubsConnectionString =
        System.Configuration.ConfigurationManager.AppSettings[
        "EventHubsSenderConnectionString"];
        eventHubClient =
        EventHubClient.CreateFromConnectionString(eventHubsConnectionString);
        sendAsBatch =
        bool.Parse(System.Configuration.ConfigurationManager.AppSettings[
        "SendEventsAsBatch"]);
    }
    catch (Exception ex)
    {
        LogError(ex.Message);
        throw;
    }
}
```

Init 方法使用此連接字串建立 EventHub Client，與 Event Hub 通訊。有了 EventHubClient，現在我們可以傳送事件。這和在 EventHubClient 上引動 Send，並傳遞給 EventData 物件一樣簡單（請參閱示例 3-7）。

範例 3-7 傳送一個事件到 *Event Hub*

```
void SendToEventHubDirect(EventData eventData)
{
    eventHubClient.Send(eventData);
}
```

將事件整批傳送，也就是對 Event Hub 進行包含多個訊息的單一調用（call）並不困
難：引動 EventHubClient.SendBatch，並將它傳遞給 EventData 物件列表（見範例 3-8）。
不過前提是所有訊息的總大小必須小於 256 KB。

範例 3-8 傳送一批事件到 *Event Hub*

```
void SendToEventHubAsBatch(EventData eventData)
{
    long currEventSizeInBytes = eventData.SerializedSizeInBytes;

    if (bufferedSizeInBytes + currEventSizeInBytes >= maxBatchSizeInBytes)
    {
        FlushEventHubBuffer();
    }

    sendBuffer.Add(eventData);
    bufferedSizeInBytes += currEventSizeInBytes;
}

void FlushEventHubBuffer()
{
    if (sendBuffer.Count > 0)
    {
        eventHubClient.SendBatch(sendBuffer);

        numEventsSent += sendBuffer.Count;
        sendBuffer.Clear();
        bufferedSizeInBytes = 0;
    }
}
```

在範例 3-8 的程式碼片段中，SendToEventHubAsBatch 通常只收集事件並新增到充當緩衝
區的列表中。只有超出最大批次時才會真的傳送列表並清除緩衝區。回想一下範例 3-4
中的 SimulateTemperatureEvents，在 transmitHandler 處理完所有訊息後，我們也引動一
次 FlushEventHubBuffer。這麼做是為了以防萬一，確實處理位於緩衝區的多餘事件。

為了完整起見，範例 3-9 顯示出 SimpleSensorConsole 應用程式的 Main 方法。目的是為
了確認使用者是否有意願使用 Event Hub 或 IoT Hub。如果使用者選擇 Event Hub，則
產生一個具備輔助方法的 EventHubsLoadSimulator，從三個感測器中產生的一整天經歷的
事件。

範例 *3-9 產生模擬事件的 Main 方法*

```csharp
static void Main(string[] args)
{
    InterviewUser();

    if (useEventHub)
    {
        EventHubLoadSimulator simulator = new EventHubLoadSimulator();
        simulator.Init();
        simulator.SimulateTemperatureEvents();
        simulator.SimulateMotionEvents();
        simulator.SimulateHVACEvents();
    }
    else
    {
        IoTHubLoadSimulator simulator = new IoTHubLoadSimulator();
        simulator.Init();
        simulator.SimulateTemperatureEvents().Wait();
        simulator.SimulateMotionEvents().Wait();
        simulator.SimulateHVACEvents().Wait();
    }

    Console.WriteLine("Press ENTER to exit.");
    Console.ReadLine();
}
```

運行 Event Hub 模擬器：大致看過一遍程式碼，現在練習的機會來了。首先，請配置一個 Event Hub 執行個體。接著，使用與 Event Hub 執行個體連接的字串，更新 SimpleSensorConsole 配置。

建立 Event Hub：我們將逐步介紹建立 Event Hub 執行個體的各項步驟。

1. 登入 Management Portal（*https://manage.windowsazure.com/*）。

2. 點選「新建」，並選擇 App Service →「服務匯流排」→「Event Hub」（如圖 3-18）。

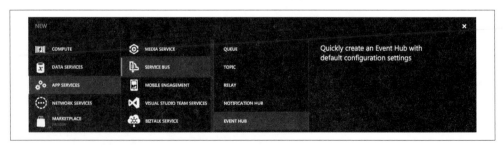

圖 3-18 在 Management Portal 建立新的 Event Hub。

3. 選擇「自定義建立」。

圖 3-19 選擇「自定義建立」。

4. 為 Event Hub 命名。

5. 選擇區域。

6. 選擇「建立新的命名空間」。

7. 選擇性調整命名空間名稱。

8. 點選下方箭頭。見圖 3-20。

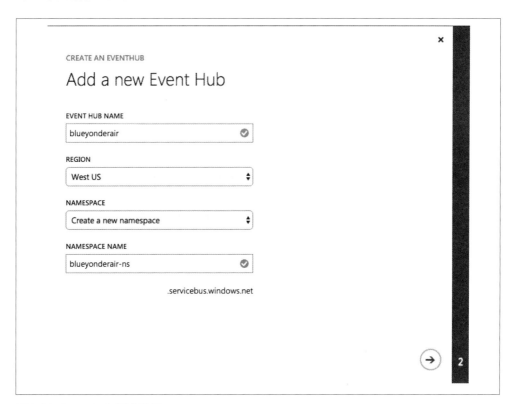

圖 3-20 Event Hub 基本設置。

9. 在 Event Hub 設置對話窗中,將分割區數量設定為 4。後續章節將介紹如何決定適當的分割區數量。

10. 將訊息保留期限設為 1 天。

11. 點選「⊙」,完成建立 Event Hub。參見圖 3-21。

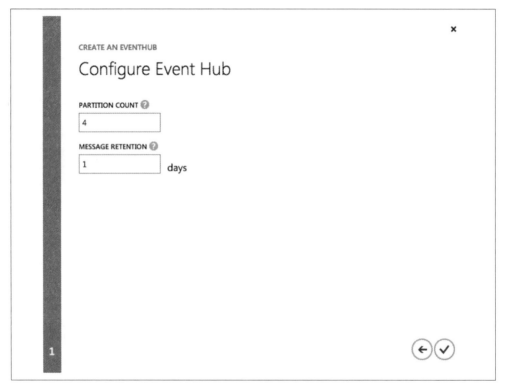

圖 3-21 設定 Event Hub 的分割區數量及訊息保留時間。

不久後,新的命名空間和 Event Hub 準備就緒,現在你需要建立一些連接憑證。

1. 在服務匯流排的命名空間列表中,點選你剛建立的命名空間。

2. 點選頁面上方的 Event Hub 分頁(圖 3-22)。

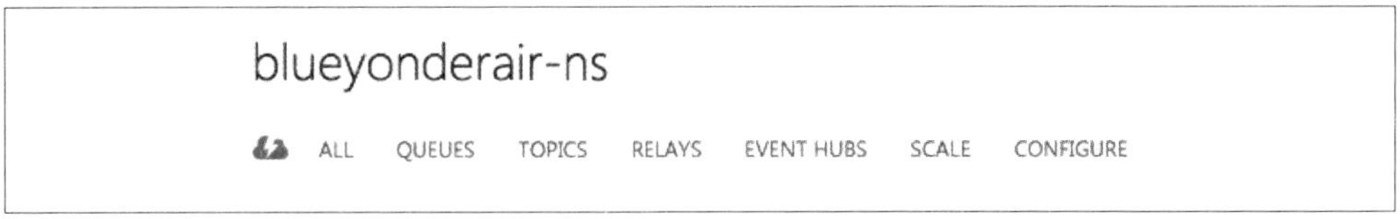

圖 3-22　在 Management Portal 的 Event Hub 分頁。

3. 點選欲使用的 Event Hub。

4. 點選頁面上方的「設定」分頁（圖 3-23）。

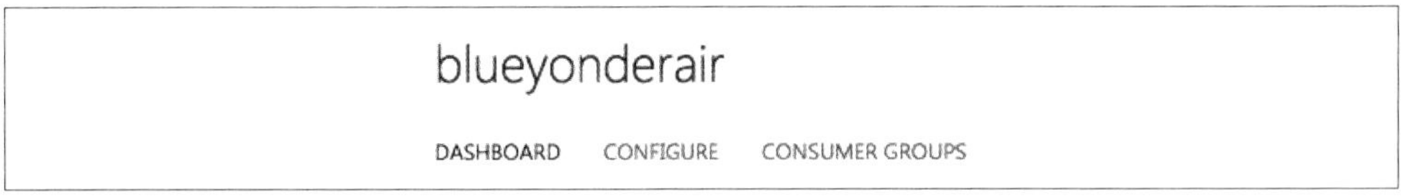

blueyonderair

DASHBOARD　CONFIGURE　CONSUMER GROUPS

圖 3-23　在 Management Portal 的「設定」分頁。

5. 在「預存存取原則」的名稱欄位，輸入第一個預存存取原則（如：SendPolicy）。

6. 點選「權限」，展開下拉式選單，並勾選 Send（圖 3-24）。

shared access policies

NAME	PERMISSIONS
SendPolicy	Send
NEW POLICY NAME	☐ Manage ☑ Send ☐ Listen

圖 3-24　選擇 Event Hub 的預存存取原則。

7. 點選「儲存」按鈕，套用該存取原則。

8. 點選 Event Hub 名稱上方的左向箭頭回到命名空間的 Event Hub 列表（圖 3-25）。

圖 3-25　選取箭頭，回到命名空間的 Event Hub 列表。

9. 選取欲使用的 Event Hub，並點選「連接資訊」。

10. 將游標懸停在連接字串字段上，點擊右側的複製圖案，將連接字串複製到剪貼板。（圖 3-26）。

圖 3-26 複製 Event Hub 的連接字串。

11. 接下來，返回 Visual Studio。

12. 在 Solution Explorer 中，展開 SimpleSensorConsole 並開啟 app.config。

13. 將 EventHubsSenderConnectionString 貼到 value 屬性的雙引號之間：

```
<appSettings>
        <add key="EventHubsSenderConnectionString" value="" />
</appSettings>
```

14. 儲存 app.config。

15. 運行 SimpleSensorConsole，輸入 1，模擬 Event Hub 事件，直到完成運行（圖 3-27）。

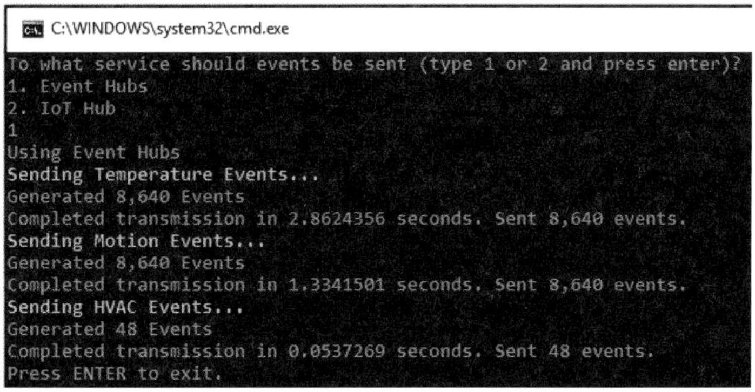

圖 3-27　運行 SimpleSensorConsole 後的輸出。

預設的運作方式為批次傳送訊息。如果想查閱各事件傳送相同訊息的所需時間差異，開啟 SimpleSensorConsole 的 *app.config*，並將 SendEventsAsBatch 的設定值設更改為 false。儲存 *app.config* 並重新運行。

統整一下，此時你已經建立一個 Event Hub、透過運行模擬器建立一些範例資料，並將這些事件傳送到 Event Hub 中。

IoT Hub

第 2 章簡單介紹過 IoT Hub，這項服務可在數百萬個物聯網裝置和應用程式之間實現穩定可靠的雙向通訊。從訊息擷取立場（即，從裝置傳送到雲端的訊息）來看，你可以將 IoT Hub 視為 Event Hub 的封裝版，並為 IoT 情境打造更加豐富的功能性。這些額外功能包括支援其他通訊協定（如 MQTT）以及提供裝置存取控制功能的裝置註冊表。在本章將深入探討 IoT Hub，重點介紹從裝置到雲端的訊息擷取流程。

使用 IoT Hub 擷取和儲存資料

從擷取資料的角度來看，IoT Hub 的運作模式與 Event Hub 非常相似。IoT Hub 為 .NET、C、Node.js 和 Python 等程式語言提供用戶端 SDK。以這些 SDK 架構的用戶端的用途是將訊息從裝置傳送到雲端。如同 Event Hub 一樣，可以在支援 REST 風格調用（call）的平台上直接使用 REST API。與 Event Hub 的不同之處在於，物聯網所傳送的是訊息（*messages*），而 Event Hub 接收的是事件（*events*）。

訊息的核心屬性（以 .NET 為例，為 `Microsoft.Azure.Devices.Client`）包含主體（body，以 `byte []` 建立的二進制串流），使用者屬性字典以及系統屬性字典（圖 3-28）。這種類型還支援許多其他屬性，但它們適用於雲端到裝置的訊息傳遞，將於後文介紹。請注意，`Partition Key` 欄位被省略了——在 IoT Hub 訊息中，訊息的分割永遠基於訊息來源的裝置 ID。

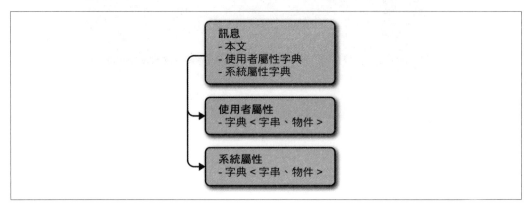

圖 3-28 最簡單的 IoT Hub 用戶端訊息形式。

儲存容量

每個從裝置到雲端的訊息大小最多為 256 KB。為了提升傳送效能，只要整批事件的總大小不超過 256 KB，且總數量不超過 500 條訊息，傳送者就可以一次傳送整批事件列表。

IoT Hub 支援對所擷取事件進行分割——也就是，將訊息分散到不同的「儲存區」中保存。當你配置 IoT Hub 時，可以將分割區數量設定在 1 至 32 之間。一旦完成配置即無法變更分割區數量。當你將事件傳送到 IoT Hub，預設分配方式是根據來源裝置 ID 的雜湊值，在分割區之間分配訊息。分割區的作用相當重要，我們將在後續章節中繼續討論。

IoT Hub 單位決定 IoT Hub 的規模大小，每個單位控制 IoT Hub 可以處理的訊息量。根據輸入量，分為 S1 和 S2 兩層，S1 層提供約 1.1 MB ／秒／單位和 400k 訊息／天／單位，而 S2 層提供 16 MB ／秒／單位和 6M 訊息／天／單位。S1 層的輸送量被限制為每秒 12 個訊息／秒／單位，S2 層的輸送量則被限制為 120 個訊息／秒／單位，不過，仍須注意的是，無論是哪一層級，無論單位數量多寡，最低效能門檻皆為 100 訊息／秒。

可以在 Azure 入口網站調整 IoT Hub 設置，隨時增加 IoT Hub 單位的數量。在預設情況下，每一訂用有 200 個 IoT Hub 單位的使用額度，但這只是軟性限制，你可以向 Azure 支援中心提出擴充額度的請求（圖 3-29）。

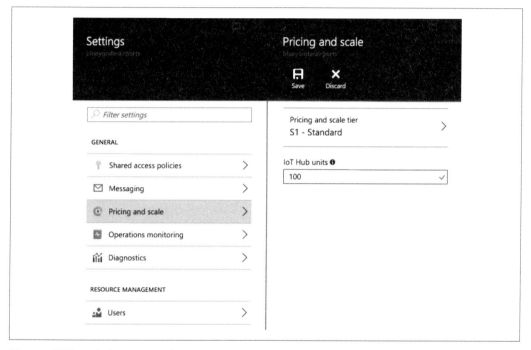

圖 3-29 調整分派到 IoT Hubs 的 IoT Hub 單位。

正如 Event Hub 一樣，IoT Hub 管理儲存空間的方式同樣採取訊息保留策略。IoT Hub 題中可自行設置的訊息保留策略，可以自動清除早於保留期限的訊息。保留期限可以以天為單位進行設置，可在 1 到 7 天之間選擇。

最後，IoT Hub 和 Event Hub 的訊息擷取模式有一個重要差異：IoT Hub 對於並行連接的數量沒有限制。換句話說，與 IoT Hub 進行通訊的裝置數量沒有硬性或單位限制。因此，為了避免同時出現過多訊息，將會限制連接到 IoT Hub 的請求（requests）數量。依照層級限制每秒可處理的連接請求數量，S1 層支援 12 個請求／秒／單位，S2 層支援 120 個請求／秒／單位。

表 3-7 總結出 IoT Hub 訊息採集擷取模式的配額和限制。

表 3-7 IoT Hub 輸入配額與限制

項目	限制
IoT Hub 單位	預設軟性限制：每訂用 200 單位
輸入量	S1：～ 1.1MB ／分／單位，S2： 16MB ／分／單位
	S1：400k 訊息／日／單位，S2：6M 訊息／日／單位
	S1：12 訊息／秒／單位以及 S2：120 訊息／秒／單位，起始為 100 訊息／秒
總儲存空間	無限制（～ 500TB）
訊息保留	最短一天，最長七天
分割區	1 至 32 個分割區
最大訊息大小	256 KB
最大 batch 大小	256 KB
最大連接裝置數量	無限制
最大連接請求數量	S1：12 請求／秒／單位 S2：請求／秒／單位

如何運用在 BYA 案例情境？

我們可以採用與上文 Event Hub 情境幾乎相同的作法應用 IoT Hub，以便從各機場感測器擷取遙測資料。

Sensors 專案

讓我們先回到 Visual Studio 和範例解決方案。因為已經介紹過許多用在 SimpleSensorConsole 和 Sensors 專案中產出遙測資料的基本架構，在此我們將重點放在將如何將遙測資料從感測器傳送到 IoT Hub 中。

綜觀來看，與 Event Hub 最大的差異在於，在模擬裝置開始向 IoT Hub 傳輸資料之前，需要先將裝置新增到 IoT Hub Registry，紀錄裝置、裝置 ID 金鑰，以及它們是否被允許連接（啟用與停用）。

我們先來看看 *IoTHubLoadSimulator.cs* 中的 Init 方法（範例 3-10）。

範例 3-10 建立一個 *RegistryManager*，管理被允許與 *IoT Hub* 通訊權的裝置

```
public void Init()
{
    try
    {
        iotHubSenderConnectionString =
        System.Configuration.ConfigurationManager.AppSettings[
```

```
            "IoTHubSenderConnectionsString"];
            iotHubManagerConnectionString =
            System.Configuration.ConfigurationManager.AppSettings[
            "IoTHubManagerConnectionsString"];
            sendAsBatch =
            bool.Parse(System.Configuration.ConfigurationManager.AppSettings[
            "SendEventsAsBatch"]);

            registryManager =
            RegistryManager.CreateFromConnectionString(iotHubManagerConnectionString);

        }
        catch (Exception ex)
        {
            LogError(ex.Message);
            throw;
        }

    }
```

Init 方法將兩個不同的連接字串加載到一個 IoT Hub 中：其中一項連接將被裝置使用，傳送遙測資料，而另一項連接則被賦予不同權限，允許將新裝置新增到 IoT Hub Registry。一旦有了後一項連接字串，即可從 factory 層級建立一個 RegistryManager，提供該項連接字串。

在 IoT Hub 應用中，建立裝置和傳送訊息的模式非常類似於 Event Hub 的處理模式，主要差別在於，第一步需要註冊並啟動裝置（範例 3-11）。

範例 3-11 模擬溫度感測器傳送訊息至 IoT Hub

```
    public async Task SimulateTemperatureEvents()
    {
        deviceId = "1";

        RegisterDeviceAsync().Wait();
        bool deviceActivated = await ActivateDeviceAsync();

        if (deviceActivated)
        {
            InitDeviceClient();

            stopWatch.Restart();
            numEventsSent = 0;
            LogStatus("Sending Temperature Events...");
```

```
        SensorBase sensor = new TemperatureSensor(deviceId, TransmitEvent);
        sensor.InitSchedule(10);
        Console.WriteLine("Generated {0:###,###,###} Events",
        sensor.CountOfDataPoints);
        sensor.Start().Wait();
        FlushIoTHubBuffer();
        stopWatch.Stop();

        Console.WriteLine(
        "Completed transmission in {0} seconds. Sent {1:###,###,###} events.",
            stopWatch.Elapsed.TotalSeconds, numEventsSent);
    }
    else
    {
        LogError("Device Not Activated.");
    }
}
```

讓我們更詳細地檢視 RegisterDeviceAsync（範例 3-12）。

範例 3-12 增加一個裝置到由 RegistryManager 執行的註冊儲存體

```
async Task RegisterDeviceAsync()
{
    Device device = new Device(deviceId);
    device.Status = DeviceStatus.Disabled;

    try
    {
        device = await registryManager.AddDeviceAsync(device);
    }
    catch (Microsoft.Azure.Devices.Common.Exceptions.DeviceAlreadyExistsException)
    {
        //Device already exists, get the registered device
        device = await registryManager.GetDeviceAsync(deviceId);

        //Ensure the device is disabled until Activated later
        device.Status = DeviceStatus.Disabled;

        //Update IoT Hubs with the device status change
        await registryManager.UpdateDeviceAsync(device);
    }

    deviceKey = device.Authentication.SymmetricKey.PrimaryKey;
}
```

在範例 3-12 中,建立了一個 Device 執行個體,並提供裝置 ID。按照慣例,我們先將裝置狀態設定為 Disabled(稍後啟動裝置時,將狀態變更為 Enabled)。就許多實際情況來說,這項慣例能夠在先行註冊裝置,傳送給受信任方並安裝之後,再啟用裝置。請注意,在範例 3-12 中我們對 DeviceAlreadyExistsException 有不同的處理方式。此方式針對嘗試多次運行模擬器的情形,你可以重複使用具有相同裝置 ID 的裝置。最後,請注意最後一行,該行程式碼收集了裝置的主要金鑰。此金鑰實際上是裝置在開始傳輸之前必須提供,與 IoT Hub 進行身分驗證的密碼。

ActivateDevice 以類似的方式利用 RegistryManager,作法是擷取現有裝置,將狀態更改為啟用(Enabled),然後更新 registry,如範例 3-13 中所示。

範例 *3-13* 在 *IoT Hub* 註冊儲存體中將其狀態設定為「開啟」以啟動裝置

```
async Task<bool> ActivateDeviceAsync()
{
    bool success = false;
    Device device;

    try
    {
        //Fetch the device
        device = await registryManager.GetDeviceAsync(deviceId);

        //Verify the device keys match
        if (deviceKey == device.Authentication.SymmetricKey.PrimaryKey)
        {
            //Enable the device
            device.Status = DeviceStatus.Enabled;

            //Update IoT Hubs
            await registryManager.UpdateDeviceAsync(device);

            success = true;
        }
    }
    catch (Exception)
    {
        success = false;
    }

    return success;
}
```

下一步則是將與 IoT Hub 通訊的 DeviceClient 樣例化（範例 3-14）。請注意，我們需要提供 IoT Hub 主機名稱（從傳送者連接字串解析）、裝置 ID 和（在註冊裝置時得到的）裝置金鑰。

範例 3-14 建立一個 *DeviceClient*

```
void InitDeviceClient()
{
    var builder = Microsoft.Azure.Devices.
    IotHubConnectionStringBuilder.Create(iotHubSenderConnectionString);
    string iotHubName = builder.HostName;

    deviceClient = DeviceClient.Create(iotHubName,
        new DeviceAuthenticationWithRegistrySymmetricKey(deviceId, deviceKey));
}
```

註冊好裝置之後，可以利用批次處理或一次傳遞一個訊息的方式，向 IoT Hub 傳送訊息，就像傳送事件到 Event Hub 的方式一樣。請見範例 3-15。

範例 3-15 批次傳送訊息及一次傳送一個訊息

```
void FlushIoTHubBuffer()
{
    if (sendBuffer.Count > 0)
    {
        deviceClient.SendEventBatchAsync(sendBuffer);

        numEventsSent += sendBuffer.Count;
        sendBuffer.Clear();
        bufferedSizeInBytes = 0;
    }
}

void SendToIoTHubDirect(Microsoft.Azure.Devices.Client.Message message)
{
    deviceClient.SendEventAsync(message);
}
```

認識 IoT Hub 負載模擬器之後，該是時候運行它了。

運行 IoT Hub 負載模擬器：想要運行 IoT Hub 負載模擬器，需要一個現有的 IoT Hub 執行個體和兩個連接字串，一個用來傳送訊息，另一個用來管理 registry 權限。準備好這些連接字串後，即可更新 *app.config* 並運行該專案。

建立一個 IoT Hub：本節內容將介紹如何建立 IoT Hub。

1. 開啟 Azure 入口網站（*https://portal.azure.com*）。

2. 點選「新建」，並選取 Internet of Things，然後選取 Azure IoT Hub（圖 3-30）。

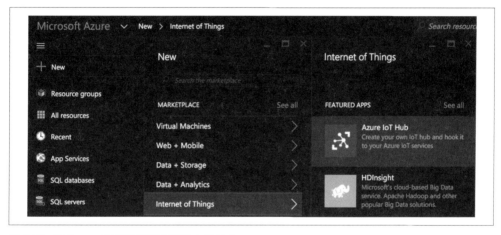

圖 3-30　在 Azure 入口網站建立新的 IoT Hub。

3. 在 IoT Hub 視窗中，為新的 IoT Hub 命名。

4. 選擇資源群組。

5. 確認已選擇所需訂用。

6. 選擇離你最近的地點。見圖 3-31。

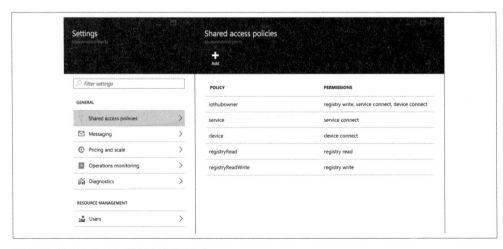

圖 3-31 配置新的 IoT Hub。

7. 點選建立。

新的 IoT Hub 執行個體應在幾分鐘內準備就緒。之後，開啟 IoT Hub 執行個體的「設定」視窗，然後按照下列步驟取得連接字串。

1. 點選「預存存取原則」（圖 3-32）。

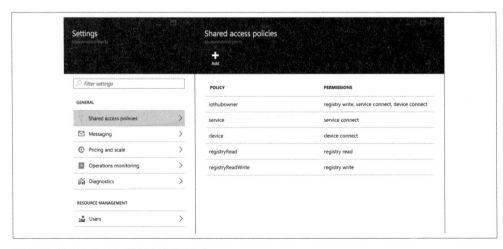

圖 3-32 檢視 IoT Hub 的預存存取原則。

2. 點選「裝置」原則。

3. 在跳出的視窗中，點選「Connection string—primary key」欄位旁邊的複製按鈕（圖 3-33）。裝置將會利用此連接字串，傳送遙測資料。

圖 3-33 檢視裝置預存存取原則。

4. 回到 Visual Studio，在 SimpleConsoleSimulator 專案中打開 *app.config* 檔案，並再 `IoTHubConnectionString` 的設定欄位，貼上剛剛複製的連接字串。

5. 回到 Azure 入口網站，關閉裝置視窗，然後點選 `registryReadWrite` 原則。

6. 複製該原則的「Connection string—primary」。

7. 回到 Visual Studio 中的 *app.config* 檔案，並在 `IoTHubManagerConnectionString` 的設定欄位，貼上剛剛複製的連接字串。

8. 儲存 *app.config* 檔案。

撰寫程式碼並運行該專案。這次,當主控台啟動時,選取選項 2(IoT Hub),將訊息傳送到你的 IoT Hub(圖 3-34)。

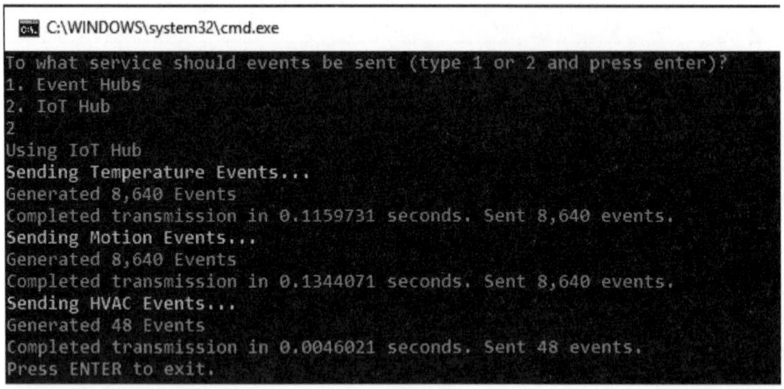

圖 3-34 傳送模擬訊息至 IoT Hub。

本章摘要

本章我們將焦點放在擷取遙測資料,依檔案或佇列排序方式進行儲存。關於基於檔案的儲存,我們羅列出 Azure Data Lake Store、Azure Blob Storage 及 HDFS。關於以佇列儲存訊息或事件,本章也介紹了 Event Hub 和 IoT Hub。

第四章

在 Azure 中即時處理資料

即時處理（Real-time processing）的定義為未制限輸入資料流的處理程序，要求在短時間內產出結果，即便在處理時間最長的情況下也是以毫秒或秒為測量單位。在有關即時處理的第一章中，我們將會研究如何快速處理來自 Event Hub 和 IoT Hub 佇列服務的輸入資料的方法（圖 4-1）。

串流處理

說到串流處理（stream processing），通常有兩種方法，用來處理未制限輸入資料流（或 tuple）：利用下游應用程式一次處理一個 tuple，或者建立數個小「批」（batches，由數百個或數千個 tuple 組成）並在下游應用程式處理這些「微批次」（*micro-batches*）作業。本章將會聚焦在「一次一 tuple」（tuple-at-a-time）手法，下一章再深入探討「微批次」手法。

根據本書主旨，由資料分析管線處理的串流資料來源，不是 Event Hub 就是 IoT Hub。如果考量 IoT Hub 的服務端（即取用和處理遙測資料的對象），這些選項會進一步整合，指向相容 Event Hub 的端點。換句話說，無論你是透過 Event Hub 或 IoT Hub 採集資料，最後都會從 Event Hub 提取訊息，再進行後續處理（參見圖 4-2）。

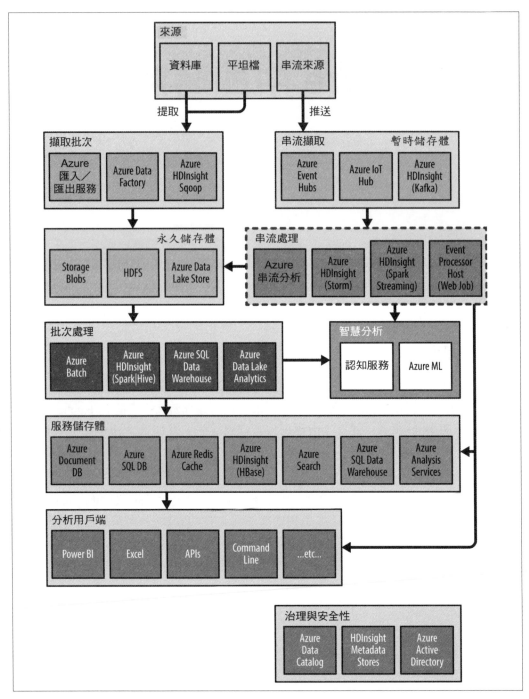

圖 4-1 本章聚焦討論以「一次一 tuple」方式處理資料的串流處理。

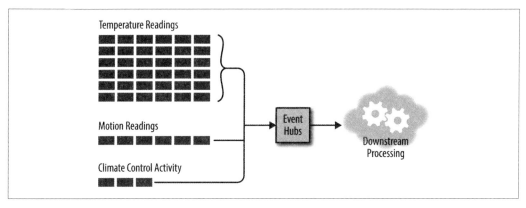

圖 4-2 綜觀 Event Hub 的資料擷取端和資料取用端。

從 Event Hub 取用訊息

先前介紹了 Event Hub 如何將資料從用戶端上載到 Event Hub 分割區。本章將著重介紹從 Event Hub 分割區中提取事件資料的路徑：事件取用者（consumer）應用程式。支援 .NET SDK、Java 和 Node.js 等程式語言的 SDK 可以佈建取用者，但是，並非所有 SDK 都同時支援傳送資料到 Event Hub，以及從 Event Hub 接收資料兩件事。例如 C 語言的 Azure Event Hub 用戶端，它旨在幫助嵌入式裝置將資料傳輸到 Event Hub（而不是讓這些裝置取用 Event Hub 事件）。

無論取用者採用何種實作方法（implementation），都存在一些共通概念。我們將於本文討論，並在範例實施中展示 SDK 細節。

取用者（也稱為接收者）從一個 Event Hub 內的單一分割區中提取事件。因此，具有四個分割區的 Event Hub 將會有四個取用者——每一個取用者使用一個分割區。取用者透過 AMQP 通訊協定與 Event Hub 進行通訊，而被檢索的負載內容（payload）就是一個 EventData 執行個體（同時具有事件屬性和二進制序列化本文）。

從每個 Event Hub 分割區接收訊息的取用者邏輯群組稱為**取用者群組**。一個取用者群組即代表一個下游處理應用程式，該應用程式由多個平行處理（parallel processes）組成，取用並處理來自分割區的訊息。所有取用者都必須屬於取用者群體組，取用者群組還限制多個取用者對給定分割區的並行存取，這項限制符合大多數應用程式需求，因為兩個取用者可能意味著資料被冗餘處理，且可能產生意想不到的負面後果。

建立取用者群組

預設情況下，每個 Event Hub 都有一個名為 $Default 的取用者群組。可以從 Azure 入口網站建立取用者群組。在 Management Portal 中定位已部署的 Event Hub，然後點擊「建立新取用者群組」。取用者群組唯一能夠允許的配置為字串名稱。想查看 Event Hub 的取用者群組列表，請從命名空間視圖中定位 Event Hub，然後點擊「取用者群組」分頁。

在需要多個處理（multiple processes）取用同一分割區內事件的情況下，有兩種選項。首先，考量平行處理是否應屬於新的取用者群體。Event Hub 有一個允許建立多達 20 個取用者群組的軟性限制。其次，如果平行處理在單個取用者群組的情境中具有意義，那麼 Event Hub 可允許在同一個取用者群組內出現最多五個這樣的平行處理，以便從單個分割區同時處理事件。

在事件取用者方面，Event Hub 不同於傳統佇列的運作模式。在傳統的佇列中，通常會採取「**競爭取用者**」模式。之所以會被稱為「競爭取用者」，因為每個訊息取用者，實際上都是與位於同一佇列，瞄準下一條訊息的所有其他取用者進行競爭：獲得訊息的第一個取用者獲勝，而其他取用者不會獲得該訊息（圖 4-3）。

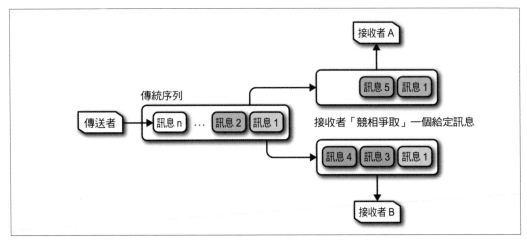

圖 4-3 兩個取用者以競爭模式從佇列前端提取訊息，取用者 A 與取用者 B 永遠不會獲取相同訊息。

相比之下，你可以將 Event Hub（或更確切地說，Event Hub 執行個體中的分割區）的運作模式理解為採取「多取用者」（或廣播）模式，每一個取用者都可以接收所有訊息（圖 4-4）。

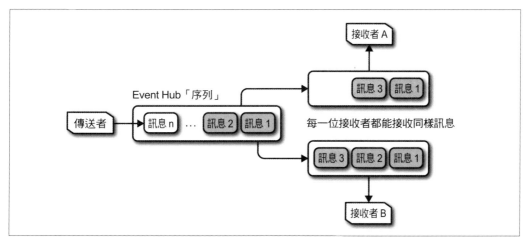

圖 4-4　兩個 Event Hub 取用者從佇列前端提取訊息的示例，其中取用者 A 接收到的訊息，取用者 B同樣可以接收。

兩種從佇列前端提取資料模式之間的關鍵差異在於狀態管理。在競爭取用者模式中，佇列系統本身會追蹤每條訊息的交付狀態。在 Event Hub 中，則沒有上述追蹤設計，因此每個訊息取用者的責任就是透過佇列管理進度狀態。

那麼取用者所管理的這個狀態是什麼呢？該狀態可以總結成在**檢查點**過程的位元組位移量和訊息序列號碼。如果將分割區的底層儲存當作一份檔案，則你可以將位元組位移量視為描述檔案中特定位置的一種方式。在位元組位移量之前的所有內容，表示已經取用的訊息，而位元組位移量之後的任何內容，則代表等待取用的訊息。序列號碼的作用也相似，不過它不是以位元組為單位測量位移量，而是基於訊息位置的序數（所以假如序列號碼為 10，表示你已經取用 10 條訊息，同時下一條訊息則被標記為第 11 條）。隨著訊息逐步新增到分割區，位元組位移量和序列號碼都會增加。

取用者檢查點可以查核在序列號碼與某種形式的永久儲存（如 Azure Blob 儲存體或 Apache Zookeeper）的位元組位移量，如此一來，可以啟動新的取用者執行個體，並在取用者處理過程因失敗而中斷時，從檢查點位置恢復處理。

將此狀態管理任務外包給取用者的關鍵副作用是，訊息經處理後，不再從佇列中刪除（如競爭取用者模式）。取而代之的作法是，Event Hub 佇列的訊息保留期為 1 到 7 天，並在保留期限到期後汰換刪除過早訊息。因此，每個分割區都會紀錄起始序列號碼，以及代表當前可用事件範圍的終點序列號碼。你可以使用 SDK 或諸如服務匯流排總管（*http://bit.ly/servicebusexplorer*）等工具查看這些數值，如圖 4-5 所示。

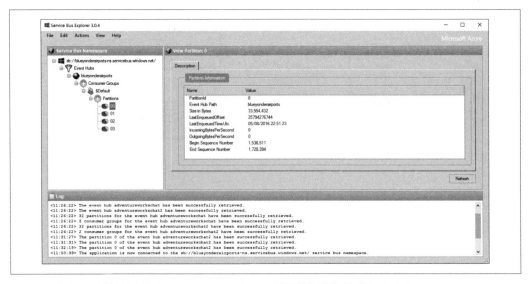

圖 4-5　服務匯流排總管介面顯示 Event Hub 中一分割區的起始與終點序列號碼。

當取用者處理分割區的事件時，它們通常會選擇指定位元組位移量，或是起始日期／時間。它們可以在訊息保留期限內的事件流中選定任何位置，開始取用訊息。

取用者群組管理著一個最終數值，這與取用者應用程式的版本控制息息相關：即 *epoch*。在給定的分割區，epoch 表示取用者的數字「版本」或「階段」，確保只有最新版本可提取事件。當啟動版本數值更高的取用者時，數值更低的取用者則無法提起訊息。

當然，你也可以建立沒有 epoch 限制的取用者，在這種情況下就強制執行 epoch，但此時每個分割區內則限制最多同時只能有五位取用者。通常，在建立取用者時會提供 epoch 值（同時可以說明位移量變化）。

表 4-1 總結出適用 Event Hub 取用者的輸出限制。

表 4-1 Event Hub 的輸出限額與限制

專案	Limits
取用者群組	每個 Event Hub 最多可以有 20 個取用者群組。
每分割區取用者數量	同時建立取用者與 epoch 值時，每一分割區內每一取用者群組最多可有一位取用者；只單獨建立取用者的情況下，每一分割區內每一取用者群組最多可有五位取用者。
輸出量	每 TU 2MB ／秒，對每秒事件數料則無限制。

我們將會展示許多活用前述概念、從 Event Hub 中取用訊息的用戶端範例。許多 SDK 將這些細節精簡化，讓取用者應用程式更容易實施，但你依舊必須掌握這些重要概念。

一次一 tuple 處理法

本章聚焦說明一次一 tuple 處理法（tuple-at-a-time），包括 Storm on HDInsight（Java 和 .Net），以及 Event Processor Host API（.NET）。

HDInsight

HDInsight 以託管服務的形式提供 Hadoop 生態系統組件。讓使用者不必分神苦惱於以下龐大工程：建立、配置和部署一個虛擬機器，以便建立叢集、使其運行，並新增或刪除節點以進行擴展。HDInsight 利用 Hortonworks 資料平台（HDP）提供一致的 Hadoop 生態系統組件，每個組件的版本都經過測試，保證共同運作的協調性。HDInsight 允許開發者為主要組件（如 Apache Spark、Apache Storm、Apache HBase、Apache Hive、Apache Pig 以及 Apache Hadoop）配置叢集。

HDInsight Hadoop 元件

有關每個 HDInsight 版本中所有可用的 Hadoop 生態系統組件的完整列表及版本，請參閱 Microsoft Azure 文件（*http://bit.ly/2nSoIUi*）。

Storm on HDInsight

借助便利的 HDInsight，開發者可以輕鬆配置運行 Apache Storm 的叢集，而使用 Microsoft 的工具可以透過 Azure 入口網站和 Visual Studio 輕鬆管理 Storm。

Apache Storm 提供一個可擴展且容錯的平台，方便應用程式在該平台上進行即時資料處理。從物理視圖來看，Storm 應用程式永遠運作在具有不同任務的節點叢集之間。Zookeeper 節點運行 Apache Zookeeper，其作用為維護狀態。監督節點運行工作進度，進而產生稱為「執行器（executer）」的執行個體。這些執行器提供計算週期來運行任務，這些任務是包含處理邏輯的 Storm 組件執行個體。Nimbus 節點可以監控監督節點及其正在運行的任務，並在出現故障時重新啟動它們。

從邏輯的角度來看，實際上我們所實施的是一個 Storm 應用程式，透過定義拓撲（topology）而建立。拓撲結構描述出一個有向非循環圖（directed acyclic graph），表示不允許循環。

Storm 將輸入資料視為連續資料流，其中資料流中的每個資料被稱為 tuple（tuple）。在該圖中，資料流的入口點被稱為 Spout 元件，負責取用輸入資料流，例如從檔案系統或佇列中讀取資料，並發送 tuple 以供下游處理。Bolt 元件接收來自 Spout 的 tuple 流，一次處理一個 tuple，或者透過另一層 bolt 發送這些 tuple，以供進一步處理，或完成處理流程（例如將結果寫入資料儲存區）。

資料流分組決定 tuple 分配給下游 bolt 的方式。對於給定的下游 bolt，資料流群組透過名稱辨識資料來源和父組件（parent component，spout 或 bolt），並指示 tuple 應該如何分佈於 bolt 執行個體中。這些資料流分組包括：

隨機分組（Shuffle grouping）
> 在所有 bolt 任務中隨機分配 tuple。

無分組（None grouping）
> 作用和隨機群組相同。

局部或隨機分組（Local or shuffle grouping）
> 如果目標 bolt 與來源任務共同分享同一項工作過程，則該 bolt 任務即為接收 tuple 的首選。否則，tuple 將隨機分配給其中一個任務（如隨機分組）。這個想法的出發點是為了將 tuple 維持在相同的工作過程中，避免發生過程間傳輸或網路傳輸。

欄位分組（Fields grouping）
> 對資料流進行分割，將具有相同值的 tuple 欄位分配給同一個 bolt 任務。

部分關鍵分組（Partial key grouping）
> 與欄位分組執行相同的分組模式，但是對任何給定群組來說，不會只有單一個 bolt 任務，而是永遠有兩個 bolt 任務分佈在 tuple 之間。

全部分組（*All grouping*）

　　將 tuple 廣播給所有 bolt 任務。

直接分組（*Direct grouping*）

　　tuple 的生產者直接指定由哪一個 bolt 接收該 tuple。

總體分組（*Global grouping*）

　　與全部群組相反，它代表所有上游 tuple 都應該流向同一個 bolt 任務。

Storm 具備事先建立好的 spout 元件，可以從 Azure Event Hub、Apache Kafka 和 RabbitMQ 等佇列系統中取用訊息。同時包含能夠寫入檔案系統（如 HDFS）以及與資料儲存體（如 Hive、HBase、Redis 和可透過 JDBC 存取的資料庫）進行互動的 bolt 元件。

當 tuple 流經拓撲描述的有向非循環圖時，可以利用 Storm 追蹤 tuple 進度。Storm 提供三種不同程度的訊息處理保證：

無保證

　　不是所有情況都需要保證 tuple 不會遺失或成功處理。

保證至少處理一次

　　確保處理任何給定的 tuple，即使這代表它可能因為先前處理失敗而必須多次處理。

保證只處理一次

　　確保在拓撲中運行的任何 tuple 都可以透過拓撲完成處理，確保遇到處理失敗情況時，無需重新處理的靈活性。

關於本節的一次一 tuple 處理法，將著眼於「保證至少處理一次」tuple 的拓撲。

先簡單說明一下 Storm 如何提供至少一次保證。假設我們將一個 tuple 輸入到拓撲。Storm 在拓撲的每個步驟中都會紀錄該 tuple 的成功或失敗狀態。Storm 要求接收 tuple 的每個 spout 或 bolt 元件做到以下兩件事：它必須確認該 tuple 已經成功處理（或徹底失敗），而且，當該元件發出一個新 tuple 時，它必須將新 tuple「定錨」到原始 tuple 的位置上。透過這個定錨技術，將所有衍生 tuple 與源生自 Spout 的原始 tuple 連結在一起，Storm 就能為由拓撲處理的 tuple 建立譜系。有了這個元祖譜系，Storm 可以計算出一個給定的輸入 tuple 是否已經經由所有元件處理完成。它還可以在時間視窗檢查 tuple 有無經所有元件處理，從而判斷 tuple 是否無法處理，如果沒有完成處理，則可重新嘗試。

應用 Storm 到 BYA 案例

為了理解如何在 Storm 中運用「一次處理一個 tuple」技術，我們試著將它應用到 Blue Yonder 案例中。有關登機門周邊的環境溫度，BYA 希望一天之中的溫度能夠保持在變化不大的範圍內。如果溫度超出範圍，即代表恆溫器故障或者登機門有問題。他們希望系統透過提出警示，引來管理人員關注。整體 Storm 拓撲結構如圖 4-6 所示。

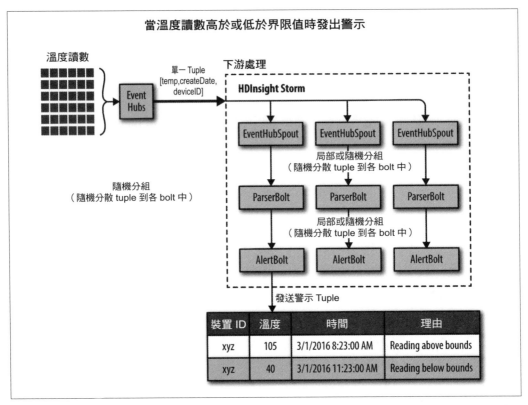

圖 4-6　使用 Storm 處理來自 Event Hub 的 tuple，以「一次處理一個 tuple」的方式，針對例外情況提出警示。

我們將溫度遙測資料收集到 Event Hub（或 IoT Hub）中。HDInsight 運行 Storm 拓撲結構，從 Event Hub 讀取 tuple。對於 Event Hub 中存在的每個分割區，以 EventHubSpout 執行個體作為表示。EventHubSpout 同時透過 Event Hub 分割區檢查處理進度，在 Zookeeper 中維護此狀態。此設定讓拓撲可以重新啟動（例如，當監督節點處理失敗時），並且在 EventHubSpout 中斷的地方讀取要恢復的事件。拓撲結構使用

LocalOrShuffleGrouping 將 EventHubSpout 接收的 tuple 隨機分配到 ParserBolt 執行個體中，讓 tuple 發送到與 EventHubSpout 擁有相同工作者內的 ParserBolt 執行個體。這項作法免除了獨立工作者進度之間的網路傳輸，可以顯著提高拓撲輸送量。如果沒有可用的本機 ParserBolt，則 LocalOrShuffleGrouping 將該 tuple 發送到隨機 ParserBolt 中。

ParserBolt 將遙測字串反序列化，並解析其包含的 JSON。如果 tuple 對象具有溫度欄位，則 ParserBolt 會發送一個新的 tuple（由三個欄位組成：溫度、建立日期和裝置 ID），以供 AlertBolt 進行下游處理。如果遙測字串缺少溫度欄位，則在運算邏輯上則假定該遙測字串不是溫度資料，也就不會發送 tuple——有效地忽略遙測輸入值。

AlertBolt 接收 tuple，並檢查溫度欄位的數值大於或小於配置值。不管結果是大於或小於，它會發送一個包含原始三個欄位的新 tuple，以及一個提供發出此警示 tuple 原因的新欄位。相反地，如果 tuple 數值仍在範圍內，就不會發送新 tuple。

此處假設為新發送的警示 tuple 可以被下游元件處理，比如將它儲存在一個資料倉儲中，或者是引動一個 API。我們將在後文演示如何取用警示。

使用 Storm 警示（Java + Linux 叢集）

Storm 拓撲可以透過兩種方式在 HDInsight 上實施：以 Java 語言實施，運行在 Windows 或 Linux HDInsight 叢集上，或者以 C# 語言實施，運行於 Windows HDInsight 叢集中。

本節將探索在 Java 語言中如何實作 Storm，並運行於 Linux HDInsight 叢集。

開發環境設置：有許多適用 Java 的整合開發環境（IDE）選項，我們在此選擇 IntelliJ IDEA。如果你尚不熟悉 Java 開發，這將是一個簡單從零到百分之六十完成度的好選擇，幫助你快速上手 Storm。如果你是 Java 高手，別客氣，請隨意將以下內容修改成你慣用的 IDE。

根據本文目的，你只需要 IntelliJ IDEA Community Edition，根據你所使用的平台系統（Windows、macOS 和 Linux）從 *https://www.jetbrains.com/idea/#chooseYourEdition* 下載。

下載安裝程式，使用預設設置完成安裝後，即可開始使用。接著，下載並開啟 IntelliJ IDEA 中的 Blue Yonder 機場範例。

你可以從 *http://bit.ly/2beutHQ* 下載 Storm 範例。

下載內容包含警示拓撲範例，而且在 IntelliJ IDEA 中開啟時，會自動下載所有相依項目，包括 Storm。

下載範例後，開啟 IntelliJ IDEA 並參考下列步驟：

1. 選擇「檔案」→「開啟」。

2. 在「開啟檔案或項目」對話視窗中，找到包含範例的資料夾，並選擇該資料夾。

3. 點擊「確定」。

4. 根據系統提示，匯入相依項目。

在專案樹狀圖中，展開「source」→「main」→「java」→「net.solliance.storm」。應該會看到分別定義拓撲、剖析器 bolt 和警示 bolt 的三個類別，如圖 4-7 所示。

圖 4-7 建立警示功能的三個類別。

接下來，展開「source」→「main」→「resources」。該資料夾包含 *config.properties* 檔案，該檔案保存連接到先前建立的 Event Hub 執行個體的配置（圖 4-8）。

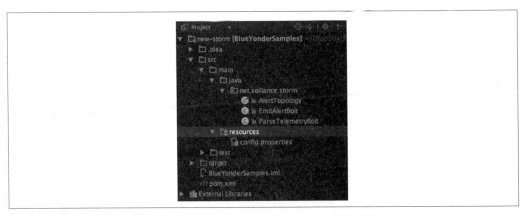

圖 4-8 config.properties 檔案保存 Event Hub 執行個體的連接設置資訊。

開啟 *config.properties*，並指定以下設置（範例 4-1）：

eventhubspout.username

具有 Event Hub 讀取權限的規則名稱。

eventhubspout.password

該規則的金鑰密碼。

eventhubspout.namespace

包含 Event Hub 執行個體的服務匯流排名稱。

eventhubspout.entitypath

Event Hub 執行個體的名稱。

eventhubspout.partitions.count

Event Hub 執行個體內的分割區數量。

範例 4-1 config.properties 內的 Event Hub Spout 範例配置

```
eventhubspout.username = reader

eventhubspout.password = zotQvVFyStprcSe4LZ8Spp3umStfwC9ejvpVSoJFLlU=

eventhubspout.namespace = blueyonderairports-ns

eventhubspout.entitypath = blueyonderairports

eventhubspout.partitions.count = 4
```

其他相關設置應該已有適當預設設定，如果想了解其他可供調整的設置，可以查看檔案中的註釋。

現在，準備建置這個 Storm 專案，你將會使用 Maven 進行建置和封裝。Maven 是一個專案建置管理器，可用來管理相依項目並為 Storm 專案定義建置步驟。Maven 的核心是專案對象模型（Project Object Model），這是一個 XML 檔案，其中描述了專案結構、儲存庫（從中獲取相依項目）、相依項目本身，以及在建置過程中所需的任何組件。你可以在專案目錄的樹狀圖中查看 *pom.xml* 檔案（如圖 4-9）。

圖 4-9 配置相依項目和專案設定的 *pom.xml* 檔案。

IntelliJ IDEA 提供一個可以執行建置步驟的視窗。若要查看此視窗,請選擇「檢視」→「工具視窗」→「Maven 專案」。如圖 4-10 所示。

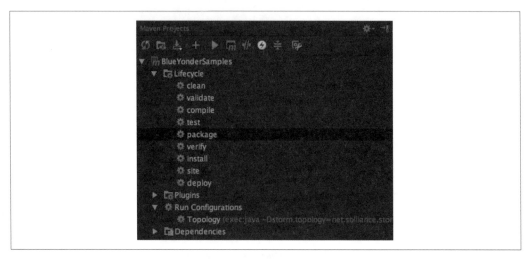

圖 4-10 「Maven 專案」視窗,顯示可以執行於專案的動作。

雙擊「編譯」建置專案,確認沒有任何建置錯誤(如果發生錯誤,將出現在 IntelliJ IDEA 底部視窗中)。

實施拓撲:在我們開始運行拓撲之前,先了解一下如何實施。我們將依序研究頂層結構、拓撲結構,再來是 spout 元件和 bolt 元件。

開啟 *AlertTopology.java* 後,應該會發現 AlertTopology 類別由一個靜態的 main 方法、一個空白的構造器和一些受保護的輔助功能所組成。這個類別可將拓撲所需的 bolt 與 spout 元件執行個體化,並將它們連接成一個有向非循環圖。main 方法將一個字串陣列

（array）視為唯一的輸入參數，其中包含使用 Storm 命令行用戶端啟動拓撲的所有命令行參數。運行拓撲時，首先引動這個 main 方法。

```
public static void main(String[] args) throws Exception {
    AlertTopology scenario = new AlertTopology();

    String topologyName;
    String configPropertiesPath;
    if (args != null && args.length >0){
        topologyName = args[0];
        configPropertiesPath = args[1];
    }
    else
    {
        topologyName = "AlertTopology";
        configPropertiesPath = null;
    }


    scenario.loadAndApplyConfig(configPropertiesPath, topologyName);
    StormTopology topology = scenario.buildTopology();
    scenario.submitTopology(args, topology);
}
```

main 方法的實施遵照典型 Storm 拓撲模式：加載配置屬性、建置拓撲，並提交拓撲開始運行。

詳細檢視每一個步驟，從加載配置屬性開始。在 AlertTopology.loadAndApplyConfig 中有以下內容：

```
protected void loadAndApplyConfig(String configFilePath, String topologyName)
  throws Exception {

    Properties properties = loadConfigurationProperties(configFilePath);

    String username = properties.getProperty("eventhubspout.username");
    String password = properties.getProperty("eventhubspout.password");
    String namespaceName = properties.getProperty("eventhubspout.namespace");
    String entityPath = properties.getProperty("eventhubspout.entitypath");
    String targetFqnAddress =
      properties.getProperty("eventhubspout.targetfqnaddress");
    String zkEndpointAddress =
      properties.getProperty("zookeeper.connectionstring");
    int partitionCount =
      Integer.parseInt(properties.getProperty("eventhubspout.partitions.count"));
    int checkpointIntervalInSeconds =
```

```
  Integer.parseInt(properties.getProperty("eventhubspout.checkpoint.interval"));
int receiverCredits =
  Integer.parseInt(properties.getProperty("eventhub.receiver.credits"));
String maxPendingMsgsPerPartitionStr =
  properties.getProperty("eventhubspout.max.pending.messages.per.partition");
if(maxPendingMsgsPerPartitionStr == null) {
    maxPendingMsgsPerPartitionStr = "1024";
}
int maxPendingMsgsPerPartition =
  Integer.parseInt(maxPendingMsgsPerPartitionStr);
String enqueueTimeDiffStr =
  properties.getProperty("eventhub.receiver.filter.timediff");
if(enqueueTimeDiffStr == null) {
    enqueueTimeDiffStr = "0";
}
int enqueueTimeDiff = Integer.parseInt(enqueueTimeDiffStr);
long enqueueTimeFilter = 0;
if(enqueueTimeDiff != 0) {
    enqueueTimeFilter = System.currentTimeMillis() - enqueueTimeDiff*1000;
}
String consumerGroupName =
  properties.getProperty("eventhubspout.consumer.group.name");

System.out.println("Eventhub spout config: ");
System.out.println(" partition count: " + partitionCount);
System.out.println(" checkpoint interval: " + checkpointIntervalInSeconds);
System.out.println(" receiver credits: " + receiverCredits);

spoutConfig = new EventHubSpoutConfig(username, password,
        namespaceName, entityPath, partitionCount, zkEndpointAddress,
        checkpointIntervalInSeconds, receiverCredits,
        maxPendingMsgsPerPartition,
        enqueueTimeFilter);

if(targetFqnAddress != null)
{
    spoutConfig.setTargetAddress(targetFqnAddress);
}
spoutConfig.setConsumerGroupName(consumerGroupName);

//set the number of workers to be the same as partition number.
//the idea is to have a spout and a partial count bolt co-exist in one
//worker to avoid shuffling messages across workers in storm cluster.

numWorkers = spoutConfig.getPartitionCount();
```

```
        spoutConfig.setTopologyName(topologyName);

        minAlertTemp = Double.parseDouble(properties.getProperty("alerts.mintemp"));
        maxAlertTemp = Double.parseDouble(properties.getProperty("alerts.maxtemp"));
    }
```

如上所示，此方法的要點是利用屬性集合從 *config.properties* 檔案中檢索字串屬性，並將結果儲存在方法局部變量或總體執行個體變量中。請特別注意 `spoutConfig` 變量，這是一項總體變量。`EventHubSpoutConfig` 執行個體代表 `EventHubSpout` 從 Event Hub 檢索事件所需要的所有設置。另一項值得關注的是 `numWorkers` 執行個體。在 Storm 中，工作者（workers）代表運行於執行器內的執行個體。這個設置將在建置拓撲時進行使用。最後兩行程式碼加載溫度資料，當溫度低於設定值應引發警示（`minAlertTemp`），當溫度高於設定值亦引發警示（`maxAlertTemp`）。

在 `loadAndApplyConfig` 初始時引動的 `loadConfigurationProperties` 方法，負責執行屬性集合的實際內容加載——從 *config.properties* 檔案提取數值，或將加載內容預設為副本，當作嵌入資源（在除錯器中運行拓撲結構將會需要此副本）。

```
    protected Properties loadConfigurationProperties(String configFilePath)
      throws Exception{
        Properties properties = new Properties();
        if(configFilePath != null) {
            properties.load(new FileReader(configFilePath));
        }
        else {
            properties.load(AlertTopology.class.getClassLoader().getResourceAsStream(
                    "config.properties"));
        }
        return properties;
    }
```

從 main 調用的下一個方法是 buildTopology。此方法建立一個 `EventHubSpout` 執行個體，傳入先前建立的 `spoutConfig`。然後使用 `TopologyBuilder` 執行個體，綁定每個拓撲元件。

調用 `builder.setSpout` 的重點在於如何新增拓撲的 spout。第一個參數提供 spout 名稱（以及它所發送的 tuple 流的名稱），第二個參數提供 spout 執行個體，而第三個參數設置初始平行處理原則（parallelism），配置分配給 spout 的執行個體（executer threads）的初始數量，為 Event Hub 的每個分割區提供一個可用的執行個體。

任務執行個體的數量由對 setNumTasks 的鏈接調用所決定。調用 setNumTasks 的值也一併決定了分割區數量。初始平行處理原則和任務數量確保於拓撲運行時，在 Event Hub 中每一個分割區中永遠會有一個 EventHubSpout 執行個體處於運行狀態。

再更進一步說明這個概念。儘管平行處理原則決定分配給 spout 的執行個體數量，但任務數量更決定了在拓撲中運行的 spout 執行個體數量。如果任務數量等於平行處理原則所決定的執行個體數量，好比下面這個例子，若你有四個任務且平行處理原則為 4，則每個 spout 將在各自的執行個體上運行。如果任務數量大於平行處理原則，可以在執行個體上將任務量「翻倍」，如此一來，每個執行個體將會運行多個 spout 執行個體。當涉及從 Event Hub 取用事件時，達到最高輸送量的最佳作法是，讓取用執行個體專注於一個可從單一分割區檢索訊息而不會遇到傳輸中斷的 spout 執行個體上。

```java
protected StormTopology buildTopology() {
    TopologyBuilder builder = new TopologyBuilder();

    EventHubSpout eventHubSpout = new EventHubSpout(spoutConfig);

    builder.setSpout("EventHubSpout",
      eventHubSpout, spoutConfig.getPartitionCount())
            .setNumTasks(spoutConfig.getPartitionCount());

    builder.setBolt("ParseTelemetryBolt",
      new ParseTelemetryBolt(), 4).localOrShuffleGrouping("EventHubSpout")
            .setNumTasks(spoutConfig.getPartitionCount());

    builder.setBolt("EmitAlertBolt",
      new EmitAlertBolt(minAlertTemp, maxAlertTemp), 4).localOrShuffleGrouping(
      "ParseTelemetryBolt")
            .setNumTasks(spoutConfig.getPartitionCount());

    return builder.createTopology();
}
```

下一行則是 builder.setBolt 的首次調用。就像之前一樣，先配置任務數量和平行處理原則，此時並沒有要求一開始即擁有越多越好的執行個體，因此我們可以不需要將該值設定得與分割區數量一致。這一行建立的是 ParseTelemetryBolt 執行個體。

配置 ParseTelemetryBolt，讓它從 EventHubSpout 獲取其輸入 tuple，必須在 localOrShuffleGrouping 鏈接方法中透過名稱引用後者。localOrShuffleGrouping 將挑選 bolt 執行個體的過程最佳化，bolt 會從 spout 執行個體接收 tuple。如果 spout 和 bolt 執行個體運行於同一個工作進度中，則此 localOrShuffleGrouping 更傾向於使用 bolt 執行個體，而不是運行於其他工作進度內的其他任何執行個體。這個做法免除了必須透過網路發送 tuple 到遠端 bolt 的必要性。但是，如果沒有可用的本機 bolt，則 tuple 將被發送到隨機選擇的 bolt。

對 builder.setBolt 的最終調用，將會建立一個 EmitAlertBolt 執行個體，該執行個體在從內部構造器接收用來控制警示 tuple 範圍的最大值和最小值。EmitAlertBolt 從 ParseTelemetryBolt 接收輸入 tuple，同樣採取 localOrShuffleGrouping 分群法。

最後一行建立了拓撲執行個體，可以將它提交到 Storm 執行。此執行發生在 main 的最後一行，它調用 scenario.submitTopology，將其傳遞給任何命令行參數和拓撲執行個體。submitTopology 的實施如下：

```
protected void submitTopology(String[] args, StormTopology topology)
  throws Exception {
    Config config = new Config();
    config.setDebug(false);

    if (args != null && args.length > 0) {
        StormSubmitter.submitTopology(args[0], config, topology);
    } else {
        config.setMaxTaskParallelism(2);

        LocalCluster localCluster = new LocalCluster();
        localCluster.submitTopology("test", config, topology);
        Thread.sleep(600000);
        localCluster.shutdown();
    }
}
```

submitTopology 方法的目標是支持另一種常見的 Storm 模式——在本機或 Storm 叢集上運行拓撲。建立一個 Config 執行個體，包含 Storm 在運行拓撲時將使用的設置。接下來，我們將 false 傳遞給 config.setDebug 的調用，以最小化日誌記錄（設置為 true 意味著 Storm 每次收到或發送 tuple 時都會記錄詳細資訊）。之後，檢驗命令行參數的 args 陣列。如果具備命令行參數，按照慣例，我們會想在 Storm 叢集上運行它。利用 Storm 類別的 submitTopology 方法，向它傳遞第一個參數（拓撲名稱）、Config 執行個體和拓撲。如果我們沒有任何參數，則建立一個 LocalCluster 執行個體，調用 submitTopology，並在 Thread.sleep 中等待 10 分鐘（600,000 毫秒），然後自動關閉本機叢集（如果沒有休眠調用，叢集會在拓撲開始運行之前關閉）。

由於我們處理的是來自 Event Hub 的遙測，所以不需要為此實施一個 spout。EventHubsSpout 是 Storm libraries 的核心內容。在此，我們直接探討如何實作 bolt。

我們來看看 ParseTelemetryBolt。回顧前文，這個 bolt 的目標是取用輸入 tuple（包含以 JSON 序列化字串形式的遙測資料），並將其轉變成包含所有屬性（溫度、建立日期和裝置 ID）欄位的 tuple。該類別置換了 BaseBasicBolt 的兩個關鍵方法：execute 和 declareOutputFields。

在 bolt 開始執行之前調用 declareOutputFields 方法，目的是指出發送 tuple 的欄位名稱。可以把 declareOutputFields 方法當作一種不明確描述字斷類型，只指定欄位名稱，公告 bolt 輸出模式的宣告。在我們的例子中，所輸出的 bolt 是一個包含三個欄位的 tuple：temp、createDate 和 deviceId。

每當有一個 tuple 需要透過 bolt 處理時，由 Storm 調用 execute 方法。在此方法完成處理後，利用收集器參數發送 bolt。在實施中，使用 Jackson library 將 JSON 字串剖析為一個物件，檢查它是包含臨時欄位。如果有，則假設這是一個溫度讀數 tuple（相對於動作感測器或 HVAC 讀數），並利用 Values 類別建立一個新 tuple，將每個欄位的值按照與欄位相同順序傳遞給它的構造器，以 declareOutputFields 作為宣告。最後，透過調用 collector.emit 發送 tuple 以供下游 bolt 處理。

請留意這個類別擴展了 BaseBasicBolt。這個類別的用處在於，當完整無誤地使用 execute 方法成功處理 tuple 後，讓 Storm 自動確認「tuple 被成功處理」這件事。

```java
public class ParseTelemetryBolt extends BaseBasicBolt{

    private static final long serialVersionUID = 1L;

    public void execute(Tuple input, BasicOutputCollector collector) {

        String value = input.getString(0);
        ObjectMapper mapper = new ObjectMapper();
        try {
            JsonNode telemetryObj = mapper.readTree(value);

            if (telemetryObj.has("temp")) //assume must be a temperature reading
            {
                Values values = new Values(
                        telemetryObj.get("temp").asDouble(),
                        telemetryObj.get("createDate").asText(),
                        telemetryObj.get("deviceId").asText()
                );

                collector.emit(values);
            }
        } catch (IOException e) {
```

```
            System.out.println(e.getMessage());
        }
    }

    public void declareOutputFields(OutputFieldsDeclarer declarer) {
        declarer.declare(new Fields("temp","createDate", "deviceId"));
    }
}
```

現在我們把注意力轉到 EmitAlertbolt 的實施。基本上與之前的實施模式相同的。在這種情況下，除了溫度 tuple 中的欄位之外，在輸出 tuple 模式的宣告中還有一個額外欄位，也就是 Reason。在 execute 方法中，檢驗從傳入 tuple 接收的溫度數值，如果超出臨界值，則發送一個紀錄讀取數值及原因的新 tuple。

```
public class EmitAlertBolt extends BaseBasicBolt{

    private static final long serialVersionUID = 1L;

    protected double minAlertTemp;
    protected double maxAlertTemp;

    public EmitAlertBolt(double minTemp, double maxTemp) {
        minAlertTemp = minTemp;
        maxAlertTemp = maxTemp;
    }

    public void execute(Tuple input, BasicOutputCollector collector) {

        double tempReading = input.getDouble(0);
        String createDate = input.getString(1);
        String deviceId = input.getString(2);

        if (tempReading > maxAlertTemp )
        {

            collector.emit(new Values (
                    "reading above bounds",
                    tempReading,
                    createDate,
                    deviceId
            ));
            System.out.println("Emitting above bounds: " + tempReading);
        } else if (tempReading < minAlertTemp)
        {
            collector.emit(new Values (
                    "reading below bounds",
```

```
                tempReading,
                createDate,
                deviceId
        ));
        System.out.println("Emitting below bounds: " + tempReading);
    }
}

public void declareOutputFields(OutputFieldsDeclarer declarer) {
    declarer.declare(new Fields("reason","temp","createDate", "deviceId"));
}
}
```

瀏覽過建置 Storm 專案的程式碼後，我們可以著手使用 IntelliJ IDEA 在本機電腦運行拓撲。以下將演示兩種方法：（1）在沒有除錯器的情況下運行拓撲，以及（2）使用除錯器運行拓撲。

想在沒有除錯器的情況下運行拓撲，請利用「Maven 專案」視窗，在「運行配置」選項之下點擊「拓撲」（圖 4-11）。

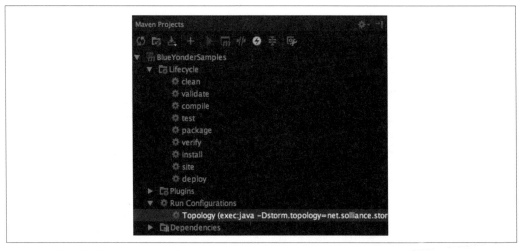

圖 4-11 點擊「拓撲」，在沒有除錯器的情況下運行拓撲。

所有診斷結果，包括由 EmitAlertBolt 產生的「超過臨界值」訊息，都將顯示在底部視窗中（圖 4-12）。

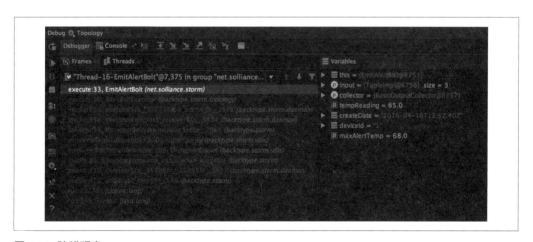

圖 4-12 在本機電腦運行拓撲時的範例輸出結果。

運行過程將會自動終止，或者自行點選輸出對話框（紅色方框）中的「停止處理」按鈕終止處理。

想要使用附加的除錯器運行拓撲──在任何斷點處暫停處理，檢查變量並逐步執行程式碼──從運行選單中選取「為拓撲除錯（Debug "Topology"）」。運行該步驟時，可以使用除錯窗口中的控制元件進入、離開程式碼，以及在遇到斷點時檢查框架、執行個體和變量（圖 4-13）。

圖 4-13 除錯視窗

這裡的範例項目已經將拓撲配置好了。不過，了解如何建置這個配置相當實用，可以將它應用到你自己的 Storm 專案中。首先在運行選單選擇「編輯配置」。

請注意樹狀圖中新增了 Maven 配置（基本上，可以透過點擊＋號並在「新增新配置」對話框中選擇 Maven 來執行此操作）。在樹狀圖中，選擇「拓撲」。此時工作目錄應該會設置為 Storm 專案目錄的根目錄。命令行會使用 Maven exec 外掛程式運行 java 命令，並透過 Dstorm.topology 參數傳遞 Storm 拓撲的完整名稱（圖 4-14）。為了運行未來可能建置的新拓撲結構，請更改這個參數，以便獲取新拓撲的類別名稱值。

圖 4-14　於本機運行拓撲的必要配置。

我們已經在本機電腦運行拓撲，現在的目標是在一個生產叢集中運行它。首先我們需要一個 Storm 叢集，建立一個在 Linux 上運行 Storm 的 HDInsight 叢集。

建立 Linux HDI 叢集：按照以下步驟來建立一個最簡單的 Storm on HDInsight 叢集。

1. 登入 Azure 入口網站（*https://portal.azure.com*）。

2. 選擇「新建」→「Intelligence + Analytics」→「HDInsight」。

3. 在新的 HDInsight 視窗上，命名叢集。

4. 選擇你的 Azure 訂用帳戶。

5. 點擊「選擇叢集組配置」。

6. 在「叢集類型」視窗中，將叢集類型設置為 Storm，運行系統設置為 Linux，版本為 Storm 0.10.0（你可以使用任何版本的 HDP，只要它使用此版本的 Storm，相容此範例），並將叢集層設定為「標準」。按下「選取」。

7. 點擊「憑證」。

8. 設置管理員登入使用者名稱和密碼，然後設置 SSH 使用者名稱和密碼，然後點擊「選取」（如圖 4-15）。

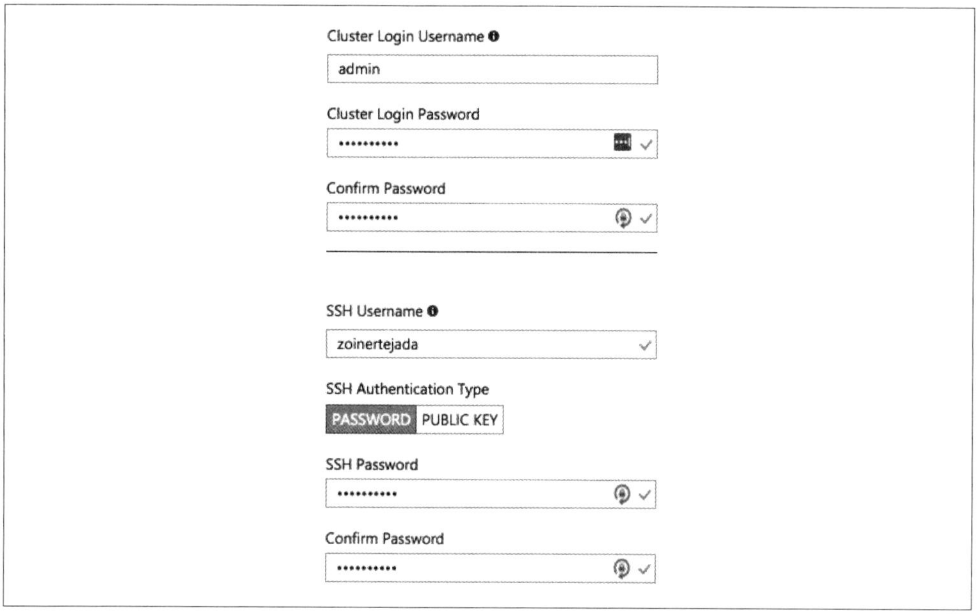

圖 4-15 授權 HDInsight 叢集。

9. 點擊「資料來源」。

10. 選取現有的 Azure 儲存帳戶或建置一個新帳戶（圖 4-16）。

11. 根據需要修改容器名稱。此容器名稱將作為 HDInsight 叢集的根資料夾。

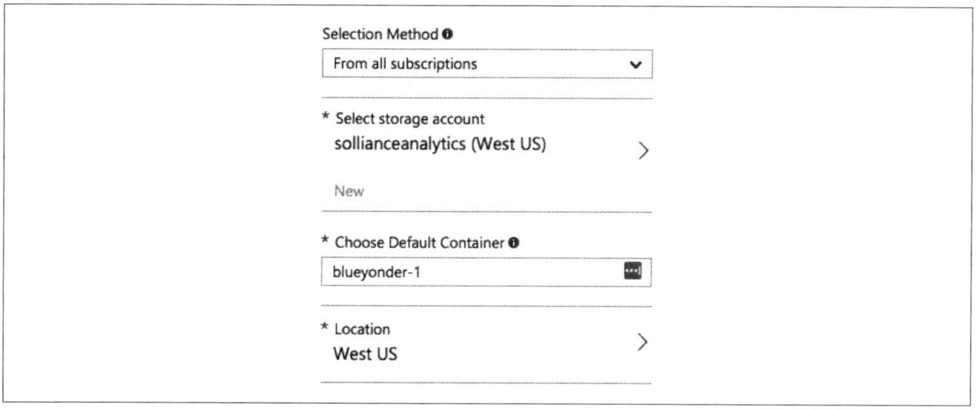

圖 4-16 設置叢集的儲存容器。

12. 選擇離你最近的區域。

13. 點擊「選取」。

14. 點擊「節點定價層級」。

15. 將監督節點的數量設定為 1（不需要更多運行樣本），如圖 4-17 所示。

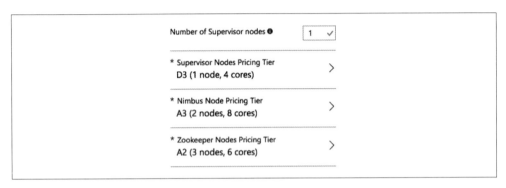

圖 4-17 配置叢集大小。

16. 點擊「Zookeeper 節點定價層級」。

17. 點擊「查看全部」。

18. 點擊 A2 並點擊「選取」將節點定價層級更改為 A2（在此範例中，你不需要更強大的 Zookeeper 主機）。

19. 點擊「節點定價層級」視窗上的「選取」。

20. 點擊「資源群組」，選取一個現有資源群組或建置一個新資源組。此時你應該完成指定所有設置（圖 4-18）。

21. 點擊「建立」開始建置 HDInsight 叢集，大約需要花費 25 分鐘。準備就緒後，請繼續閱讀下一節內容，幫助你運行拓撲。

圖 4-18 檢閱叢集配置。

在 HDInsight 上運行拓撲：想在 HDInsight 上運行拓撲，需要將拓撲及其所有相依項目（除了 Storm 之外）打包成一個超級 JAR 檔案。然後你需要使用 SCP 工具將這個 JAR 檔案及其 *config.properties* 檔案上傳到叢集的前端節點。透過 SSH 連接到叢集前端節點來運行拓撲，然後使用 Storm 用戶端運行拓撲。你可以透過由 Web 瀏覽器存取的 Storm UI 來監控與查看運行中的拓撲狀態和日誌（log）。

讓我們依序瀏覽這些步驟，首先從打包超級 JAR 檔案開始。想要佈建一個超級 JAR，請在 IntelliJ IDEA 中打開專案，使用 Maven Projects 視窗並點擊封裝節點（圖 4-19）。這個動作將會編譯此專案並建立超級 JAR 檔案，名稱以 "*-jar-with-dependencies.jar*" 結尾。

圖 4-19 使用「封裝」動作來建立超級 JAR 檔案。

接下來，使用 Secure Copy（SCP）來上傳超級 JAR 和配置檔案，在安全殼層（Secure Shell，SSH）複製檔案。大多是 Linux 發布版本中在 bash shell 中附加 SCP 功能。以 SCP 工具將任何檔案上傳到 HDInsight 前端節點的語法如下：

```
scp <localFileName> <userName>@<clusterName>-ssh.azurehdinsight.net:.
```

localFileName 是指本機檔案系統中欲上傳檔案的路徑。**userName** 代表在配置叢集時建立的 SSH 使用者名稱。**clusterName** 是指 HDInsight 叢集的名稱。這則命令語法中還有一些字符需要留意。**clusterName** 後面緊跟著一個破折號（ - ），在 **.net** 後面有一個冒號（:）及句點（.）。

運行 SCP 命令時，系統會提示輸入與 SSH 使用者名稱對應的密碼。輸入密碼後，將開始執行上傳作業。以範例來說，我們可以運行以下兩個命令來上傳超級 JAR 和 *config. properties* 檔案：

```
scp ./target/BlueYonderSamples-1.0.0-jar-with-dependencies.jar
zoinertejada@solstorm0-10-0-ssh.azurehdinsight.net:.
scp ./target/config.properties
zoinertejada@solstorm0-10-0-ssh.azurehdinsight.net:.
```

將拓撲 JAR 及配置檔案上載到前端節點後，你需要使用 Storm 用戶端運行它，透過 SSH 連線到前端節點時，該用戶端將從 bash 運行。

要透過 SSH 連線到 HDInsight 叢集的前端節點，命令語法如下：

```
ssh <userName>@<clusterName>-ssh.azurehdinsight.net
```

角括號中的參數與 SCP 命令具有相同含義。舉例來說，以下是我們以 SSH 進入叢集的內容：

```
ssh zoinertejada@solstorm0-10-0-ssh.azurehdinsight.net
```

連接時，系統會提示你輸入與 SSH 用戶名稱對應的密碼。建立 SSH 連線後，使用 Storm 用戶端，命令語法如下：

```
storm jar <uber.jar> <className> <topologyName> <…topology specific params…>
```

uber.jar 參數值是你透過 SCP 上傳的超級 JAR 檔案名稱。className 參數為定義拓撲的完整類別名稱。topologyName 是拓撲名稱，在運行 Storm 時將會顯示（即顯示在監控 UI 介面中，當想要管理拓撲時，必須輸入該名稱）。最後，每個拓撲實施可以在 topologyName 之後新增一組專屬的附加命令行參數。在我們的 AlertTopology 中，需要包含配置屬性的檔案名稱，語法如下所示：

```
storm jar BlueYonderSamples-1.0.0-jar-with-dependencies.jar
  net.solliance.storm.AlertTopology alerts config.properties
```

運行 Storm 命令將會啟動拓撲並回覆。你可以使用提供 Web 介面的 Storm UI 監控拓撲狀態。

在 Windows 運行 SSH 和 SCP

如果你在 Windows 系統上開發解決方案，將會需要下載並安裝 PuTTY Windows 用戶端以便使用 SSH，以及 PSCP 命令行用戶端來使用 SCP。有關設置 SSH 以取用 HDInsight 叢集的說明，請參閱 Microsoft Azure 文件（*http://bit.ly/2nJWXQN*）。

你可以從以下網址下載 PuTTY 和 PSCP：*http://bitly.com/XSB88p*。

想要使用 Storm UI，請開始網頁瀏覽器並導航至 *https://<clusterName>.azurehdinsight. net/stormui*。

在初次使用時，系統會提示你輸入叢集系統管理員（admin）使用者名稱和密碼。請注意，不要輸入成 SSH 使用者名稱和密碼。

輸入帳戶名稱密碼後，介面將提供有關 Storm 叢集的摘要資訊（圖 4-20）。

圖 4-20 Storm 介面中的摘要總覽。

這個視圖提供了五個面向：

Cluster Summary

介紹叢集的頂層布置（layout）、Storm 運行版本、supervisor 虛擬機器數量（Supervisors）、已部署的工作進度數量（Total slots）、已使用的工作進程數（Used slots）和未使用的工作進程數量（Free slots）、執行程式數量（Executers）以及整個叢集中的任務數量（Tasks）。

Nimbus Summary

列出所有虛擬機器節點，說明叢集中有哪些節點提供 Nimbus 主要節點（Leader）和輔助節點（Not a Leader）功能。

Topology Summary

列出目前部署到叢集的所有拓撲，無論運行中或停止運作狀態（Status），以及它們對叢集資源（Num workers、Num tasks）的取用情況。

Supervisor Summary

列出作為監督節點運行的虛擬機器節點。

Nimbus Configuration

提供僅供檢視的雨雲配置資訊。

要查看拓撲狀態，請在 Topology Summary 中點擊其名稱（圖 4-21）。

圖 4-21 Storm 介面的拓撲總覽。

拓撲總覽提供七項資訊：

拓撲摘要

顯示與頂層叢集範圍視圖相同的值。

拓撲動作（*Topology actions*）

你可以使用這些選項來「停用」（暫停）正在運行中的拓撲或「啟用」（回復）之前停用的拓撲。可以點擊「重新平衡」讓 Storm 將可用的執行程式和任務重新分配給拓撲。點擊「終止」（Kill）來終止拓撲，同時使該拓撲從 Storm UI 中移除。

拓撲統計資料（*Topology Stats*）

這些統計資料給出了在所有 spout 和 bolt（Emitted 項目）中發送出的總 tuple 數量，以及在 spout 和 bolt 之間，或 bolt 和 bolt（Transferred 項目）之間實際傳輸的 tuple 數量。這些值有些差異，比如一個 bolt 發送一個 tuple，但此時沒有下游 bolt 取用時。「Acked」表示在所有 spout 和 bolt 上成功處理的 tuple 的數量，而「Failed」表示處理失敗的數量（通常發生在 spout 或 bolt 產生異常的地方）。

spout

提供拓撲中每個 spout 的基本資訊。

bolt

提供拓撲中每個 bolt 的基本資訊。

視覺化拓撲

理論上會顯示拓撲的有向非循環圖形式，但目前這個功能在 HDInsight 中被停用。

拓撲配置

列出拓撲配置屬性列表，僅供檢視。

如果在 Spouts 列表中點擊一個 spout 的 ID，或是在 Bolts 列表中點擊一個 bolt 的 ID），隨即顯示有關所選元件的詳細資訊（圖 4-22）。

這裡還多提供了兩項有趣的補充資訊：

執行程式（*Executers*）

運行 bolt 或 spout 的執行個體。

錯誤（*Errors*）

spout 或 bolt 的所有執行個體中產生的任何運行錯誤。

圖 4-22　檢視 EmitAlertsBolt 細節。

如果想查看任何 spout 或 bolt 執行個體的日誌輸出資料，請在 Executers 列表下點擊相應的連接埠超連結。這個動作將帶開啟一個新視窗，你可以在該視窗中查看由執行程式運行的 spout 或 bolt 執行個體的詳細日誌資料（圖 4-23）。

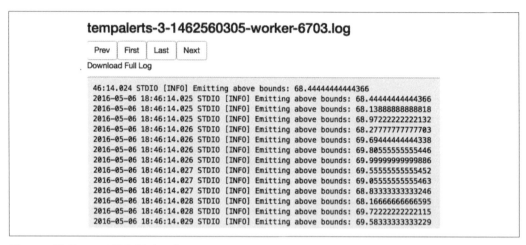

圖 4-23 檢視 bolt 日誌資料（log）。

以 Storm on HDInsight 警示（C# 和 Windows 叢集）

除了我們在文中演示的 Java 實施之外，Storm 拓撲也可以實施於 C# 中。事實上，你可以結合 C# 和 Java 語言，編寫佈建混合拓撲結構（hybrid topologies），採用兩種程式語言的優點，獲得最佳效果。有個主要條件是，在 C# 中實施的拓撲結構只能在採用 Windows 系統的 Storm on HDInsight 叢集上運行。

本節將著重在實施警示拓撲。我們將使用 Storm 附帶的 Java EventHubSpout，逐步解說如何以 C# 實施 ParserBolt 和 EmitAlertBolt。同時使用 C# 來定義拓撲。

先從設置開發環境開始吧！

開發環境設置：使用 C# 佈建 Storm 拓撲需要 Visual Studio 2015。可以使用任何版本的 VS 2015，包括免費社群版及高階企業版。

確認你已安裝 Microsoft Azure HDInsight Tools for Visual Studio，這些工具可提供空白的 Storm 專案或從 Event Hub 讀取資料的混合拓撲專案。

> ### 為 Visual Studio 安裝 HDInsight 工具
>
> 以目前來說，Microsoft Azure HDInsight Tools for Visual Studio 與 Azure SDK 2.9 一同安裝。你可以在 *https://azure.microsoft.com/en-us/downloads/* 上找到最新的 Azure SDK。
>
> 在此頁面中，搜尋「.NET」，然後點擊標有 "VS 2015" 的連結。下載 Web Platform 安裝程式，它將引導你完成 SDK 安裝過程。

正確更新 Visual Studio 後，下載並開啟 Visual Studio 中的 Blue Yonder 機場範例。

你可以從 *http://bit.ly/2buuAwT* 下載 Storm 範例。

檔案內容是採用 Visual Studio 解決方案的 `AlertTopology` 範例，一個包含拓撲、spout 和 bolt 元件的專案。

下載完範例專案後，在 Visual Studio 中開啟該解決方案。在解決方案總管（Solution Explorer）中，展開 `ManagedAlertTopology` 專案。你應該會看到定義拓撲的三個類別 （*AlertTopology.cs*）、剖析器 bolt（*ParserBolt.cs*）和警示 bolt（*EmitAlertBolt.cs*），如圖 4-24 所示。

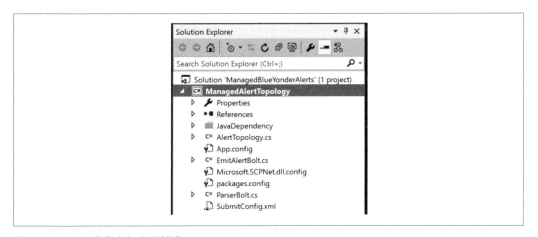

圖 4-24 Storm 專案中包含的檔案。

接下來,展開 *JavaDependency*。這將是你首次一探混合了 C# 和 Java 語言的拓撲專案。
JavaDependency 資料夾裡有一個基於 Java 的 EventHubSpout 之 JAR 檔案(圖 4-25)。

圖 4-25 包含 EventHubSpout 實施的 JAR 檔案。

打開 *app.config* 並在 appSettings 中設置下列數值,以便啟用 EventHubSpout 來連接
Event Hub 執行個體:

EventHubNamespace

> 包含 Event Hub 執行個體的服務匯流排名稱

EventHubEntityPath

> Event Hub 執行個體的名稱

EventHubSharedAccessKeyName

> 具有 Event Hub 讀取權限的規則名稱

EventHubPartitions

> Event Hub 執行個體內的分割區數量

儲存 *app.config* 並從「佈建」選單中選擇「佈建解決方案」。確認沒有任何佈建錯誤。

拓撲實施:以「.NET 的串流運算平台」(SCP.NET)啟用 C# 拓撲。這個平台提供與
Storm 的 Java 運行版本的互動管道,以及用來實施拓撲、spout 和 bolt 的類別。如果你
已習慣先前用 Java 實施的 AlertTopology,則應該會發現 C# 版本的大部分內容相當眼
熟。當然,兩者還是有一些差異,我們將在後文提出。

首先檢查 *AlertTopology.cs*:

```
[Active(true)]
public class AlertTopology : TopologyDescriptor
{
    public ITopologyBuilder GetTopologyBuilder()
    {
        TopologyBuilder topologyBuilder = new TopologyBuilder("AlertTopology");

        var eventHubPartitions =
```

```
int.Parse(ConfigurationManager.AppSettings["EventHubPartitions"]);

topologyBuilder.SetEventHubSpout(
    "EventHubSpout",
    new EventHubSpoutConfig(
        ConfigurationManager.AppSettings["EventHubSharedAccessKeyName"],
        ConfigurationManager.AppSettings["EventHubSharedAccessKey"],
        ConfigurationManager.AppSettings["EventHubNamespace"],
        ConfigurationManager.AppSettings["EventHubEntityPath"],
        eventHubPartitions),
    eventHubPartitions);

List<string> javaSerializerInfo = new List<string>() {
"microsoft.scp.storm.multilang.CustomizedInteropJSONSerializer" };

var boltConfig = new StormConfig();

topologyBuilder.SetBolt(
    typeof(ParserBolt).Name,
    ParserBolt.Get,
    new Dictionary<string, List<string>>()
    {
        {Constants.DEFAULT_STREAM_ID, new List<string>(){ "temp",
        "createDate", "deviceId" } }
    },
    eventHubPartitions,
    true
    ).
    DeclareCustomizedJavaSerializer(javaSerializerInfo).
    shuffleGrouping("EventHubSpout").
    addConfigurations(boltConfig);

topologyBuilder.SetBolt(
    typeof(EmitAlertBolt).Name,
    EmitAlertBolt.Get,
    new Dictionary<string, List<string>>()
    {
        {Constants.DEFAULT_STREAM_ID, new List<string>(){ "reason",
        "temp", "createDate", "deviceId" } }
    },
    eventHubPartitions,
    true
    ).
    shuffleGrouping(typeof(ParserBolt).Name).
    addConfigurations(boltConfig);

var topologyConfig = new StormConfig();
```

```
        topologyConfig.setMaxSpoutPending(8192);
        topologyConfig.setNumWorkers(eventHubPartitions);

        topologyBuilder.SetTopologyConfig(topologyConfig);
        return topologyBuilder;
    }
}
```

在上面這段程式碼中，首先會看到類別宣告使用 Active 屬性。Java 方法提供一個啟動拓撲架構的靜態 Main 方法，而且在使用 Storm 用戶端實際運行拓撲時，我們選擇調用哪個類別的 Main 方法。SCP.NET 中，Active 屬性（當設置為 true 時）表示這個類別是程式集中用來佈建拓撲的唯一類別。

拓撲類別從 TopologyDescriptor 產生，而且只實施一個公共方法：GetTopologyBuilder。在 C# 中，這個方法替代在 Java 中使用的 Main 方法。在 GetTopologyBuilder 這個類別之下，建置一個 TopologyBuilder 執行個體，並為它命名，然後分別透過 SetSpout、SetBolt 和更明確的 SetEventHubSpout 方法新增 spout 和 bolt。

在 TopologyBuilder 的構造器中，提供拓撲的運行時名稱。你可以任意填入喜歡的值，不過，使用 EventHubSpout 時有一個重要的注意事項。還記得嗎？從 Event Hub 分割區讀取資料時，spout 任務會定期檢查 Zookeeper 的進度。這些進度被分組在為 TopologyBuilder 的構造器所提供的拓撲名稱之下。這表示，如果你重新提交具有相同名稱的 Storm 拓撲，則 EventHubSpouts 將在停頓的地方重新回復。如果你希望 spout 從每個 Event Hub 分割區的起始處開始運作，請務必提供一個不曾使用的獨特名稱。

在佈建 EventHubSpout 時，我們從 *app.config* 加載 Event Hub 所需設置，並使用這些設置產生一個 EventHubSpoutConfig 執行個體。調用 setEventHubSpout 需要以下三個參數：組件名稱、EventHubSpoutConfig，以及平行處理原則提示（即執行個體的初始分配數量，每個分割區應分配一個執行個體）。

至於調用 topologyBuilder.setBolt，提供組件名稱、對構造 bolt 執行個體的方法的引用、列出 bolt 發送的欄位名稱的字典、平行處理原則提示，和一個啟用或停用 tuple ACK（註：ACK，指「認可」。針對從 spout 傳送的 Tuple，處理拓撲中其他元件所起始的認可。認可 tuple 可讓 spout 知道下游元件已順利處理 tuple。）的 Boolean 值。對於從 EventHubSpout 取用資料的拓撲來說，後面這一項屬性（Boolean 值）必須設定為 true，因為 spout 本身將記住任何尚未被確認的 tuple（以便回復），並且在未被確認的 tuple 多達某一閾值時，將標誌為錯誤輸出。這個設置表示下游的 bolt 元件也必須依照 EventHubSpout 處理流程回溯認可（ack）所有 tuple。在 Java 的實施中，這像動作由 BasicBolt 自動完成。在 SCP.NET 中，我們需要做一些額外的工作。

在 topologyBuilder.setBolt 的括號之後，調用 DeclareCustomizedJavaSerializer，然後新增一個用來命名 Java 序列化程式的字典。這項調用的目的是，對使用 Java 序列化的 tuple 重新進行序列化，轉為 JSON 形式，以便 .NET bolt 元件可以正確地對這些 tuple 進行還原序列化（deserialize）。

最後，在 setEventHubSpout 之後，引動 shuffleGrouping 並引用 EventHubSpout 組件名稱，將 tuple 從 EventHubSpout 傳遞到這個 ParserBolt 中。

第二次調用 topologyBuilder.setBolt 的方式，除了一處之外，幾乎與第一次調用完全相同。此時，我們將 tuple 從 ParserBolt 流向 EmitAlertBolt——這兩個都是 C# 組件。在這種情況下，我們就不需要插入序列化程式。

接下來，讓我們看看 *ParserBolt.cs* 的實施。Bolt 需要實施 ISCPBolt 介面，這個介面只定義了將 tuple 作為輸入值的 Execute 方法。事實上，通常還需要實施一個構造器，用來定義輸入和輸出模式、所需的序列化程式或還原序列化程式，以及一個 Get 方法，權充工廠方法模式（factory method），產生 bolt 執行個體。

```
public class ParserBolt : ISCPBolt
{
    Context _context;

    public ParserBolt(Context ctx)
    {
        this._context = ctx;

        // set input schemas
        Dictionary<string, List<Type>> inputSchema = new Dictionary<string,
        List<Type>>();
        inputSchema.Add(Constants.DEFAULT_STREAM_ID, new List<Type>() {
        typeof(string) });

        // set output schemas
        Dictionary<string, List<Type>> outputSchema = new Dictionary<string,
        List<Type>>();
        outputSchema.Add(Constants.DEFAULT_STREAM_ID, new List<Type>() {
        typeof(double), typeof(string), typeof(string) });

        // Declare input and output schemas
        _context.DeclareComponentSchema(new ComponentStreamSchema(inputSchema,
        outputSchema));
```

```csharp
        _context.DeclareCustomizedDeserializer(
        new CustomizedInteropJSONDeserializer());
    }

    public void Execute(SCPTuple tuple)
    {
        string json = tuple.GetString(0);

        var node = JObject.Parse(json);
        var temp = node.GetValue("temp");
        JToken tempVal;
        if (node.TryGetValue("temp", out tempVal)) //assume must be a
                                                    //temperature reading
        {
            Context.Logger.Info("temp:" + temp.Value<double>());
            JToken createDate = node.GetValue("createDate");
            JToken deviceId = node.GetValue("deviceId");
            _context.Emit(Constants.DEFAULT_STREAM_ID, new List<SCPTuple>() {
            tuple }, new List<object> { tempVal.Value<double>(),
            createDate.Value<string>(),
            deviceId.Value<string>() });
        }

        _context.Ack(tuple);
    }

    public static ParserBolt Get(Context ctx, Dictionary<string, Object> parms)
    {
        return new ParserBolt(ctx);
    }
}
```

最後，來看看 *EmitAlertBolt.cs*，它與 ParserBolt 的結構非常相似。請注意，此時構造器沒有定義還原序列化程式，因為在 C# 物件到 C# 物件的情況時不需要還原序列化程式。

```csharp
public class EmitAlertBolt : ISCPBolt
{
    Context _context;

    double _minAlertTemp;
    double _maxAlertTemp;

    public EmitAlertBolt(Context ctx)
    {
        this._context = ctx;
```

```
        Context.Logger.Info("EmitAlertBolt: Constructor called");

        try
        {
            // set input schemas
            Dictionary<string, List<Type>> inputSchema = new Dictionary<string,
            List<Type>>();
            inputSchema.Add(Constants.DEFAULT_STREAM_ID, new List<Type>() {
            typeof(double), typeof(string), typeof(string) });

            // set output schemas
            Dictionary<string, List<Type>> outputSchema = new Dictionary<string,
            List<Type>>();
            outputSchema.Add(Constants.DEFAULT_STREAM_ID, new List<Type>() {
            typeof(string), typeof(double), typeof(string), typeof(string) });

            // Declare input and output schemas
            _context.DeclareComponentSchema(new ComponentStreamSchema(inputSchema,
            outputSchema));

            _minAlertTemp = 65;
            _maxAlertTemp = 68;

            Context.Logger.Info("EmitAlertBolt: Constructor completed");
        }
        catch (Exception ex)
        {
            Context.Logger.Error(ex.ToString());
        }
    }

    public void Execute(SCPTuple tuple)
    {
        try
        {
            double tempReading = tuple.GetDouble(0);
            String createDate = tuple.GetString(1);
            String deviceId = tuple.GetString(2);

            if (tempReading > _maxAlertTemp)
            {
                _context.Emit(new Values(
                        "reading above bounds",
                        tempReading,
                        createDate,
                        deviceId
                    ));
```

```
                        Context.Logger.Info("Emitting above bounds: " + tempReading);
                }
                else if (tempReading < _minAlertTemp)
                {
                    _context.Emit(new Values(
                            "reading below bounds",
                            tempReading,
                            createDate,
                            deviceId
                        ));
                    Context.Logger.Info("Emitting below bounds: " + tempReading);
                }

                _context.Ack(tuple);
            }
            catch (Exception ex)
            {
                Context.Logger.Error(ex.ToString());
            }
        }
        public static EmitAlertBolt Get(Context ctx, Dictionary<string, Object> parms)
        {
            return new EmitAlertBolt(ctx);
        }
    }
```

在了解拓撲結構之後，我們來看看如何做在 HDInsight 中運行拓撲。

建立 Windows HDI 叢集：配置在 Windows 系統上運行 Storm 的 HDInsight 叢集的步驟與配置 Linux 叢集的配置過程大致相同。請依下列步驟進行配置：

1. 登入 Azure 入口網站（*https://portal.azure.com*）。

2. 選擇「新建」→「Intelligence + Analytics」→「HDInsight」。

3. 在新的 HDInsight 視窗上，為叢集提供一個獨特不重複的名稱。

4. 選擇你的 Azure 訂用帳戶。

5. 點擊「選擇叢集組配置」。

6. 在「叢集類型」視窗中，將叢集類型設定為 Storm，運行系統設定為 Windows，版本為 Storm 0.10.0，並將叢集層設定為「標準」。按下「選取」。

7. 點擊「憑證」。

8. 設置叢集登入使用者名稱和密碼,(如果需要)啟用遠端桌面,輸入遠端桌面的使用者名稱和密碼,然後點擊「選取」(如圖 4-26)。

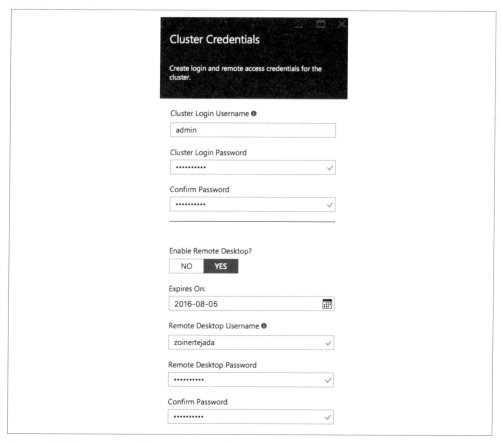

圖 4-26 設置 Windows 系統的 HDInsight 叢集。

9. 點擊「資料來源」。

10. 選取現有的 Azure 儲存帳戶或建置一個新帳戶。

11. 根據需要修改容器名稱。此容器名稱將作為 HDInsight 叢集的根資料夾。

12. 選擇離你最近的區域。

13. 點擊「選取」。

14. 點擊「節點定價層級」。

15. 將監督節點的數量設定為 1（不需要更多運行樣本）。

16. 點擊「Zookeeper 節點定價層級」。

17. 點擊「查看全部」。

18. 點擊 A2 並點擊「選取」將節點定價層級更改為 A2（在此範例中，你不需要更強大的 Zookeeper 主機）。

19. 點擊「節點定價層級」視窗上的「選取」。

20. 點擊「資源群組」，選取一個現有資源群組或建置一個新資源群組。此時你應該完成指定所有設置（圖 4-27）。

圖 4-27 叢集配置總覽。

21. 點擊「建立」開始建置 HDInsight 叢集，大約需要花費 25 分鐘。準備就緒後，請繼續閱讀下一節內容，幫助你運行拓撲。

在 HDInsight 上運行拓撲：HDInsight Tools for Visual Studio 所提供的整合服務，讓部署和運行拓撲（甚至像此處演示的混合式拓撲）都可以在 Visual Studio 2015 中完成。

首先，在 Solution Explorer 中，按右鍵點擊你的專案，並選取「提交給 Storm on HDInsight」（圖 4-28）。

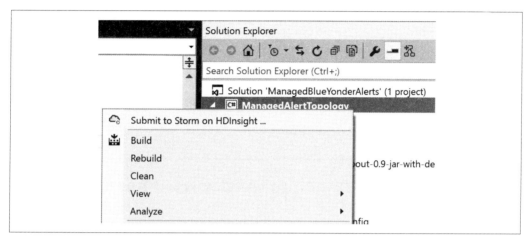

圖 4-28 在 Visual Studio 內提交拓撲專案到 HDInsight。

系統將提示輸入憑證資訊，登入 Azure 訂用帳戶。登入後，你將看到「提交拓撲」對話框（圖 4-29）。

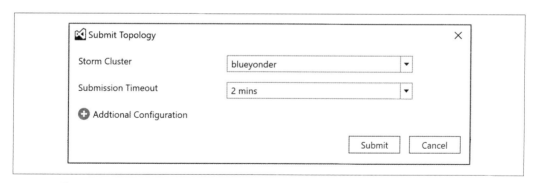

圖 4-29 「提交拓撲」對話視窗。

此對話框可能需要幾秒鐘才能載入 HDInsight 叢集列表。可以查看 HDInsight 任務列表內標註為「獲取 Storm 叢集列表」的條目來查看進度。

載入列表後，從「Storm 叢集」下拉式選單中選擇你的 HDInsight 叢集。接著，展開「其他配置」。佈建混合式拓撲時，此處用來指定包含將含在 Storm 拓撲中的 JAR 檔案的檔案位置（圖 4-30）。

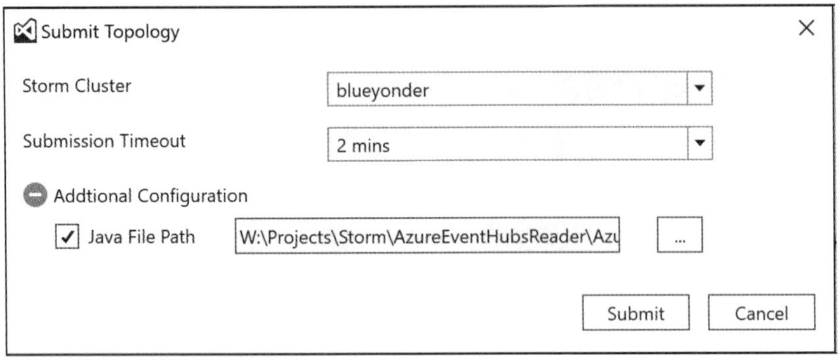

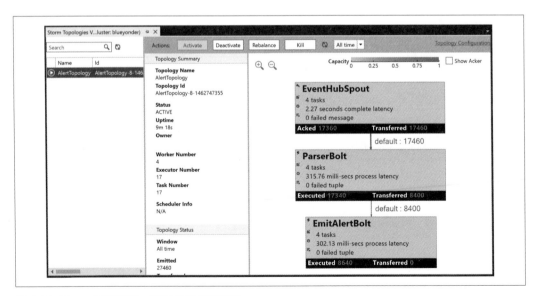

圖 4-30 「提交拓撲」對話視窗，顯示混合式拓撲所採用的 JAR 檔案的具體資料夾位置。

點擊「提交」，在 HDInsight 叢集上部署並運行拓撲。

部署完成後，將會出現一個名為「Storm 拓撲總覽」的新文件。位於左側的窗格將列出部署到該叢集的所有拓撲（圖 4-31）。

圖 4-31 Storm 拓撲總覽，可以檢視拓撲狀態。

點擊任何一個拓撲結構，可以用視覺化摘要檢視拓撲狀態。

在視覺化視圖中，如果雙擊任何元件（例如代表 spout 或 bolt 的框框），將會顯示一個與 Storm UI 非常相似的新文件，並提供相同的統計資料（圖 4-32）。

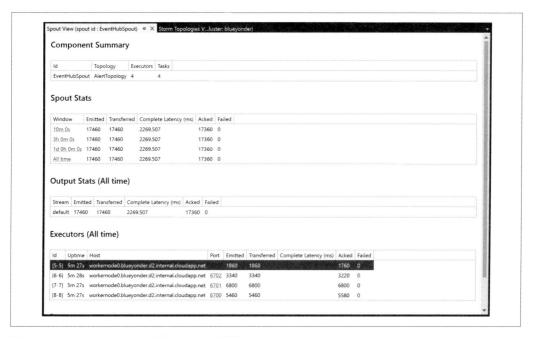

圖 4-32　在 Visual Studio 中檢視 spout 統計資料。

事實上，如果點擊任一個執行程式的連接埠超連結，可以直接在 Visual Studio 中查看日誌資料（圖 4-33）。

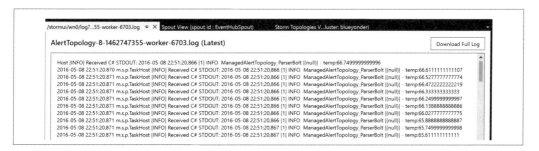

圖 4-33　在 Visual Studio 中檢視執行程式的日誌資料。

你可以使用「伺服器總管」展開 Azure 和 HDInsight 節點，然後按右鍵點擊 HDInsight 叢集並選擇「檢視 Storm 拓撲」（圖 4-34）。

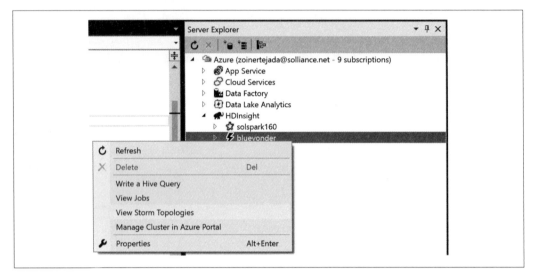

圖 4-34 從「伺服器總管」存取「Storm 拓撲總覽」。

EventProcessorHost

當你使用 .NET 和 Visual Studio 2015 進行開發，想為 Event Hub 佈建可拓展且容錯的訊息取用應用程式，推薦使用 EventProcessorHost 類別。EventProcessorHost 負責：

- 在 Event Hub 執行個體中為每個分割區產生一個取用者
- 定期檢查每個取用者狀態，並紀錄到 Azure Blob 儲存體
- 確保每個分割區始終只有一個取用者，並且在發生錯誤時重新佈建新的取用者
- 管理版本，更新事件處理邏輯

Azure 服務匯流排 SDK 中有可用的 EventProcessorHost 類別，可以在 Microsoft. ServiceBus.Messaging.EventProcessorHost 部署集中找到。它可以架設在控制台應用程式、雲端服務網頁或工作者角色，甚至是 Azure 功能中，但最佳架設場所是 Web Job，下文將會進行演示。

EventProcessorHost API

對於其他使用比 Web Jobs 級別更低的 EventProcessorHost API 範例（例如你想在控制台或雲端服務工作者角色中自行架設），請參閱 Microsoft Azure 文件（*http://bit.ly/2nSjZ4S*）。

Web Jobs 中的 EventProcessorHost

Azure Web Jobs（Azure App Services 的一項功能）提供運算環境，可以運行多種形式的任務。從命令行應用程式，到回應觸發器的 .NET 程式集內的方法，這些觸發器可以包含佇列中的訊息，並將 blob 新增到 Blob 儲存體，這些任務都可以透過 Web Jobs 運行。Web Jobs 為 EventProcessorHost 提供了一個量身打造的寄存環境，在此，新事件可以引動處理方法。

你可以從 *http://bit.ly/2bJDLOi* 下載範例。

在這個範例中，將會展示如何完成警示處理。我們先從在 *Program.cs* 中佈建 Web Job 主機的程式碼開始：

```
class Program
{
    private static void Main()
    {
        var eventHubConnectionString =
        ConfigurationManager.AppSettings["eventHubConnectionString"];
        var eventHubName = ConfigurationManager.AppSettings["eventHubName"];
        var storageAccountName =
        ConfigurationManager.AppSettings["storageAccountName"];
        var storageAccountKey =
        ConfigurationManager.AppSettings["storageAccountKey"];

        var storageConnectionString =
            $"DefaultEndpointsProtocol=https;AccountName={storageAccountName};
            AccountKey={storageAccountKey}";

        var eventHubConfig = new EventHubConfiguration();
        eventHubConfig.AddReceiver(eventHubName, eventHubConnectionString);

        var config = new JobHostConfiguration(storageConnectionString);
        config.NameResolver = new EventHubNameResolver();
        config.UseEventHub(eventHubConfig);
```

```
        var host = new JobHost(config);
        host.RunAndBlock();
    }
}
```

以上是編寫 Web Job 的常用模式。程式碼從載入 Event Hub 連接字串、Event Hub 名稱以及包含於 *app.config* 的 appSettings 中的 Azure 儲存體帳戶名稱和密碼開始編寫。

接著，佈建一個 EventHubConfiguration 執行個體，引動 AddReceiver 方法，寫入想在該 Event Hub 上監控的事件。

再來，佈建一個 JobHostConfiguration 的執行個體，接收 Azure 儲存體帳戶的連接字串。此帳戶將用來檢查由這個 EventProcesorHost 所管理的取用者狀態。我們將 NameResolver 屬性設置到 EventHubNameResolver 之下，這是一個小工具類別，幫助我們從 appSettings 加載 Event Hub 名稱，並將這個名稱提供給回應 Event Hub 中出現新事件的方法之屬性（稍後展示）。引動 JobHostConfiguration 執行個體上的 UseEventHub 方法來提供 Event Hub 配置。

最後，使用 JobHostConfiguration 作為 Web Job 的 JobHost 參數，然後阻止調用 host.RunAndBlock 來啟動 Web Job。

讓我們看看在 *AlertsProcessor.cs* 中實際處理事件的實施情形：

```
public class AlertsProcessor
{
    double _maxAlertTemp = 68;
    double _minAlertTemp = 65;

    public void ProcessEvents(
    [EventHubTrigger("%eventhubname%")] EventData[] events)
    {
        foreach (var eventData in events)
        {
            try
            {
                var eventBytes = eventData.GetBytes();
                var jsonMessage = Encoding.UTF8.GetString(eventBytes);
                var evt = JObject.Parse(jsonMessage);

                JToken temp;
                double tempReading;

                if (evt.TryGetValue("temp", out temp))
                {
```

```
                            tempReading = temp.Value<double>();

                            if (tempReading > _maxAlertTemp)
                            {
                                Console.WriteLine("Emitting above bounds: " +
                                tempReading);
                            }
                            else if (tempReading < _minAlertTemp)
                            {
                                Console.WriteLine("Emitting below bounds: " +
                                tempReading);
                            }
                        }
                    }
                catch (Exception ex)
                {
                    LogError(ex.Message);
                }
            }
        }
    }

    private static void LogError(string message)
    {
        Console.ForegroundColor = ConsoleColor.Red;
        Console.WriteLine("{0} > Exception {1}", DateTime.Now, message);
        Console.ResetColor();
    }
}
```

當新事件到達 Event Hub 時，確保 ProcessEvents 方法被引動的屬性是
EventHubTriggerAttribute，作為 ProcessEvents 的第一個參數。該屬性通常採用 Event
Hub 的名稱作為字串：

```
public void ProcessEvents([EventHubTrigger("%eventhubname%")] EventData[] events)
```

為了避免將 Event Hub 名稱寫死，你可以像我們一樣註冊 NameResolver。在
EventHubNameResolver 類別中實施 NameResolver，其 Resolve 方法將 appSetting 的名稱作
為輸入值，並回傳。引動 Resolve，儲存在配置中的 Event Hub 的實際名稱將被傳遞到
EventHubTrigger 構造器中：

```
public class EventHubNameResolver : INameResolver
{
    public string Resolve(string name)
    {
```

```
        return ConfigurationManager.AppSettings[name].ToString();
    }
}
```

回傳到 ProcessEvents，當該方法被引動時，將會獲得一系列可供正常使用的事件。在這種情況下，檢查 JSON 字串是否包含臨時欄位。如果有，則檢查它是否超出臨界值。如果超過臨界值，請編寫一個控制台消息。當 ProcessEvents 成功完成處理（且未引發異常）時，其下的 EventProcessorHost 會產生一個檢查點，將分割區中的進度儲存到 Azure Blob 儲存體中。此時用來儲存檢查點的儲存體帳戶與 Web Job 所使用的帳戶是同一個。這個 Web Job 可以發佈到 Azure 中，一經啟動，它將開始處理來自 Event Hub 的訊息。

部署到 Azure

如果你不曾將任何 Web Job 部署到 Azure App Service 中，可以參考 Microsoft Azure 文件中逐項說明的詳細步驟（*http://bit.ly/2nJRnhe*）。

Azure Machine Learning

雖然我們即將推出一章專門介紹機器學習並應用 Cortana Intelligence 組件，但值得在此一提的是，如何在每次 tuple 處理的情況下加以利用 Azure 機器學習。本章中的所有解決方案都顯示了如何一次處理一個 tuple。當你使用 Azure 機器學習建置服務並將其運行時，你將該機器學習模型公開為 RESTful Web 服務。我們展示的所有示例都可以擴展為調用此 Web 服務來進行預測，並使用 tuple 中的欄位作為輸入。當然，請記住，如此一來會額外增加處理延遲（因為新增網路跳躍使得處理時間變多）。

本章摘要

本章深入探討 Event Hub 的取用者如何以一次一個 tuple（Tuple-at-a-time）的方式處理事件。我們介紹了取用者群組如何定義應用程式，這些應用程式共同處理 Event Hub 中所有分割區內的事件。接著了解如何使用基於 Java 和 C# 的拓撲，實施 Apache Storm 中的應用程式處理。最後，研究如何在 Azure Web Jobs 中託管取用者應用程式，並利用 C# 語言與 EventProcessorHost API 的基礎架構，實施取用者應用程式。

下一章將介紹即時處理資料的微型批次處理法（micro-batch processing）。

即時微批次處理

上一章研究了如何在 Azure 中以「一次處理一個 tuple」的方式即時處理串流資料。本章將討論「微批次處理法」（見圖 5-1）。

Azure 的微批次處理

在 Azure 中，有三種方法可以處理遙測串流資料，比如那些來自 Event Hub 或 IoT Hub 的小型批次資料。Spark 串流和 Storm 需要運行於 HDInsight 叢集中，Azure 串流分析則是一項不需要額外架設於任何系統的受管理服務。

HDInsight 的 Spark 串流

Apache Spark 提供快速且通用的記憶體內運算和分散式運算，提供以 Scala、Java、Python 和 R 語言進行編寫的 API。Spark 的獨特之處在於，它提供了一組具備主要功能的綜合框架（Spark Core 元件），可執行結構化和基於 SQL 的資料處理（Spark SQL）、機器學習（MLlib 和 SparkML）、圖像處理（GraphX）和串流處理（Spark 串流）。雖然市面上有許多平台也分別支援各項服務，Spark 的好處是你可以整合多個框架以實施分析目標。例如，編寫一個以 Spark 串流作為資料處理框架的串流應用程式，在這個框架內，使用由 Spark SQL 支援的 SQL 查詢，實施資料處理邏輯。

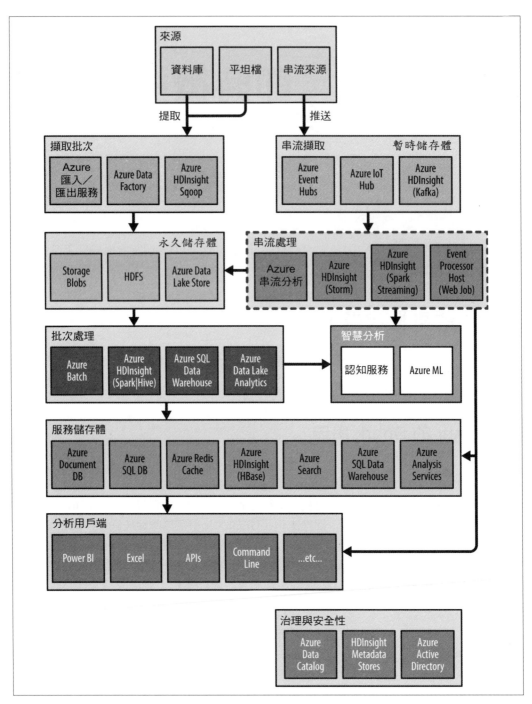

圖 5-1 本章將聚焦在「串流處理」部分的微批次處理法。

Spark 通常部署在 YARN 叢集管理員之上的 Hadoop 叢集。當然也可以在本機電腦部署 Spark，以便運行 Apache Mesos 的叢集，或者部署到一個由 Spark 提供資源管理功能的獨立叢集中。你可以在 Azure 中預先配置一個 HDInsight 叢集，使用 YARN 叢集管理員，在 Hadoop 叢集上運行 Spark。

本節將著重討論 Spark 串流的應用方式。Spark 串流提供可擴展的、高傳送量且容錯的即時資料串流，可以從多種資料來源擷取資料，包括 Azure Event Hub（以及 IoT Hub）、Kafka、Flume、Twitter、ZeroMQ、原始 TCP 通訊端，以及 HDFS 檔案系統等來源。開發者可以使用 `map`、`reduce`、`join` 和 `window` 等高級功能來處理資料。經處理的資料可以再推送到檔案系統、資料庫和儀表板。Spark 串流採用「微批次處理法」來處理串流資料。

認識透過資料流應用程式的處理流程可以幫助我們更能理解 Spark 串流。宏觀來看，Spark 串流接收即時輸入的資料流，將資料分成好幾批，再交由 Spark 引擎處理，產生最終的批處理結果。

Spark 串流會使用名為 *DStream*（*discretized stream*）的離散化資料流表示傳入資料的連續資料流。DStream 可以從諸如 Event Hub 等輸入來源建立，或者從現有的 DStream 上應用其他操作來建立。Dstream 採用一個名為**彈性分散式資料集**（*resilient distributed dataset*，*RDD*）的核心資料結構。RDD 會將資料散布到叢集中多個節點上，其中每個節點通常都會在記憶體內部維護自己的資料，以達到最好的效能。每個輸入來源都有一個專屬用戶端，稱為**接收方**（*receiver*），從特定輸入來源讀取資料，並在使用者定義的時間間隔內發出一批資料，產生一組 RDD。DStream 在這些不間斷的批次流（以及 RDD 流）的頂端提供抽象層，過程如圖 5-2 所示。

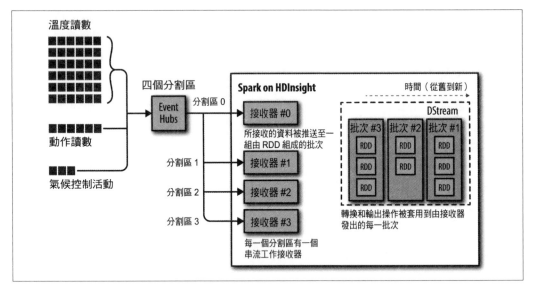

圖 5-2 從 Event Hub 取用事件，並以 DStream 格式由 Spark 串流處理。

Spark 串流應用程式是長時間執行的應用程式，其會接收來自內嵌來源的資料，接著套用轉換以處理資料，然後將資料推送至一個或多個目的地。每個 Spark 串流應用程式包含下列步驟：

1. 建立一個指向 Spark 叢集的 StreamingContext。

2. 從 SparkContext 建立 StreamingContext，並定義批次間隔（比如 2 秒、10 分鐘）。

3. 使用 StreamingContext，從輸入來源建立輸入 DStream。

4. 將**轉換**套用至 DStream，實作串流運算。

5. 藉由套用**輸出**作業，將轉換結果推送至目的地系統。

6. 引動 StreamingContext.start，啟動串流應用程式。

7. 使用 StreamingContext.awaitTermination()，等待處理（自動或因出錯而）終止。或者使用 StreamingContext.stop() 手動終止處理。

建立串流應用程式後，可以在本機電腦或在 Azure HDInsight 上的 Spark 叢集中運行。

接下來的內容將討論 Spark 串流應用程式的實作、部署和運行等詳細步驟。

Spark 串流實作

建立一個與之前相同的警示應用程式，這次使用 Spark 串流，將溫度遙測資料串流到 Event Hub。

你可以從 *http://bit.ly/2bzr05J* 下載 Spark 串流範例。

使用 IntelliJ IDEA 開啟專案。在專案中開啟 *EventHubsEmitAlerts.Scala*（位於 *src\main\scala\net.solliance.spark.streaming.examples\workloads*）。

這個應用程式採用 main 方法，控制串流應用程式的生命週期：

```scala
def main(inputArguments: Array[String]): Unit = {

  val inputOptions: ArgumentMap = EventhubsArgumentParser.parseArguments(Map(),
  inputArguments.toList)

  //Create or recreate (from checkpoint storage) streaming context
  val streamingContext = StreamingContext
    .getOrCreate(inputOptions(Symbol(EventhubsArgumentKeys.CheckpointDirectory))
    .asInstanceOf[String],
    () => createStreamingContext(inputOptions))

  streamingContext.start()

  if(inputOptions.contains(
    Symbol(EventhubsArgumentKeys.TimeoutInMinutes))) {

    streamingContext.awaitTerminationOrTimeout(inputOptions(
    Symbol(EventhubsArgumentKeys.TimeoutInMinutes))
      .asInstanceOf[Long] * 60 * 1000)
  }
  else {

    streamingContext.awaitTermination()
  }
}
```

在第一行程式碼中，inputOptions ArgumentMap 包含下列所有作為命令行參數的基本配置：

eventhubs.namespace

　　包含 Event Hub 的服務匯流排命名空間

eventhubs.name

    Event Hub 名稱

eventhubs.policyname

    Event Hub 存取規則的名稱

eventhubs.policykey

    Event Hub 存取規則的金鑰

eventhubs.consumergroup

    取用者群組

eventhubs.partition.count

    Event Hub 內的分割區數量

eventhubs.checkpoint.interval

    檢查從 Event Hub 分割區到 Azure 儲存體的進度之時間間隔，以秒為單位

eventhubs.checkpoint.dir

    儲存檢查點中繼資料的路徑

在下一行中，將 StreamingContext 實例化。getOrCreate 方法有兩種使用方式。首次運行串流應用程式時，「create」發揮作用，並引動 createStreamingContext 方法，建立一個全新的 StreamContext 實例，它將從頭開始讀取所有的 EventHubPartition。如果配置路徑已存在一個檢查點目錄，則此時則由「get」方法根據檢查點指示讀取停止的位置，繼續從 Event Hub 分割區讀取資料。createStreamingContext 定義串流應用程式，稍後繼續討論。

有了 streamingContext 實例後，引動 start 方法來運行這個長時間執行的應用程式。在下一行程式碼調用 awaitTerminationOrTimeout 或 awaitTermination，使應用程式處於活動狀態。這兩種方法可以回應由使用者取消或因發生錯誤而終止事件的情形。不過，awaitTerminationOrTimeout 也會在使用者定義的時間間隔結束後，終止應用程式。

createStreamingContext 方法是從 SparkContext 建立新的 StreamingContext 並指定批處理間隔的地方：

```scala
def createStreamingContext(inputOptions: ArgumentMap): StreamingContext = {

  val eventHubsParameters = Map[String, String](
    "eventhubs.namespace" -> inputOptions(
    Symbol(EventhubsArgumentKeys.EventhubsNamespace)).asInstanceOf[String],
    "eventhubs.name" -> inputOptions(
```

```scala
        Symbol(EventhubsArgumentKeys.EventhubsName)).asInstanceOf[String],
      "eventhubs.policyname" -> inputOptions(
        Symbol(EventhubsArgumentKeys.PolicyName)).asInstanceOf[String],
      "eventhubs.policykey" -> inputOptions(
        Symbol(EventhubsArgumentKeys.PolicyKey)).asInstanceOf[String],
      "eventhubs.consumergroup" -> inputOptions(
        Symbol(EventhubsArgumentKeys.ConsumerGroup)).asInstanceOf[String],
      "eventhubs.partition.count" -> inputOptions(
        Symbol(EventhubsArgumentKeys.PartitionCount))
        .asInstanceOf[Int].toString,
      "eventhubs.checkpoint.interval" -> inputOptions(
        Symbol(EventhubsArgumentKeys.BatchIntervalInSeconds))
        .asInstanceOf[Int].toString,
      "eventhubs.checkpoint.dir" -> inputOptions(
        Symbol(EventhubsArgumentKeys.CheckpointDirectory)).asInstanceOf[String]
    )

    val sparkConfiguration = new SparkConf().setAppName(
    this.getClass.getSimpleName)

    sparkConfiguration
    .set("spark.streaming.receiver.writeAheadLog.enable", "true")
    sparkConfiguration
    .set("spark.streaming.driver.writeAheadLog.closeFileAfterWrite", "true")
    sparkConfiguration
    .set("spark.streaming.receiver.writeAheadLog.closeFileAfterWrite", "true")
    sparkConfiguration
    .set("spark.streaming.stopGracefullyOnShutdown", "true")

    val sparkContext = new SparkContext(sparkConfiguration)

    val streamingContext = new StreamingContext(sparkContext,
      Seconds(inputOptions(
      Symbol(EventhubsArgumentKeys.BatchIntervalInSeconds)).asInstanceOf[Int]))
    streamingContext.checkpoint(inputOptions(
      Symbol(EventhubsArgumentKeys.CheckpointDirectory)).asInstanceOf[String])

    val eventHubsStream = EventHubsUtils.createUnionStream(streamingContext,
    eventHubsParameters)

    val eventHubsWindowedStream = eventHubsStream
      .window(Seconds(inputOptions(
      Symbol(EventhubsArgumentKeys.BatchIntervalInSeconds)).asInstanceOf[Int]))

    defineComputations(streamingContext, eventHubsWindowedStream, inputOptions)

    streamingContext

  }
```

首先建立一個從命令行載入所有配置值的 Map。接著，建立一個 SparkConf 實例，設定 Spark 串流的名稱，這個名稱將會顯示於 Spark 的監控 UI 中。

接下來的四行程式碼，透過配置前面的日誌資料，控制接收方的可靠性和可重新啟動性（不在此處額外敘述）。

然後是 SparkContext 的構造器，接收 sparkConfiguration 物件，並提供 Spark 叢集所需的底層設置。

使用 SparkContext 執行個體建立一個新的 StreamingContext 實例，提供最為重要的批處理間隔。在 StreamingContext 實例上引動 checkpoint 方法來配置檢查點目錄。

使用 EventHubUtils 的 createUnionStream 方法，以建立輸入 DStream，並分配給變量 eventHubsStream。EventHubUtils 是一個由 Microsoft 提供，用來簡化此過程的函式庫。

當輸入 DStream 就緒，我們可以重疊滑動時間範圍，來定義每次運算中要使用的批次集合。在這裡的範例中，為了方便說明，我們建立一個與批處理相同規模的滑動時間範圍，這表示每個時間範圍都包含一批 RDDs。

在倒數第二行程式碼中，調用 definecomputionmethod 來宣告轉換和輸出作業。在最後一行程式碼中，返回 StreamingContext。

下面將帶你更詳細地了解如何使用 defineComputations 方法，為串流應用程式提供處理邏輯：

```scala
def defineComputations(streamingContext : StreamingContext,
    windowedStream : DStream[Array[Byte]],
    inputOptions: ArgumentMap) = {

  // Simulate detecting an alert condition
  windowedStream.map(x => EventContent(new String(x)))
    .foreachRDD { rdd =>
      rdd.foreachPartition { partition =>
      //...Create/open connection to destination...

        partition.foreach {record =>
          // examine alert status
          val json = parse(record.EventDetails)
          val dataPoint = json.extract[TempDataPoint]

          if (dataPoint.temp > maxAlertTemp)
            {
              println(s"=== reading ABOVE bounds.
```

```
                 DeviceId: ${dataPoint.deviceId}, Temp: ${dataPoint.temp} ===")
                 //...push alert out ...
                 }
             else if (dataPoint.temp < minAlertTemp)
               {
                 println(s"=== reading BELOW bounds.
                 DeviceId: ${dataPoint.deviceId}, Temp: ${dataPoint.temp} ===")
                 //...push alert out ...
               }
             }
         //...Close connection ...
           }
       }

   }
```

首先使用 map 作業將每一條串流紀錄轉換成一個個 EventContent 執行個體（這個執行個體中包含 EventDetails 屬性，以字串表示串流紀錄。）

接下來的嵌套步驟中，設置一系列循環，讓我們能夠檢查每條記錄回報的溫度值，並在溫度值超出設定範圍時發出警示。這裡所採用的處理模式有特殊目的：首先迭代每一個 RDD（DStream.foreachRDD 轉換），然後迭代每一個 RDD 中每一個分割區（rdd.foreachPartition），最後處理每一個記錄（partition.foreach）。如果你打算將警示發送到外部系統（如 SQL 資料庫或警報系統），而且在發送資料之前需要建立連線，那麼最好的辦法是將重複建立連線的成本降至最低。做法是每一個分割區只建立一次連線，使用這個連線來傳輸該分割區內所有紀錄。

在最內部的 foreach 中，使用 Lift 函式庫將字串內容還原序列化。引動 Lift 的 parse 方法，建立一個 JValue 物件，並在該物件上使用 extract 方法擷取經還原序列化的記錄值，作為 TempDataPoint 執行個體，它具有以下 CASE 定義：

```
   case class TempDataPoint(temp: Double,
                            createDate : java.util.Date,
                            deviceId : String)
```

有了 TempDataPoint 執行個體，我們可以檢驗 temp 屬性，查看它是否超出設定溫度範圍，並做出對應。

在本機電腦運行 Spark 串流

假設你已下載 Spark 並解壓縮到電腦上，則可以在本機模式下運行 Spark Streaming 應用程式，在部署到叢集之前先行驗證該應用程式。你將在 Scala 中實施 Spark Streaming 應用，然後將它編譯成一個 JAR 檔案。接著，從運行 spark-submit 模式的 bash shell 或命令行，輸入作為命令行開關的所有必要設定，從而在本機電腦中啟動應用程式。

來看看在本機電腦運行 EventHubsEmitAlerts 應用程式的必要步驟。首先，在 IntelliJ IDEA 中，選擇「建立」→「製作專案」。這個動作將會提供一個位於 *out\artifacts\ spark-streaming-data-persistence-examples* 路徑之下的 JAR 檔案。

將這個 JAR 檔案複製到 Spark 的根目錄中。使用 bash 或命令提示視窗，導航到 Spark。以下命令以 bash 語法說明如何引動 spark-submit 模式來運行這個串流應用程式（記得要刪除換行字符並替換 EventHub 實例的值）：

```
./bin/spark-submit --master local[*]
--class net.solliance.spark.streaming.examples.workloads.EventhubsEmitAlerts
spark-streaming-data-persistence-examples.jar
--eventhubs-namespace 'blueyonderairports-ns'
--eventhubs-name 'blueyonderairports'
--policy-name 'receivePermissions'
--policy-key 'ZRapZ4N8GI9tgkOyO/0TLlj/ZFSX4f8sOAMjj/X4Fh8='
--consumer-group '$default'
--partition-count 4
--batch-interval-in-seconds 2
--checkpoint-directory './eventCheckpoints'
--event-count-folder 'eventCount/data'
--job-timeout-in-minutes 5
```

syntax--master local [*] 能夠借助所有可用核心在本機電腦運行 Spark。到了這個階段，其餘程式碼設置應該不需再多加著墨。

運行應用程式時，你會看到 Spark 根目錄中的 eventCheckpoints 目錄，在終止應用程式和再次提交時會用到。這時如果運行 SimpleSensorConsole 應用（在本書中用來產生範例遙測資料的程式碼），並將遙測資料發送到 Event Hub，你將在 bash shell 中看到如圖 5-3 的輸出。

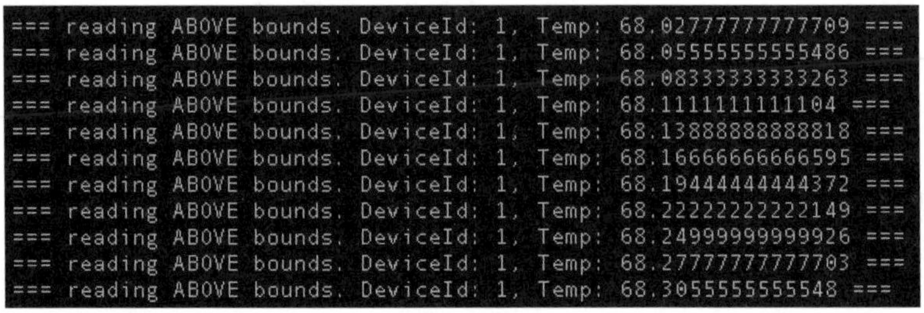

圖 5-3 以串流應用程式模擬警示的範例輸出。

在運行串流應用程式的同時，可以透過 Spark 的 Web UI（在電腦上的預設位址：*http://localhost:4040/*）查看應用程式的狀態。啟動串流媒體應用程式後，頁面上會顯示一個名為「串流」的分頁，如圖 5-4 所示。

圖 5-4 當 Spark 運行串流應用時會顯示「串流」分頁。

這個 UI 以圖形化呈現串流應用程式的處理效能（以及針對影響效能好壞的原因提供洞察）、活動中的批處理，以及已完成的批處理（圖 5-5）。

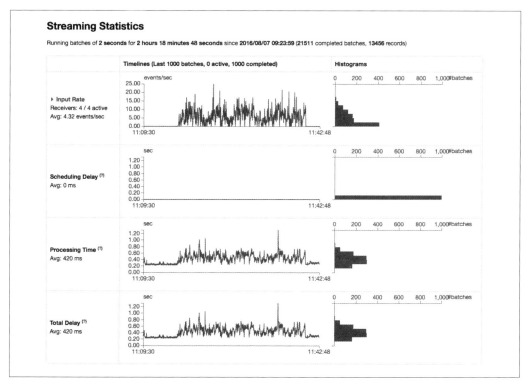

圖 5-5 在 Spark Web UI 中，運行串流應用程式所得到的範例統計資料。

確認串流應用程式運行於本機電腦上之後，現在，讓我們來了解如何在 HDInsight 上運行它。

在 HDInsight 叢集上設置 Spark 串流應用程式

在 HDInsight 叢集上運行流應用程式之前，你需要先配置一個。以下步驟將引導你完成整個過程。

Spark 上的 HDInsight 僅支持基於 Linux 的叢集。要使用 Spark 配置最小 HDInsight 叢集，請執行以下步驟：

1. 登入 Azure 入口網站。
2. 選擇「新建」→「Intelligence + Analytics」→「HDInsight」。
3. 在新的 HDInsight 視窗上，為叢集提供獨特名稱。
4. 選擇 Azure 訂用帳戶。
5. 點擊「選擇叢集配置」。
6. 在「叢集類型」視窗中，將叢集類型設置為 Spark，運行系統設置為 Linux，版本為 Spark 1.6.1，並將叢集層設定為「標準」。按下「選取」。
7. 點擊「憑證」。
8. 設置管理員登入使用者名稱和密碼，然後設置 SSH 使用者名稱和密碼，然後點擊「選取」（見圖 5-6）。

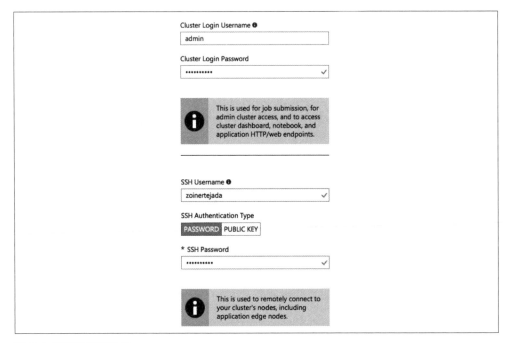

圖 5-6 配置叢集安全性。

9. 點擊「資料來源」。

10. 選取現有的 Azure 儲存帳戶或建立一個新帳戶。

11. 根據需要修改容器名稱（圖 5-7）。此容器名稱將作為 HDInsight 叢集的根檔案夾。

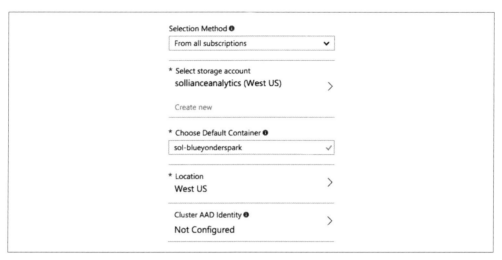

圖 5-7 配置叢集儲存體。

12. 選擇離你最近的區域。

13. 點擊「選取」。

14. 點擊「定價」。

15. 將工作者節點的數量設置為 4（本範例不需要更多運行樣本），根據需要，調整工作節點大小和前端節點大小（小一點的選項也能運作），見圖 5-8。

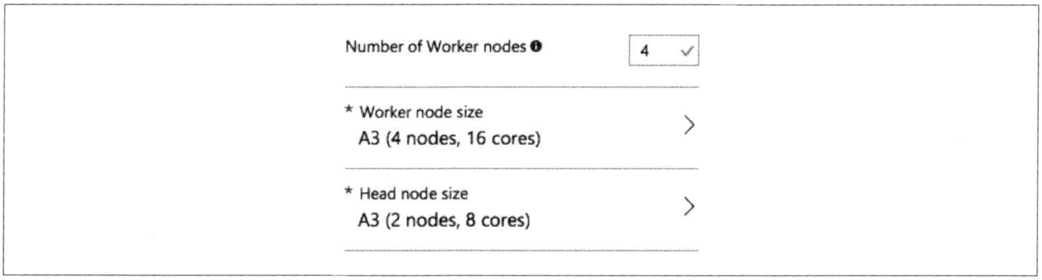

圖 5-8 配置叢集節點規模。

16. 點擊定價視窗上的「選取」。

17. 點擊「資源群組」並根據需要選擇現有的資源群組或建立一個新的資源群組。此時你應該完成指定所有設置（圖 5-9）。

圖 5-9 檢閱叢集配置。

18. 點擊「建立」開始建立 HDInsight 叢集，大約需要花費 25 分鐘。準備就緒後，請繼續參考下一節內容，運行串流應用程式。

在 HDInsight 叢集上運行 Spark 串流

如何在 Spark 叢集上運行應用程式呢？在 Scala 實施 Spark Streaming 應用，將經過編譯的 JAR 檔案上傳到與 HDInsight 叢集綁定的 Azure Blob 儲存體容器中。使用 Livy REST API 的「提交批處理作業」來啟動應用程式。提交批處理操作是一種 POST 作業，它需要本文的 JSON 檔案來識別應用程式，檔案中也包含應用程式的必要設置（存取此檔案需要輸入叢集管理員用戶名稱及密碼）。

接下來，讓我們更詳細地檢驗這些步驟。首先，將 JAR 檔案複製到與 HDInsight 叢集關聯的 Azure Blob 儲存體中的容器。

你可以使用偏好的 Azure 儲存體瀏覽器，或者，如果想使用 bash 方法，則採用以下兩步驟。

第一步，使用 SCP 將 JAR 檔案上傳到 HDInsight 前端節點：

```
scp ./spark-streaming-data-persistence-examples.jar
<username>@<yourclustername>-ssh.azurehdinsight.net:.
```

第二步，以 SSH 連線登入到前端節點，並將 JAR 檔案從前端節點上的本機儲存體複製到 HDFS 中（這項動作表示 JAR 檔案將顯示在 Azure Blob 儲存體中）：

```
hdfs dfs -copyFromLocal -f
./spark-streaming-data-persistence-examples.jar /example/jars/
```

準備好運行串流應用程式，現在我們要使用 Livy API。你可以使用任何可執行 REST 請求的工具，我個人傾向選擇 Chrome 應用程式的 Postman（*https://www.getpostman.com/*）。

以 Livy 啟動一個新任務，你需要對 HDInsight 叢集上的 */livy/batch* 端點執行 POST（5 這個端點自動公開到網路上）。因此，舉個例子，針對格式為 *https://<yourclustername>.azurehdinsght.net/livy/batches* 的 URL 網址執行一個 POST 作業。

這時需要取得授權，在使用者名稱及密碼欄位輸入叢集管理員所使用的使用者名稱與密碼。Postman 界面如圖 5-10 所示。

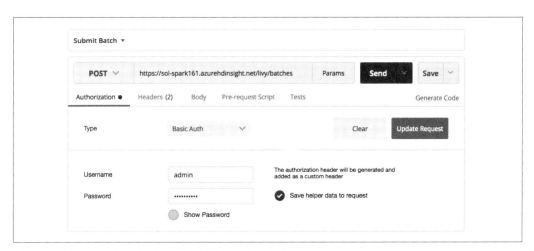

圖 5-10 透過 Livy，取得授權，提交新的串流應用程式。

接著,為串流應用的本文(body)提供一個文字檔案,這份文字內容包括在命令行上執行 spark-submit 的所有設置,以及一些 Spark 的專用設置。這些專用設置定義執行程式數量、核心數量,以及用來運行應用程式的記憶體額度。以下是一份模板(請記得替換為設定值):

```
{ "file":"wasbs:///example/jars/spark-streaming-data-persistence-examples.jar",
"className":"net.solliance.spark.streaming.examples.workloads.EventhubsEventCount",
"args":[
    "--eventhubs-namespace", "blueyonderairports-ns",
    "--eventhubs-name", "blueyonderairports",
    "--policy-name", "receivePermissions",
    "--policy-key", "8XzdjasMdApl7caNk8hQn2RPJNsSxkmCVrPKvjytcHo=",
    "--consumer-group", "$default",
    "--partition-count", 4,
    "--batch-interval-in-seconds", 2,
    "--checkpoint-directory",
    "/EventCheckpoint", "--event-count-folder",
    "/EventCount/EventCount10"
],
"numExecutors":8,
"executorMemory":"1G", "executorCores":1, "driverMemory":"2G" }
```

在 Postman 中,將此份檔案作為 POST 作業的二進制本文(見圖 5-11)。

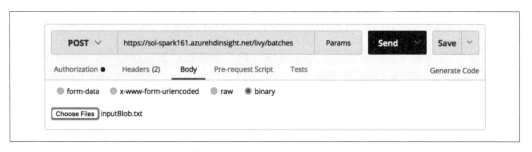

圖 5-11 配置 POST 作業的設定檔,帶入設定值到 Postman 中。

最後,點擊「發送」來執行應用程式。你應該會看到類似以下內容的輸出結果。請留意 id,你之後可以利用該值來檢查應用程式的狀態或使用 Livy 來終止應用程式(圖 5-12)。

發送格式為 *https://sol-spark161.azurehdinsight.net/livy/batches/* 的 GET 請求,檢查所有應用程式(在 Livy 中稱為**批處理**)的狀態。

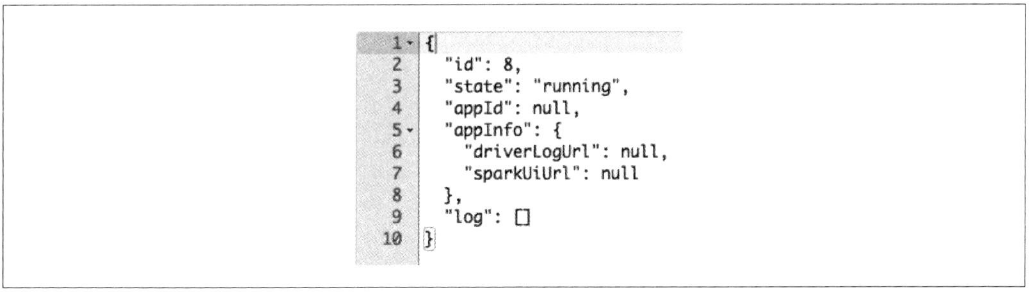

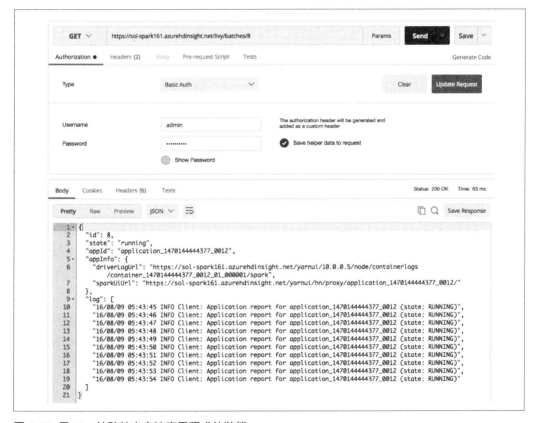

```
1 {
2    "id": 8,
3    "state": "running",
4    "appId": null,
5    "appInfo": {
6      "driverLogUrl": null,
7      "sparkUiUrl": null
8    },
9    "log": []
10 }
```

圖 5-12 對新提交應用程式的回應。

或 者，輸 入 形 式 如 *https://sol-spark161.azurehdinsight.net/livy/batches/<id>* 的 URL 網址，利用批處理 id 查看單個應用程式的狀態。

例如，在 Postman 中輸入批處理 id，查詢先前執行的批處理作業，如圖 5-13。

圖 5-13 用 Livy 檢驗特定串流應用程式的狀態。

如果想要終止應用程式，可以向同一個的 URL 網址發送 DELETE 請求（圖 5-14）。

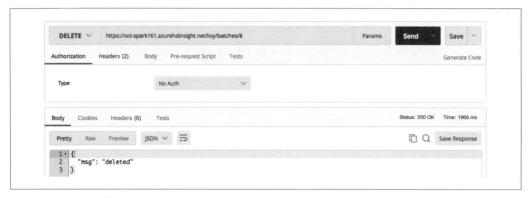

圖 5-14 透過 Livy 終止串流應用。

完成這些步驟後，你現在已經具備在 HDInsight 上建置、部署和管理 Spark Streaming 應用程式的能力。

Storm on HDInsight

Storm on HDInsight 為微批次處理提供兩種方法。第一個方法是 Trident 框架，第二個方法則是使用 tick tuple，下文將一一介紹。

Storm with Trident

利用 Trident 框架實施 Storm 拓撲，它支援一次性處理訊息、交易式資料存放區持續性和一組常用的串流分析作業。

框架之下的資料流也不同。傳統的 Storm 拓撲中，組成資料流的成分是無止盡的 tuple 集合（以一次一元的方式處理），Trident 串流則包含一批批 tuple（每一批大小由 spout 決定），以「微批次處理」的方式進行。

從語法上來看，如果熟悉 .NET 語法的 LINQ 到物件，則應該會覺得 Trident 定義拓撲的方法相當眼熟。不必直接佈建一個拓撲新增 spout 元件和 bolt 元件，而是將作業鏈接在同一條資訊流上，用來處理、篩選、匯總，以及儲存微批次 tuple 狀態。在 Trident 中，與傳統拓撲定方式的最大差異是，這時不再定義 bolt；你可以用以下形式佈建更簡單的邏輯：

Functions

以一組欄位當作輸入值，套用自定義函數，輸出一個附加到原始輸入 tuple 的新欄位。

Filters

接收 tuple 並套用自定義函數，決定 tuple 是否應該繼續交由下游元件處理。

Aggregates

針對微批次處理套用加總（aggregation）函數（如內建的 count 或者自定義函數），或者將加總函數套用至整條資料串流中，由輸出 tuple 取代資料串流中的輸入 tuple）。

Repartitioning

重新分割每一批包含的 tuple，以隨機分配或平均重分配的方式，將所有分割區中的 tuple 分配到允許以程式碼控制重新分割的作業。

Stream merges and joins

將多個獨立的資料串流，合併為成同一條資料串流。

Trident 拓撲結構是一個經過最佳化，採用 spout 元件的典型 Storm 拓撲，bolt 則根據操作自動產生。

Trident 視窗運算

在撰寫本章時，HDInsight 所支援的 Storm 版本為 0.10.0，暗示著 Trident 的應用潛力才堪堪展露。後來推出的 Storm 1.0.0 版更支援了內建視窗語義窗口，回應迫切的使用需求。有了這個功能，你可以新增諸如滑動或滾動視窗等處理，查看（依 tuple 數量或依時間間隔控制的）批次大小。

現在我們使用 Trident 佈建 AlertTopology。

你可以從 *http://bit.ly/2bzd62J* 下載 Trident 範例。

除了實施更簡單的函數來取代 bolt 以及採用不同語法之外，Trident 專案的拓撲結構與之前演示過的典型 Storm 拓撲結構相同。

打開 *AlertTopology.java*。你可以在 buildTopology 方法中看到與典型 Storm 拓撲的唯一差異：

```
protected StormTopology buildTopology() {

    TridentTopology topology = new TridentTopology();

    OpaqueTridentEventHubSpout spout =
    new OpaqueTridentEventHubSpout(spoutConfig);
    topology.newStream("stream-" + spoutConfig.getTopologyName(), spout)
            .each(new Fields("message"), new ParseTelemetry(),
            new Fields("temp", "createDate", "deviceId"))
            .each(new Fields("message", "temp", "createDate", "deviceId"),
            new EmitAlert(65, 68), new Fields("reason"))
            .parallelismHint(spoutConfig.getPartitionCount());

    return topology.build();
}
```

請注意，這個例子建立 TridentTopology 的執行個體，然後建立指定給 Trident 的
EventHubSpout 執行個體。以 topology.newStream 開頭的程式碼，正是讓事情變得有趣
的地方。調用 newStream，使用 OpaqueTridentEventHubSpout 建立一個新的串流，為它
命名。

然後，調用 each 作業，利用 Fields 構造器，將（以逗號分隔的）來自 spout 的欄位列
表，視作第一個參數，而欄位列表由第二個參數提供。換句話說，對 each 的第一個參數
只允許輸入欲傳遞給該函數的欄位。第三個參數列出 ParseTelemetry 函數返回結果時，
將新增到 tuple 的附加欄位。因此，對第一行程式碼來說，輸入 tuple 只具備「訊息」欄
位，而且這是唯一被傳遞給 ParseTelemetry 的欄位。完成 ParseTelemetry 並發送 tuple
時，此時的 tuple 將具備「message」、「temp」、「createDate」和「deviceId」欄位。

我們來看看 ParseTelemetry 函數的完整實施：

```
public class ParseTelemetry extends BaseFunction {

    public void execute(TridentTuple tuple, TridentCollector collector) {

        String value = tuple.getString(0);

        ObjectMapper mapper = new ObjectMapper();
        try {
            JsonNode telemetryObj = mapper.readTree(value);

            if (telemetryObj.has("temp")) //assume must be a temperature reading
            {
                Values values = new Values(
                        telemetryObj.get("temp").asDouble(),
```

```
                    telemetryObj.get("createDate").asText(),
                    telemetryObj.get("deviceId").asText()
            );

            collector.emit(values);
        }
    } catch (IOException e) {
        System.out.println(e.getMessage());
    }
    }
}
```

注意到這個程式碼比同功能的 bolt 更為簡單明確了嗎？這時，建立一個擴展 BaseFunction 的類別，然後實施 execute 方法來宣告這個函數。如果此函數發出一個 tuple，它將使用 TridentCollector 並調用 emit 方法。如果沒有發送 tuple，則輸入 tuple 將被移除，不再交由下游元件處理。

返回到 AlertTopology，對 each 的下一個調用，套用 EmitAlert 函數到串流中的每個 tuple：

```
topology.newStream("stream-" + spoutConfig.getTopologyName(), spout)
    .each(new Fields("message"), new ParseTelemetry(), new Fields("temp",
    "createDate", "deviceId"))
    .each(new Fields("message", "temp", "createDate", "deviceId"),
    new EmitAlert(65, 68), new Fields("reason"))
    .parallelismHint(spoutConfig.getPartitionCount());
```

EmitAlert 的實施一樣簡潔，主要差異在於，這裡的函數有一個紀錄溫度最大值與最小值 的構造器，以作警示：

```
public class EmitAlert extends BaseFunction {

    protected double minAlertTemp;
    protected double maxAlertTemp;

    public EmitAlert(double minTemp, double maxTemp) {
        minAlertTemp = minTemp;
        maxAlertTemp = maxTemp;
    }

    public void execute(TridentTuple tuple, TridentCollector collector) {

        double tempReading = tuple.getDouble(1);
        String createDate = tuple.getString(2);
        String deviceId = tuple.getString(3);
```

```
        if (tempReading > maxAlertTemp )
        {
            collector.emit(new Values (
                    "reading above bounds",
                    tempReading,
                    createDate,
                    deviceId
            ));
            System.out.println("Emitting above bounds: " + tempReading);
        } else if (tempReading < minAlertTemp)
        {
            collector.emit(new Values (
                    "reading below bounds",
                    tempReading,
                    createDate,
                    deviceId
            ));
            System.out.println("Emitting below bounds: " + tempReading);
        }
    }
}
```

再一次返回到 AlertTopology，在這個拓撲結構的最後，調用 parallelismHint。此次調用與典型 Storm 拓撲中的 bolt 具有相同功能。這個動作將確保存在一個 spout 執行個體，提供 ParseTelemetry 函數的 bolt，以及為 Event Hub 中的每個分割區提供 EmitAlert 函數的 bolt 執行個體。

```
topology.newStream("stream-" + spoutConfig.getTopologyName(), spout)
    .each(new Fields("message"), new ParseTelemetry(), new Fields("temp",
    "createDate", "deviceId"))
    .each(new Fields("message", "temp", "createDate", "deviceId"),
    new EmitAlert(65, 68), new Fields("reason"))
    .parallelismHint(spoutConfig.getPartitionCount());

return topology.build();
```

最後一行程式碼返回到 StormTopology 執行個體。值得注意的是，對於 each 的調用雖然看似是「一次處理一個 tuple」的方式，事實上 OpaqueEventHubSpout 會一次發出一批 tuple（通常一批資料有幾百個 tuple），這裡的單位是「批」，而不是 tuple。

批次操作

Trident 框架內可執行的作業相當多元，例如加總（aggregates），可以對批處理進行操作（從批處理中選擇最小值、計算批處理中的 tuple 數量等）。

想要更全面了解 Trident API 中的這些操作知識，請參閱以下文件（*https://storm. apache.org/releases/0.10.0/Trident-API-Overview.html*）。

Storm with tick tuple

在 Storm 實施微批次處理的另一種方法是使用 "tick" tuple。這個作法建立在以下概念：拓撲結構將按照使用者定義的配置，定期發布一個稱為 *tick tuple* 的特殊 tuple。在 bolt 程式碼中，你可以辨識這個與眾不同的 tuple，因為它來自不同的串流。這個 tick tuple 有助於佈建緩存 tuple 的 bolt 元件，只有在 tick tuple 抵達時，才能釋放這些 tuple 或眾 tuple 的加總值。換句話說，你可以建立一個由批次 tuple 之間的滑動時間範圍所定義的微批次。在 Storm 1.0.0 版本以前，這是一種常見的基本實施模式，用來執行基於滑動時間範圍的計算（例如在過去 15 分鐘內計算警示 tuple 的數量）。

想知道如何擴展 AlertTopology（典型 Storm 拓撲），請查看 *http://bit.ly/2bzcV7q* 上的 TickTuples 範例。

在這個範例中，我們想計算每個 bolt 在 10 秒鐘內發出多少個警示 tuple。使用 tick tuple 有兩道步驟。首先，配置拓撲，以便在你配置的時間間隔內發出 tick tuple。其次，建立 bolt 來檢查輸入 tuple 是否來自特殊的 tick 串流，如果是，則執行微量批計算（如果不是，bolt 則依正常方式處理 tuple）。

讓我們從配置 tick tuple 開始。在 AlertTopology 的 submitTopology 方法內進行唯一變動，為 Config.TOPOLOGY_TICK_TUPLE_FREQ_SEQS 新增配置設定並提供 10 作為值。提交給拓撲時，此設定使得每 10 秒發出一個 tick tuple。

```
protected void submitTopology(String[] args, StormTopology topology)
throws Exception {
    Config config = new Config();
    config.setDebug(false);

    config.put(Config.TOPOLOGY_TICK_TUPLE_FREQ_SECS, 10);

    if (args != null && args.length > 0) {
        StormSubmitter.submitTopology(args[0], config, topology);
```

```
        } else {
            config.setMaxTaskParallelism(2);

            LocalCluster localCluster = new LocalCluster();
            localCluster.submitTopology("test", config, topology);
            Thread.sleep(600000);
            localCluster.shutdown();
        }
    }
```

接著，我們需要讓 bolt 察覺到這個 tick tuple。在 ParseTelemetry 的例子裡，我們只想記錄已接收的 tick tuple：

```
    public void execute(Tuple input, BasicOutputCollector collector) {

        if (input.getSourceComponent()
        .equals(Constants.SYSTEM_COMPONENT_ID) //Handle Tick Tuple
                && input.getSourceStreamId().equals(Constants.SYSTEM_TICK_STREAM_ID)) {
            System.out.println("ParseTelemetry Tick tuple received.");
        }
        else { //Handle data tuple

            String value = input.getString(0);

            ObjectMapper mapper = new ObjectMapper();
            try {
                JsonNode telemetryObj = mapper.readTree(value);

                if (telemetryObj.has("temp")) //assume must be a temperature reading
                {
                    Values values = new Values(
                            telemetryObj.get("temp").asDouble(),
                            telemetryObj.get("createDate").asText(),
                            telemetryObj.get("deviceId").asText()
                    );

                    collector.emit(values);
                }
            } catch (IOException e) {
                System.out.println(e.getMessage());
            }
        }
    }
```

在 execute 的實施中，確認來源組件是一個系統組件，來源串流的 ID 是系統 tick 串流。如果兩者皆為真（true），則我們確認這個 tuple 是一個 tick tuple。

接下來，我們來看看如何在 `EmitAlertsbolt` 的實施中，計算警示 tuple 數量：

```java
protected int alertCounter;

public void execute(Tuple input, BasicOutputCollector collector) {

    if (input.getSourceComponent()
    .equals(Constants.SYSTEM_COMPONENT_ID) //Handle Tick Tuple
            && input.getSourceStreamId().equals(Constants.SYSTEM_TICK_STREAM_ID)) {
        System.out.println("=== EmitAlert: " + alertCounter
        + " alerts emitted in tick window. +++");
        alertCounter = 0;
    }
    else { //Handle data tuple
        double tempReading = input.getDouble(0);
        String createDate = input.getString(1);
        String deviceId = input.getString(2);

        if (tempReading > maxAlertTemp) {
            collector.emit(new Values(
                    "reading above bounds",
                    tempReading,
                    createDate,
                    deviceId
            ));
            System.out.println("Emitting above bounds: " + tempReading);
            alertCounter++;
        } else if (tempReading < minAlertTemp) {
            collector.emit(new Values(
                    "reading below bounds",
                    tempReading,
                    createDate,
                    deviceId
            ));
            System.out.println("Emitting below bounds: " + tempReading);
            alertCounter++;
        }
    }
}
```

在儲存 tick tuple 數量的類別中，建立一個受保護的成員欄位（member field）alertCounter，以便儲存在 tick 視窗內遞增的數量。每發出一個警示 tuple，就增加 alertCounter。每當接收到一個 tick tuple 時，則列出當前 alertCounter 值，然後將計數器重置為零。

Azure 串流分析

Azure 串流分析是受控事件處理引擎。這與 Storm on HDInsight 和 Spark 非常不同，因為 Azure 串流分析不需要配置或管理叢集——只要建立並啟用串流分析作業。由串流分析作業執行的微批次處理，透過指定串流資料的輸入來源和作業結果的輸出接收器來描述，任何資料的「轉換」都以宣告式 SQL 來表示。所有步驟都在 Azure 入口網站內進行操作，不需要編寫程式碼，也沒有 IDE 或特定授權環境。

不需要任何基礎架構，串流分析可以容納最低 1 MB/ 秒，最高 1GB/ 秒的事件輸送量。使用由 Event Hub 提供的分割區，在 SQL 查詢以及在輸出時採取資料分割方式，可以達到最高輸送量。這項串流分析服務採用「即付即用」方案，根據串流單位（Streaming Unit，SU）使用量和資料量執行付款。使用量衍生自所處理的事件量，以及佈建在作業叢集內的計算能力。如果你需要更高輸送量，可以購買額外的串流單位，每個串流單位提供 1 MB/ 秒的額外輸送量。

Azure 串流分析主要用來處理來自 Event Hub 的輸入資料流，因此直接連接到 Event Hub 和 IoT Hub 以便進行串流服務。串流分析還可以直接連接到 Azure Blob 儲存體，擷取歷史資料。輸入資料流支援 Avro 格式的資料、UTF-8 編碼的 CSV 檔案（支援的欄位分隔符號有分號、空格、欄標及管線符號），以及 UTF-8 編碼的 JSON 檔案。

CSV 檔案處理

從 Blob 儲存體獲取的 CSV 檔案必須具有行標題，每個標題標籤必須獨特不重複的。此外，從 Blob 儲存體讀取的檔案只會處理一次，因此先前處理過的 blob 的任何更新，都不再被串流分析作業處理。

除了串流輸入資料之外，串流分析作業還可以從 Azure Blob 儲存體中緩慢地更改參考資料。此參考資料可用來豐富串流輸入資料的內容——例如，以裝置 ID 查詢裝置的中繼資料——而且，串流分析作業對這類參考資料的處理方式，與資料轉換中的任何其他事件串流一樣。參考資料支援與串流輸入相同的資料格式。

可以從串流分析將結果傳輸至 Azure Blob 儲存體或資料表儲存體、SQL 資料庫、Data Lake Store、DocumentDB、Event Hub、服務匯流排主題 / 佇列，以及 Power BI。

串流分析的資料轉換支援類似 SQL 的查詢語言，大致是 T-SQL 的一個子集，並增加以視窗表達時間語義的語言擴充功能。

串流分析 *SQL* 範例

有關典型查詢模式的範例，請參閱 Microsoft Azure 文件（*http://bit. ly/2mR06cB*）。

一個查詢的定義可以是一個步驟（例如 `SELECT * FROM eventhub`），或者包含多個步驟（多個獨立查詢或使用 `WITH` 關鍵字來定義的一系列查詢和子查詢）。第二種查詢定義有兩項優點。

第一點，多個獨立查詢可以用來描述同一個串流分析作業中的多個獨立轉換。舉例來說，以一個查詢步驟從 Event Hub 讀取所有資料並寫入 Blob 儲存體來支援冷路徑分析，並在同一串流分析作業中使用另一個查詢步驟，從 Event Hub 讀取相同的資料，針對警示情況進行篩選，並將篩選結果寫入 SQL 資料庫。每個串流分析作業最多可以有 60 個輸入和 60 個輸出。

第二點，將多個相關的查詢和子查詢寫入單個作業中，採用資料分割將資料串流上的平行處理最大化。

分割串流資料

分割串流資料的具體內容不在本書討論範圍，在 Microsoft Azure 文件（*http://bit.ly/2o5oTe7*）有完整介紹可以查看。

指定好作業輸入、查詢和輸出後，即可啟動串流分析作業。開始串流分析作業時，可以指定一個「開始輸出（Start Output）」值，代表作業開始處理資料的時間點。新作業的預設設置是「作業開始時間（Job Start Time）」，表示在作業開始時間之後所收到的任何資料都將立即進行處理。由於 Event Hub 和 Blob 儲存體可能包含早於「作業開始時間」的資料，所以你還可以「自定義時間（Custom Time）」，指定過去時間點來處理此歷史資料，或者指定未來某個時間點再進行處理。你可以暫停並重新啟動串流分析作業。重新啟動被停止的作業時，你可以選擇從「最後停止時間（Last Stopped Time）」，從停止的地方繼續開始串流分析作業。

比較串流分析與 *Storm on HDInsight*

認識了串流分析和 Storm 之後，可以透過 Microsoft Azure 文件（*http://bit.ly/2nJYy9v*）了解兩者之間的差異。

讓我們來看看如何使用串流分析，提供與 Spark 和 Storm 相同的警示處理。

設置串流分析作業

在指定作業輸入、輸出和查詢定義前，你需要配置新的串流分析作業。請按照以下順序：

1. 從 Azure 入口網站選擇「新建」。

2. 在跳出的視窗中選擇「Intelligence + Analytics」。

3. 選擇「串流分析作業」（圖 5-15）。

圖 5-15 在 Azure 入口網站選取「串流分析作業」。

4. 在出現的視窗中，為作業命名，接著選擇部署該作業的訂用帳戶、資源群組和位置（應與輸入 Event Hub 位於同一區域），如圖 5-16。

圖 5-16 配置一個新的串流分析作業。

5. 點擊「建立」。

6. 建立作業後，在 Azure 入口網站中打開它。

7. 在串流分析作業的視窗，點擊「作業拓撲」之下的「輸入（Inputs）」（圖 5-17）。

圖 5-17 串流分析作業視窗上的「輸入」。

8. 在跳出視窗中，點擊「新增」。

9. 在「新建輸入」視窗上，為新的輸入命名（例如 eventhub）。在 FROM 子句中你需要
   輸入此名稱，在 SQL 查詢中使用。

10. 將「來源類型」設置為「資料串流」，將「來源」設置為「Eventhub」。

11. 使用「訂用」、「服務總線匯流排名稱空間」、「Event Hub 名稱」和「Event Hub 規
    則名稱」選擇你為範例解決方案建立的 Event Hub，以便從 SimpleSensorConsole 裝
    置模擬器接收資料。

12. 根據模擬器所產生的遙測資料，將「事件序列化格式」設定為 JSON，將「編碼」
    設定為 UTF-8（因為模擬器以 UTF-8 編碼的 JSON 格式發送遙測結果），請見圖
    5-18。

圖 5-18 為串流分析工作配置一個 Event Hub 來源。

13. 選擇「建立」，新增輸入。

14. 返回串流分析作業視窗，選擇「作業拓撲」下的「輸出」（圖 5-19）。

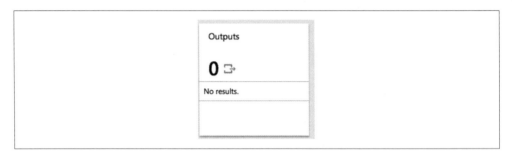

圖 5-19 在串流分析工作視窗上的「輸出（Outputs）」。

15. 在「輸出」視窗上，選擇「新增」。

16. 在本範例中，我們將警示遙測結果輸出到 Azure Blob 儲存體。請為 Blob 儲存體提供別稱（例如 blobs）。

17. 將 Sink 下拉式選單更改為「Blob 儲存體」。

18. 利用「訂用」和「儲存體帳戶」下拉式選單，選擇要寫入輸出檔案的儲存體帳戶。

19. 請選擇一個現有的容器。

20. 至於「路徑」模式，指定容器內的子文件夾路徑。以我們的目的來說，可以簡單地以 {date} 表示。

21. 使用已啟用的「日期格式」下拉式選單，選擇「YYYY / MM / DD」。此設定將在 *<containerName>/YYYY/MM/DD/<filename>* 路徑之下寫入 blob 資料。

22. 將「事件序列化」設定為 JSON，將「編碼」設定為 UTF-8，將「格式」設定為「以行分隔」（以便每行包含完整的 JSON 檔案），請參見圖 5-20。

圖 5-20 為串流分析工作配置一個 blob sink。

23. 選擇「建立」，新增輸出。

24. 返回串流分析作業的視窗，在「作業拓撲」下選擇「查詢（Query）」。

25. 在查詢視窗的查詢區域中，新增以下查詢：

```
SELECT *
INTO blobs
FROM eventhub
WHERE temp < 65.0 OR temp > 68.0
```

26. 選擇「儲存」。

27. 關閉查詢視窗。

28. 返回串流分析作業的視窗，選擇「開始」。

29. 將「作業輸出開始時間設置」設置為「現在」，然後選擇「開始」（圖 5-21）。

圖 5-21 設定「工作輸出起始時間」。

30. 運行（隨本書的範例文件提供的）SimpleSensorConsole，並選擇 Event Hub 選項，以便以遙測資料啟動 Event Hub。

31. 該作業需要幾分鐘才能啟動，之後你應該檢查 Blob 儲存體中，配置為新檔案輸出位址的容器（從入口網站選擇儲存體帳戶並選擇 Blobs），見圖 5-22。

圖 5-22 檢視由串流分析工作發送的 blob。

正如前面的步驟所示，為實施串流處理邏輯的唯一編碼動作只有簡單的 SQL 查詢，其餘都是配置步驟。

本章摘要

本章以警示範例作為多個資料處理選項的參考，更深入地研究來自 Event Hub 的取用者如何以微批次處理的方式進行資料處理。我們研究了 Apache Spark 中以 Scala 語言編寫的 Spark 串流如何實施處理應用程式。本章也介紹執行事件處理的 Storm with Trident 和 tick tuples，並在 Java 中建立解決方案。最後介紹 Azure 串流分析作業，它以類似 SQL 查詢的方式執行串流處理。

下一章，我們將大幅提高有關資料串流處理的延遲時間的單位，從即時處理可容忍的秒鐘，提升到分鐘，甚至數小時，因為接下來將介紹建置批次處理應用程式的選項。

第六章

在 Azure 中執行批次處理

本章將會探討在 Azure 中執行批次處理的方式（見圖 6-1）。我們會定義批次處理的延遲長短，如同前幾章討論（在不到一秒鐘內）即時處理資料。可以把批次處理視為一些需要幾十分鐘、幾小時、幾天才能完成的查詢或程式。

批次處理的應用範疇相當廣泛，從一開始的資料轉換（munging）作業，到更為完整的「萃取 – 轉置 – 載入（Extract-Transform-Load，ETL）」管線、以及將資料準備好，方便取用超大型資料集或計算需要大量時間的作業。換句話說，批次處理是 Lambda 架構資料處理管線中的一道步驟——批次處理可引導到進一步的互動式探索（下游分析），為機器學習提供處理就緒的資料，或將資料儲存在分析與視覺化最佳化的資料庫中。

批次處理的具體例子如：將一個平面、非結構化的 CSV 檔案轉換成一個可查詢的模式化（及結構化）格式。同時將用作擷取的原始格式（如 CSV）轉換成更具查詢效能的二進制格式，因為此新格式依條列格式儲存資料，通常還會提供資料索引及統計資訊等功能。

你將會理解一個貫穿全章技術的重要概念：**讀時模式**（*schema on read*）。具體概念是資料不必先經過轉換成相應格式的處理過程，而是在從磁碟載入資料的同時，直接套用資料模式。這個概念讓我們可以輕鬆處理來自 CSV 檔案的資料，因為你可以擷取任何格式的資料，接著覆蓋資料模式，進行後續的資料處理。

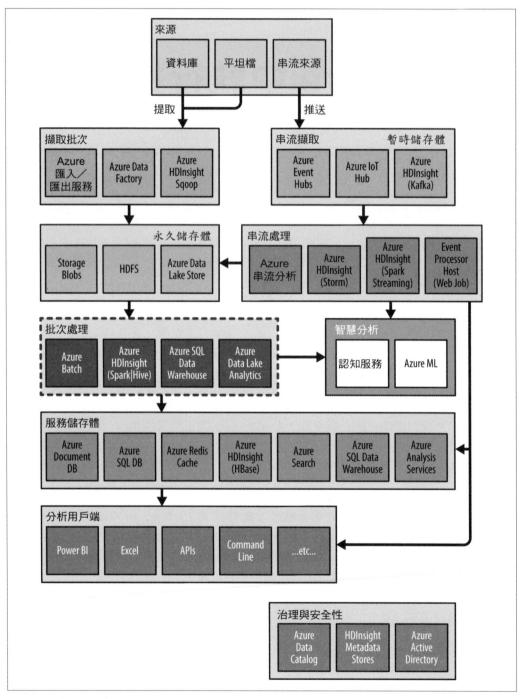

圖 6-1　本章內容聚焦在批次處理元件。

幾乎所有批次處理系統都利用的另一個重要概念是**外部與受管理（內部）資料表**，為批次處理解決方案提供資料處理權限。受管理資料表為處理方案所「擁有」的資料提供讀時模式——也就是說，受管理資料表掌控資料的生命週期，它是與資料進行互動的唯一系統。外部資料表則與之相反，這裡的資料可在批次處理方案及其他系統之間進行分享，因此外部資料表不會控制資料的生命週期。

本章為了實際說明批次處理過程，將會仔細檢驗 BYA 案例。根據本章目的，我們會檢驗一個輸入資料集，此資料集由好幾年份的航班（以及航班延誤）資料的 CSV 檔案所組成。我們將會探討如何套用資料模式，並將資料格式化以供後續查詢，諸如互動式分析（下一章將會介紹）。用於 BYA 案例情境的處理過程還可以繼續拓展，進行額外的資料處理與轉換。只要掌握讀時模式和內外部資料表的基礎後，你就能快速上手批次處理作業。

在 MapReduce on HDInsight 執行批次處理

MapReduce 程式編寫模型，可建立在大資料集進行平行運算的批次處理應用程式。分割大型資料集，並轉換成一組組等待處理的索引鍵／值配對（key/value pairs）。MapReduce 的第一道步驟「映射（map）」，應用一些函數，將鍵和值的資料行視為輸入值，並返回一個新的鍵／值配對列表，作為輸出值。換句話說，對一個輸入鍵／值配對來說，輸出的鍵值（key）可能與輸入鍵值不同。而且，輸出值可以有多個具有相同鍵值的鍵／值配對，因此輸出結果被視為一份鍵／值配對列表。

```
map(key1,value) -> list<key2,value2>
```

第二道步驟及最後一道步驟將映射步驟所產生的索引鍵／值配對當作輸入值，為每一個鍵值處理關聯值列表，產生一個新的值（value）列表。

```
reduce(key2, list<value2>) -> list<value3>
```

確保每個 MapReduce 作業都獨立於其他所有正在進行的 MapReduce 作業，在不同的鍵和資料列表上平行處理資料。這種平行處理是 MapReduce 模型的最大優勢，可以用來處理大型資料集。

Apache Hadoop MapReduce

Apache Hadoop MapReduce 是 MapReduce 程式編寫模型的實作，提供一個「超簡單平行」映射階段，資料在此階段被分割成等待處理的子集，接著是「歸納（Reduce）」階段，加總映射階段的輸出值，得出最終結果。「**超簡單平行**（*embarrassingly parallel*）」

描述一種所有執行處理的任務獨立作業，不與其他任務進行溝通的處理模式。與其相反的模式則是所有任務直接與其他任務溝通，為任務執行資料處理的一項環節，例如基於訊息傳遞介面（MPI）的解決方案。

MapReduce 實作的一項原則是，給定一個節點（如伺服器）叢集，假如想要縮短處理時間，開發者可以限制在運算節點之間移動資料所花費的時間。將資料移動至運算作業的過程稱為混洗（*shuffle*）。MapReduce 採取另一種作法，盡可能將運算作業移動到資料上（即，在儲存資料的同一節點上運行程式碼），以便消除耗費時間的混洗過程。支援運算的儲存體為分散式檔案系統，在多數情況下是 HDFS。

想像 Hadoop MapReduce 包含以下三個元件：

MapReduce API
　　編寫應用程式的終端使用者 API。

MapReduce 框架
　　運行映射、篩選、混洗、整併和歸納等動作的實作架構。

MapReduce 系統
　　運行 MapReduce 應用程式的後端基礎架構，可以管理叢集資源、排程平行作業。

Apache Hadoop MapReduce 系統有兩個主要元件，每個元件皆作為一個節點上的一個程式來運行：一個主要的 JobTracker，以及數個從屬各節點的 TaskTracker（見圖 6-2）。JobTracker 負責兩項任務：

資源管理
　　管理 TaskTracker，追蹤資源的取用狀態與可用性。

工作生命週期管理
　　利用 TaskTracker 安排獨立的工作任務，追蹤工作進度，並為暫時性錯誤提供容錯性。

TaskTracker 根據 JobTracker 下達的指示運行，例如啟動任務或結束任務，並定期回報任務進度給 JobTracker。

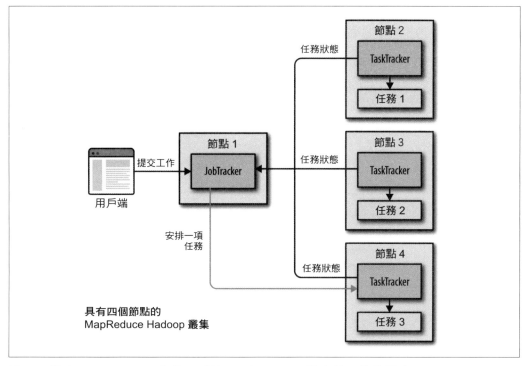

圖 6-2 提交 MapReduce 工作的用戶端、運行 Tracker 進度的運算節點（JobTracker 和從屬的 TaskTracker），與最終執行的任務之關係圖。

在 Hadoop 1 中，叢集根據給定職責運行 MapReduce，將來源資料、中間結果（如：映射階段產出的結果）與最終輸出結果（如：歸納階段的結果）儲存於 HDFS 中。

Hadoop 2 則引入相當戲劇化的變動，從而解決 MapReduce 特有的局限性。所謂 MapReduce 的局限性有以下幾點：在處理過程中，勢必要將中間結果寫入磁碟，導致處理效能不佳；叢集中映射和歸納「槽」的數量有限，造成叢集使用率低；只能將處理管線理解為由一個映射階段與一個歸納階段組成的處理結構，無法再進一步描述；並且，在更廣泛的意義上，缺乏靈活性，除了 MapReduce 工作之外，無法更加活用叢集，執行任何其他形式的分散式處理。

Hadoop 2 以 Apache YARN（Yet Another Resource Manager）回應這些局限性，YARN 提供資源管理功能，以及分散式應用程式框架。YARN 所管理的資源，不再是 MapReduce 工作（如 Hadoop 1 的操作），而是改為管理更為通用的應用程式，這裡的應用程式可以是 MapReduce 實作，或甚至是如 Spark 等更新的應用。YARN 將 JobTracker

的兩項任務拆開，資源管理責任被歸屬給一個掌控整體狀態的 ResourceManager，而工作生命週期管理則成為每個應用程式的 ApplicationMaster 的職責（見圖 6-3）。

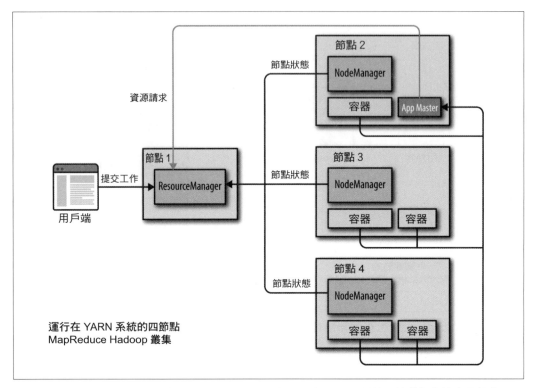

圖 6-3 在 Hadoop 2.0 中，此時 MapReduce 只是一個運行在 YARN 所管理的叢集上的應用程式。

ResourceManager 管理系統中所有應用程式的資源分配狀態。ResourceManager 的 Scheduler 元件在一個含有已定義 CPU、記憶體、磁碟及被稱為資源容器（*resource containers*）的網路的封包中釋放資源。

每個節點運行一個名為 NodeManager 的從屬程式，這個程式負責啟動容器、監控容器資源使用情況，並向 ResourceManager 回報。每個節點中的容器支援兩種處理：ApplicationMaster，或者執行應用程式所需任務。根據應用程式實例建立 ApplicationMaster，它負責從 ResourceManager 的 Scheduler 協調資源容器，接著追蹤資源狀態，監控叢集中已分配資源容器的處理進度。

最後一個重大調整是，在 YARN 運算框架中，MapReduce 只是一種應用程式的類型（只用來實現 MapReduce 演算法），在受 YARN 管理的叢集中運行。

在 Azure 中，不管配置任何類型的 HDInsight 叢集，你也同時配置了 YARN。YARN 正是 Apache Hive、Pig、Spark 和 Storm 等應用程式的底層資源管理框架。

授權 *MapReduce* 程式

本書不會直接介紹如何建立 MapReduce 程式，我們將聚焦在諸如 Hive 的應用程式，這些應用的輸出結果為 MapReduce 程式，或者是在 HDInsight 提供的 YARN 叢集上運行，如 Spark 這類的非 MapReduce 應用程式。如果你有意了解如何在 HDInsight 上直接編寫程式，運行基於 Java 的 MapReduce 工作，歡迎閱讀 Microsoft Azure 文件（*http://bit.ly/2mQENbc*）。

以 Hive on HDInsight 執行批次處理

Apache Hive 是 Hadoop 的資料倉儲系統，使用 HiveQL（一種類似 SQL 的查詢語言）匯總、查詢和分析資料。Hive 可用來互動式探索資料，或建立可重複使用的批次處理工作。 Hive 支援以下常見物件，如資料庫、資料表、視圖、用戶自定義函數，以及關聯式資料庫（relational database）中常見的索引。Hive 支援絕大多數資料類型（`bigint`、`binary`、`boolean`、`char`、`decimal`、`double`、`float`、`int`、`smallint`、`string`、`timestamp` 和 `tinyint`），同時也支援陣列、地圖和結構（`struct`）。Hive 的主要優點為允許在非結構化（或半結構化）資料上投影結構，提供一個查詢介面，查詢儲存於 HDFS 的資料，不必開發專門的 MapReduce 應用程式。

這裡要特別強調，Hive 並不是一個資料庫——Hive 只是提供了一個機制，將資料庫結構投射到儲存於 HDFS 的資料上，讓你可以利用 HiveQL 查詢資料。與典型的資料庫不同，Hive 無法控制底層儲存體的結構；它只能依據查詢，將模式（schema）應用到資料中。換句話說，Hive 提供讀取模式。如果底層資料與預期模式不相符，Hive 將會嘗試解決出錯，以便進行查詢。舉例來說，當模式需要數字，但此時所儲存的欄位內容為非數字字串，則 Hive 將為這些欄位返回 `null` 值。

使用 HiveQL 查詢 Hive，此時你的查詢作業將間接轉換為 MapReduce 或 Tez（於下一章節仔細介紹），或是 Spark 工作。

Hive-on-Spark

透過 Spark 作業執行 HiveQL 查詢的方式稱為 Hive-on-Spark。Hive-on-Spark 處於早期開發階段，尚未在 HDInsight 中提供。這個功能是 Hive 2.*x* 的一部分，所以當 HDInsight 支援 Hive 2.*x* 時，它將成為 HDInsight 的一個功能。由於 HDInsight 基於 HortonWorks HDP 而運作，當 Horton-Works 發布 HDP 2.5 時，此版本應包含 Hive 2.*x*，不久後應該還會發布 HDI with HDP 2.5 版本。

可以使用 Hive 查詢以文字格式儲存的資料（如 CSV 檔案），或是近幾年出現，更加專用的二進制格式，包括序列檔案（MapReduce 所使用的原始鍵／值格式）、ORC、RCFile 和 Parquet 等多欄式檔案。

內部及外部資料表

正如前文所述，Hive 支援內部資料表與外部資料表的概念。Hive 使用內部（或稱「受管理」）及外部資料表來擷取「意向」——也就是，某資料表及其資料的預期所有權。內部資料表意味著 Hive 掌握完整的所有權，而外部資料表則表示 Hive 與其他有權存取 HDFS 相同實例的應用程式共享資料的存取權。

內部資料表的資料儲存於由 Hive 管理的位置。外部資料表實際上「引用」位於 Hive 之外某個路徑的資料。兩種資料表的主要差異發生在建立資料表與刪除資料表的時候。在建立資料表時，內部資料表會複製資料檔案到 Hive 所管理的位置，當資料表被刪除時，Hive 也會從磁碟刪除資料。外部資料表則將資料留在來源位置，而刪除外部資料表時，Hive 不會刪除底層資料，只會刪除結構中繼資料。

分割資料表

不論是內部或外部資料表，都可以被水平分割（即，將資料表分為好幾組「列」）。

分割資料表改變了 Hive 構建資料儲存體的方式。此時 Hive 將會建立反映分區結構的子目錄，其中檔案夾名稱的格式為：*<fieldName>=<value>*。在這種方法中，用來分割的欄位可以自資料檔案本身刪除，並在導向資料檔案的路徑中只表達一次，如此一來，可以節省空間。

參考資料

關於建立分割資料表選項的詳細介紹，請參閱 Apache Hive wiki（*http://bit.ly/2nK0UVS*）。

視圖

視圖可以保存查詢，並以資料表方式處理。這是一個邏輯結構，因為視圖不以資料表儲存資料的方式運作。換句話說，Hive 目前不支持實質化（materialized）視圖。

參考資料

想了解更多建立視圖的相關語法，請參閱 Apache Hive wiki（*http://bit. ly/2mV4t7q*）。

索引

Hive 具備一些有限的索引功能。以關聯式資料庫的概念來說，Hive 並沒有關鍵字（keys），而且，由於 Hive 通常是在不修改儲存格式的情況下覆蓋結構，因此 Hive 並不支援套用相同效力的主要索引（或叢集索引），改變磁碟上資料的篩選排序的這種方法。也就是說，你可以在欄上建立二級索引來加速某些作業。資料表的索引資料儲存於另一個資料表中。

宣告一個索引時，你需要指定一個實現索引策略的索引處理程式。最常見的兩種程式是 BITMAP（針對列的次要值（如：性別）進行優化）和 COMPACT（針對執行「點尋找（point lookups）」的查詢作業進行優化）。除了內部資料表的索引外，也支援索引外部資料表和視圖。

需要注意的是，如果底層的資料表資料有任何變動，則必須手動重新建立索引。

只有當 MapReduce 作為 Hive 的運算引擎時，才能提供索引功能。如果使用 Tez，則無法建立索引。你可以改為使用（包含內部索引的）ORC 儲存體與分割區。

索引管理的 *HiveQL* 語法

想深入了解如何建立與管理索引，請參閱 Apache Hive Wiki（*http://bit. ly/2nCJLgd*）。

資料庫

在 Hive 中，基本上資料庫是一個資料表的邏輯群組；可以想成是關於資料表的目錄或是命名空間。Hive 有一個跳脫框架的資料庫，名為「預設資料庫」（default），在不指定其他資料庫的情況下，Hive 會使用預設資料庫。

在預設情況下，每一個資料庫在 Hive 倉儲目錄下都有屬於自己的子資料夾。你可以根據需求，指定 Hive 倉儲目錄之外的資料庫作為備用位置。萬事總有例外，這個例外正是預設資料庫。實際上，它是倉儲資料夾的根目錄，這表示在這個預設資料庫內所建立的任何內部資料表，其實都是和其他資料庫屬於同一層級的資料夾。

資料庫的 *HiveQL* 語法參考資料

想知道更多如何管理資料庫的 HiveQL 語法，請參見 Apache Hive wiki
（*http://bit.ly/2nShak9*）。

使用 Hive on HDInsight

現在，讓我們將這些概念好好實踐於 HDInsight 叢集。在開始之前，確認你已經配置好一個新的 HDInsight 叢集。嚴格來說，你可以使用任何叢集類型，因為他們都包含 Hive 框架，但如果 Hive 是你之後想要應用的主要技術，那麼請部署 Hadoop 的叢集類型。如此一來，你可以選擇基於 Linux 或 Windows 操作系統的叢集。我們建議部署 Linux 叢集，因為它提供比 Windows 更強大的功能（特別是它包括 Apache Ambari，具備更多專為 Hive 設計的應用介面）。因此，這一節將會介紹部署在 Linux 系統的 HDInsight。請參考以下步驟：

1. 登入 Azure 入口網站。

2. 選擇「新建」→「Data + Analytics」→「HDInsight」。

3. 在新的 HDInsight 視窗，為叢集命名。

4. 選擇 Azure 訂用帳戶。

5. 點擊「選擇叢集類型」。

6. 在「叢集類型配置」視窗上，將叢集類型設置為 Hadoop，作業系統設定為 Linux，版本為 Hadoop 2.7.1，叢集層設定為「標準」。按下「選取」。

7. 點擊「認證」。

8. 設置管理員登入使用者名稱和密碼，然後設置 SSH 使用者名稱和密碼，然後點擊「選取」。

9. 點擊「資料來源」。

10. Hadoop 叢集（以及針對 Hive 的擴充功能），你需要將叢集與 Azure 儲存體帳戶和 Azure Data Lake Store 綁定。選擇現有的 Azure 儲存體帳戶或建立一個新帳戶。此帳戶將為叢集提供預設儲存體。

11. 根據需要修改容器名稱。此容器名稱將作為 HDInsight 叢集的根資料夾。

12. 選擇離你最近的區域。

13. 或者，如果要使用 Azure Data Lake Store，請選擇「叢集 AAD 身分」，然後建立新的 AAD 服務主體（AAD Service Principal），或選擇現有的 AAD 服務主體。你必須以訂用者身分登入 Azure 入口網站來配置 AAD 服務主體（若以共同管理使用者身分則無法成功執行此步驟）。完成配置後，請務必點開 Data Lake Store，授權此步驟建立的服務主體，提供 Data Lake Store 存取權（圖 6-4）。

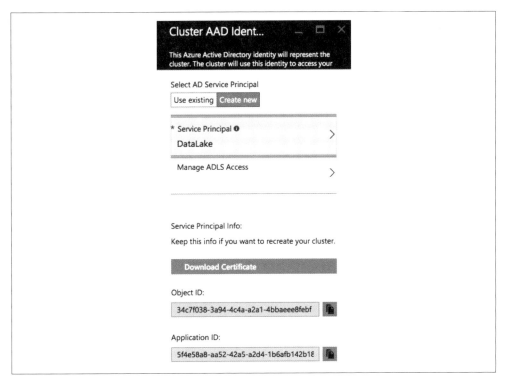

圖 6-4 為新的叢集配置 Data Lake Store 存取權。

14. 點擊「選取」。

15. 點擊「訂價層級」。

16. 將工作者節點的數量設置為 4（不需要更多運行樣本），並根據需要調整工作節點的大小和前端節點的大小（任何較小的可用選項即可運作）。

17. 點擊「訂價層級」視窗上的「選取」。

18. 點擊資源組並根據需要選擇一個現有的資源組或建立一個新的資源組。你現在應該具有指定的所有設置。

19. 點擊「建立」開始建置 HDInsight 叢集，大約需要花費 25 分鐘。準備就緒後，請繼續閱讀下一節內容，幫助你探索 Hive。

Storage on HDInsight

配置 HDInsight 叢集時，你需要配置新的 Azure 儲存體帳戶，或是將叢集與現有的帳戶綁定。此外，你必須在 HDInsight 中作為 HDFS 根目錄的相關儲存體帳戶中，指定一個 blob 容器。

使用與叢集綁定的預設 Azure 儲存體容器來存放內部資料表，內部資料表被儲存在此路徑之下 /hive/warehouse。

可以在根容器之下不同位置的資料上建立外部資料表，或者，也可以根據存在於不同容器中的資料建立外部資料表，甚至在不同的 Azure 儲存體帳戶上建立。

除了提供預設的 Azure 儲存體帳戶外，你還可以將 Azure Data Lake Store 與 HDInsight 叢集相互綁定（圖 6-5）。如此一來，則可以使用 Azure Data Lake Store 來儲存外部資料表的資料。內部資料表則繼續把資料儲存在預設的 Azure 儲存體帳戶內的 HDInsight 叢集之容器上。

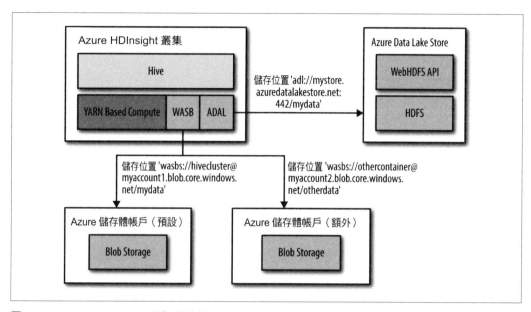

圖 6-5　Hive on HDInsight 所提供的儲存選項總覽，可以綁定 Azure 儲存體帳戶和／或 Azure Data Lake Store。

批次處理 Blue Yonder Airports 資料

現在，配置好 HDInsight 叢集之後，請確認你已將航班延誤資料（請參閱第 2 章）上傳到綁定的 Azure 儲存體帳戶或 Azure Data Lake Store。在接下來的步驟中，我們將資料上傳到兩種儲存選項的下列路徑 */flightdata*。

有兩種執行 HiveQL 查詢的主要模式。你可以利用 SSH 進入叢集的前端節點，使用 Hive shell 來運行查詢作業，或者使用瀏覽器存取 Ambari，使用 Hive View GUI 進行查詢。我們會以例子個別展示。

航班延誤資料集有幾項現實挑戰，我們會告訴你如何解決。以下是大致的挑戰要點，以及解決之道。

與資料集相關的挑戰：

1. 每個 CSV 檔案的列標題都需要略過。

2. OriginCityName 與 DestCityName 欄位內有逗號（例如「城市，州」），導致後面的欄位無法與標題對齊。

3. 來源資料為 CSV 格式，我們更傾向使用高效能格式進行進階分析查詢。

這些挑戰的應對方法：

1. 在定義外部資料表時，提供 `skip.header.line.count` 資料表屬性，告訴 Hive 跳過每個檔案的第一列，將第一列視為標題。

2. 定義加載模式時，為 OriginCityName 建立兩個列，同時為 DestCityName 建立兩個列。接著，在轉換腳本中，你可以依照需要將合併這些值，記得要保持正確的欄位計數，對齊標題值。

3. 為了更好地使用 Hive 框架，我們可以將資料移動到 ORC，提升資料壓縮與查詢效能。

建立外部資料表

本節內容介紹如何疊加模式，準備用於分析的航班延誤資料。使用 Ambari Hive View 來執行 HiveQL 腳本。

1. 開啟瀏覽器並輸入以下網址 *https://<YOURCLUSTERNAME>.azurehdinsight.net/#/main/views*。

2. 跳出登入視窗時，請輸入叢集的管理員認證資訊。

3. 在跳出的視圖列表中，選擇「Hive View」（圖 6-6）。

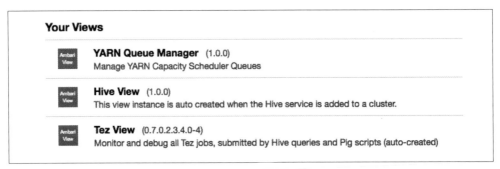

圖 6-6 Ambari Hive View 中可用的視圖列表。

4. 在「資料庫」分頁下的「資料庫總管」，點擊預設的超連結，檢視預設 Hive 資料庫目前所包含的資料表（應該只會看到 hivesampletable）。請見圖 6-7。

圖 6-7 顯示已建立 Hive 資料表的列表。

5. 接著，在「工作表單」分頁下的「查詢編輯器」，貼上以下查詢：

```
CREATE EXTERNAL TABLE FlightData
(
Year INT,
Quarter INT,
Month INT,
DayofMonth INT,
DayOfWeek STRING,
FlightDate STRING,
UniqueCarrier STRING,
AirlineID STRING,
Carrier STRING,
TailNum STRING,
FlightNum STRING,
OriginAirportID STRING,
OriginAirportSeqID STRING,
OriginCityMarketID STRING,
Origin STRING,
OriginCityName1 STRING,
OriginCityName2 STRING,
OriginState STRING,
OriginStateFips STRING,
OriginStateName STRING,
OriginWac STRING,
DestAirportID STRING,
DestAirportSeqID STRING,
DestCityMarketID STRING,
Dest STRING,
DestCityName1 STRING,
DestCityName2 STRING,
DestState STRING,
DestStateFips STRING,
DestStateName STRING,
DestWac STRING,
CRSDepTime INT,
DepTime INT,
DepDelay INT,
DepDelayMinutes INT,
```

```
DepDel15 BOOLEAN,
DepartureDelayGroups INT,
DepTimeBlk STRING,
TaxiOut INT,
WheelsOff INT,
WheelsOn INT,
TaxiIn INT,
CRSArrTime INT,
ArrTime INT,
ArrDelay INT,
ArrDelayMinutes INT,
ArrDel15 BOOLEAN,
ArrivalDelayGroups INT,
ArrTimeBlk STRING,
Cancelled BOOLEAN,
CancellationCode STRING,
Diverted BOOLEAN,
CRSElapsedTime INT,
ActualElapsedTime INT,
AirTime INT,
Flights INT,
Distance INT,
DistanceGroup INT,
CarrierDelay INT,
WeatherDelay INT,
NASDelay INT,
SecurityDelay INT,
LateAircraftDelay INT,
FirstDepTime INT,
TotalAddGTime INT,
LongestAddGTime INT,
DivAirportLandings BOOLEAN,
DivReachedDest BOOLEAN,
DivActualElapsedTime INT
)
ROW FORMAT DELIMITED FIELDS TERMINATED BY ','
STORED AS TEXTFILE
LOCATION 'adl://solliance.azuredatalakestore.net:443/flightdata'
TBLPROPERTIES ("skip.header.line.count"="1");
```

在運行腳本之前，我們來仔細看看這些語法。

第一行，我們先提供資料表名稱，並且以關鍵字 EXTERNAL 表明我們需要的是外部資料表：

```
CREATE EXTERNAL TABLE FlightData
```

接著，輸入左括號，列出資料表內所有列，再輸入一個右括號。每一列所提供的資訊為名稱（用來查詢）與資料類型。務必按照它們在每個 CSV 檔案中出現的順序，輸入這些列：

```
(
Year INT,
Quarter INT,
Month INT,
...
DivReachedDest BOOLEAN,
DivActualElapsedTime INT
)
```

再來，告訴 Hive 應該如何剖析這份 CSV 檔案——意即，以逗號分隔欄位（列），且每一行為不同資訊（以行分隔），並表明這份檔案為 TEXTFILE 類型（而不是 ORC、SEQUENCEFILE、RCFILE 等）：

```
ROW FORMAT DELIMITED FIELDS TERMINATED BY ','
STORED AS TEXTFILE
```

然後，撰寫一則程式碼，用關鍵字 LOCATION 告知 Hive 檔案的存放位置：

```
LOCATION 'adl://solliance.azuredatalakestore.net:443/flightdata'
```

此時，我們以前置碼 adl:// 告訴 Hive 檔案存放在 Azure Data Lake Store 中。Azure Data Lake Store 的名稱由子網域（在此例子為 solliance）提供。最後，檔案所在的資料夾是 URL 的路徑元件（此例為 flightdata）。如果你擁有多個層級的子資料夾，亦可在此路徑中表示這些資料夾（例如：/flightdata /2016）。連接到 Azure Data Lake Store 的 URL 語法總結如下：

```
LOCATION 'adl://[STORENAME].azuredatalakestore.net:443/[FOLDER]'
```

請注意，LOCATION 要求提供的是資料夾路徑，而不是單個檔案的路徑，這一點非常重要。

如果想以 Azure Blob 儲存體作為 CSV 檔案的來源位置，則要變動 LOCATION 所使用的 URL。舉例來說：

```
LOCATION
'wasbs://myhive@solexpanalytics1.blob.core.windows.net/flightdata'
```

以 Azure 儲存體來說，URL 的前置碼須為 wasbs://（Windows Azure Storage Blobs SSL 的縮寫），接著，請提供儲存體帳戶名稱、容器名稱，以及容器下的子資料夾路徑，程式碼如下：

```
LOCATION
'wasbs://[container]@[account].blob.core.windows.net/[subfolder]'
```

腳本的最後一行程式碼，告訴 Hive 跳過每個 CSV 檔案的第一行，因為這一行包含的是列標題，而不是實際資料：

```
TBLPROPERTIES ("skip.header.line.count"="1");
```

返回瀏覽器中的 Ambari Hive View：

1. 在運行腳本之前，請確認你已將 LOCATION 的 URL 位址更改為儲存航班延誤資料的位址。

2. 點擊「執行」按鈕（圖 6-8）。

圖 6-8 「執行」按鈕。

3. 看見如圖 6-9 的「查詢程式結果（狀態：成功）」時，表示已建立外部資料表的中繼資料。

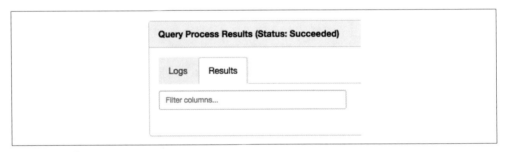

圖 6-9 顯示「成功」的查詢程式結果。

4. 在「資料庫總管」，點擊「重新整理」按鈕（圖 6-10）。

圖 6-10 「重新整理」按鈕。

5. 點擊預設資料庫，你將在列表中看到新的資料表（圖 6-11）。

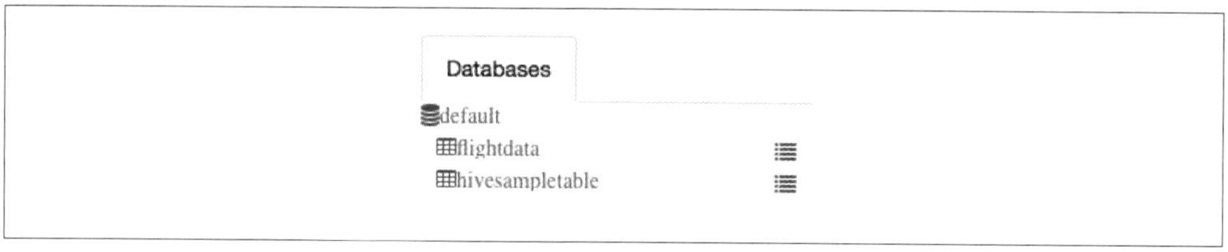

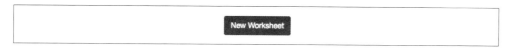

圖 6-11 檢視預設資料庫內 Hive 資料表下的新資料表。

恭喜你！你完成第一個 Hive 外部資料表囉！

接下來，對這個資料表執行一次查詢。

1. 點擊「新工作表單」按鈕，開啟一個新的查詢分頁（圖 6-12）。

圖 6-12 「新工作表單」按鈕。

2. 貼上以下查詢到表單中，然後點擊「執行」：

```
SELECT * FROM flightdata LIMIT 100;
```

這個查詢將會返回外部資料表的前一百列資料。你應該會看到類似圖 6-13 的查詢結果。

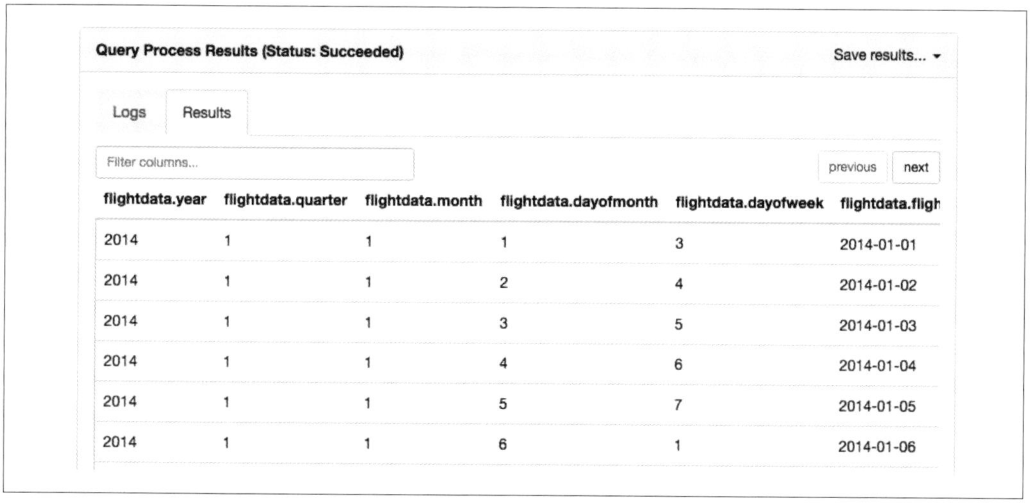

flightdata.year	flightdata.quarter	flightdata.month	flightdata.dayofmonth	flightdata.dayofweek	flightdata.fligh
2014	1	1	1	3	2014-01-01
2014	1	1	2	4	2014-01-02
2014	1	1	3	5	2014-01-03
2014	1	1	4	6	2014-01-04
2014	1	1	5	7	2014-01-05
2014	1	1	6	1	2014-01-06

圖 6-13 查詢外部資料表，有關航班延誤資料的前一百列資料之查詢結果。

建立內部資料表

現在，讓我們來了解一下如何從外部的航班延誤資料，建立一個內部資料表。因為內部資料表代表一份外部資料表所含資料的副本，通常建立內部資料表的初衷是為了變更儲存格式，從擷取階段的原始格式改為更具分析查詢效能的格式。以 Hive 來說，有幾個可用的儲存格式選項，但 ORC 格式是最為推薦的儲存格式。

關於 *ORC* 格式

如果你有興趣了解 ORC 檔案格式，你可以在 Apach Hive wiki（*http://bit.ly/2nK72NV*）閱讀更加全面深入的介紹。

在接下來的步驟中，會使用不一樣的手法來運行 HQL 查詢，我們會使用 SSH 和 Hive shell。如果你想繼續使用 Ambari Hive View，當然也行。

1. 使用 SSH 連線到 HDInsight 叢集（回想一下，這代表要運行類似 "ssh [username]@[clustername]-ssh.azurehdinsight.net" 的程式碼）。

2. 在跳出的視窗內輸入密碼。

3. 在外殼（shell）輸入 **hive**，啟動 Hive shell。

4. 複製下列腳本來建立以 ORC 格式儲存的內部資料表的模式。記得要修改 URL 位址，指向預設的 Azure 儲存體帳戶。

5. 貼上經修改的腳本到 Hive shell，接著按下「輸入」來執行。

```
CREATE EXTERNAL TABLE flightdataorc
(
Year INT,
Quarter INT,
Month INT,
DayofMonth INT,
DayOfWeek STRING,
FlightDate STRING,
UniqueCarrier STRING,
AirlineID STRING,
Carrier STRING,
TailNum STRING,
FlightNum STRING,
OriginAirportID STRING,
OriginAirportSeqID STRING,
OriginCityMarketID STRING,
Origin STRING,
```

```
OriginCityName1 STRING,
OriginCityName2 STRING,
OriginState STRING,
OriginStateFips STRING,
OriginStateName STRING,
OriginWac STRING,
DestAirportID STRING,
DestAirportSeqID STRING,
DestCityMarketID STRING,
Dest STRING,
DestCityName1 STRING,
DestCityName2 STRING,
DestState STRING,
DestStateFips STRING,
DestStateName STRING,
DestWac STRING,
CRSDepTime INT,
DepTime INT,
DepDelay INT,
DepDelayMinutes INT,
DepDel15 BOOLEAN,
DepartureDelayGroups INT,
DepTimeBlk STRING,
TaxiOut INT,
WheelsOff INT,
WheelsOn INT,
TaxiIn INT,
CRSArrTime INT,
ArrTime INT,
ArrDelay INT,
ArrDelayMinutes INT,
ArrDel15 BOOLEAN,
ArrivalDelayGroups INT,
ArrTimeBlk STRING,
Cancelled BOOLEAN,
CancellationCode STRING,
Diverted BOOLEAN,
CRSElapsedTime INT,
ActualElapsedTime INT,
AirTime INT,
Flights INT,
Distance INT,
DistanceGroup INT,
CarrierDelay INT,
WeatherDelay INT,
NASDelay INT,
SecurityDelay INT,
```

```
LateAircraftDelay INT,
FirstDepTime INT,
TotalAddGTime INT,
LongestAddGTime INT,
DivAirportLandings BOOLEAN,
DivReachedDest BOOLEAN,
DivActualElapsedTime INT
)
ROW FORMAT DELIMITED
FIELDS TERMINATED BY ','
STORED AS ORC
LOCATION 'wasbs://solspark1612@sollianceanalytics2.blob.core.windows.net
/flightdata_orc';
```

運行腳本後，應該可以看到類似下列輸出。

```
OK
Time taken: 2.944 seconds
```

讓我們檢視一下這支腳本。在 STORED AS 這行程式碼中，指定 ORC，讓資料改以 ORC 格式儲存。同時，修改了 LOCATION 來指向預設的 Azure 儲存體 Blob 容器和子資料夾路徑。

```
STORED AS ORC
LOCATION
'wasbs://solspark1612@sollianceanalytics2.blob.core.windows.net/flightdata_orc';
```

這支腳本僅建立描述資料表的中繼資料。現在我們要確實從外部資料表複製資料到這份內部資料表。

想要建立副本，請在 Hive 中運行下列腳本：

```
INSERT OVERWRITE TABLE flightdataorc SELECT * FROM flightdata;
```

幾分鐘之後，你的內部資料表應該會出現一份副本，內容為外部資料表的原始 CSV 檔案的資料，以 ORC 格式儲存。

你知道嗎？

Microsoft 與相關社群合作，設計開發 Optimized Row Columnar（ORC）格式。

完成插入查詢後，現在你手邊已經有一張資料表，可以進行一些初始分析查詢，下一章將深入介紹。

以 Pig on HDInsight 執行批次處理

所謂 Apache Pig，是使用稱為 Pig Latin 的腳本語言來產出資料處理程式的平台。以 Java 語言編寫 MapReduce 應用程式較為複雜，而 Apache Pig 是一個更簡單的替代方案。

本書不會深入探討 Pig，不過，如果你已經從上一節內容中，掌握了如何在 HDInsight 上設置 Hadoop，而且習慣使用 SSH 連線到以 SSH 運行 Hive 的前端節點，那麼運行 Pig 語言就不在話下：基本上，你會在 SSH 終端，而不是 Hive 上運行 Pig 指令。

> **更多 *Pig* 語言**
>
> 參考 Microsoft Azure 文件（*http://bit.ly/2n81E3N*），了解如何在 HDInsight 上運行 Pig。

以 Spark on HDInsight 執行批次處理

在 HDInsight 上運行的 Apache Spark 提供一些可進行批次處理的選項。框架的最底層是 Spark Core 和 RDD API，允許開發者對 Spark 的分散式資料執行平行作業。底層之上是 Spark SQL 模組，這個模組提供 DataFrame API 和 DataSet API，可以直接對 DataFrame API 發出 SQL 查詢。

這些抽象分層被證實在批次處理中有其用途，因為它們簡化了開發工作（因為它們更具表現力），而且因為它們的效能通常比原始 RDD API 更好（因為它們包含額外資訊，在執行查詢之前可以優化查詢結果）。本書將著重介紹 Spark SQL 及其提供的 DataFrame API。我們將在本章介紹如何使用 DataFrame 進行批次處理，並在下一章探討 DataFrame 對 SQL 查詢的支援功能。

話說回來，什麼是 DataFrame 呢？簡而言之，它是一個以已命名的列來統整的分散式資料集合（請注意，我們指的是已命名的列，而不是已命名和已分類的列）。

DataFrame 來自各資料來源的其中之一。Parquet 檔案是預設的資料來源，完整的內建資源列表還包括：

- Parquet

- JSON

- ORC

- Text 檔案

- Hive 資料表

- JDBC 來源

> *Spark Packages*
>
> 除了內建資源以外，還有許多可用的資料來源。請查看 Spark Packages
> 網站（*https://sparkpackages.org/*）了解可與其他資料來源進行互動的函
> 式庫。

以 HDInsight 叢集來說，你可能會從與叢集綁定的 Azure 儲存體帳戶、附加的 Azure 儲
存體帳戶或 Azure Data Lake Store 中讀取一般檔案（參見圖 6-14）。

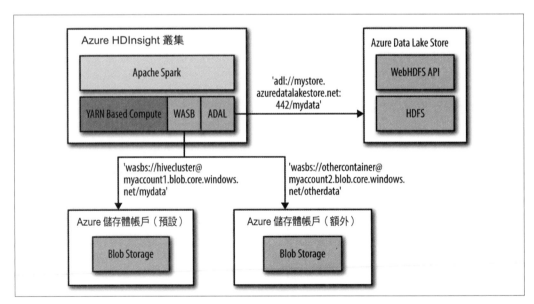

圖 6-14 範例：以 Spark on HDinsight 存取儲存於 Azure 的檔案。

你可能會想起第五章的內容,想要在一個程式中與 Spark 進行互動時,我們總是以 SparkContect 這則程式碼開始。

想要使用 Spark SQL 和 DataFrame API,這裡我們採用組成 SparkContext 的其中一種內容:SQLContext 或 HiveContext。它們都提供相同功能,但 HiveContext 還為以 Apache Hive 儲存的資料提供了額外支援。

在大多數運行 Spark 程式的情況下,除了基本的 SparkCon 文字外,同時也會建立一個 SQLContext/HiveContext 執行個體。讀取來源程式碼時,使用 DataFrameReader 執行個體,它可透過 read 方法(`sqlContext.read`)從 SQLContext 存取。這部分可能有些令人困惑,因為有不少種方式可以讓你從同一個資料來源獲得相同的 DataReader,所以我們一一列出這些方法,以便進行比較。每個內建來源都有一個簡化語法的輔助方法:

```
sqlContext.read.parquet("path/to/files")
sqlContext.read.json(path/to/files")
sqlContext.read.orc("path/to/files")
sqlContext.read.jdbc(url, tableName, properties)
sqlContext.read.text("path/to/files")
sqlContext.read.table("hiveTableNameOrtempTableName")
```

或者,你可以使用 format 方法來指定資料來源的格式,此方法可以使用完整的類型名稱或類似下列短名稱:

```
sqlContext.read.format("org.apache.spark.sql.parquet").load("path")
sqlContext.read.format("parquet").load("path") //short format
```

每一次調用的返回值都是一個 DataFrame 執行個體。有了 DataFrame,你可以使用 Spark SQL 的語言整合查詢格式(如果你熟悉 .NET 的 LINQ,應該很容易上手),或者對 DataFrame 發出 SQL。我們將在下一章中介紹如何對 DataFrame 發出 SQL,這一章先探索前者。你可以使用基於 LINQ 的腳本,根據需要轉換資料,再寫回結果。

DataFrame 操作

有關套用至 DataFrame 的操作類型的完整範例,請參閱 Spark 文件 (*http://bit.ly/2mQAbSy*)。

將結果寫回某處的物件是 DataFrameWriter。在寫入來源文件時，格式選項與讀取模式類似，只不過這時你使用的是來自預保留的 DataFrame 執行個體的 DataWriter 執行個體。這個方法借助 helper method，範例如下：

```
dataFrame.write.parquet("path/to/files")
dataFrame.write.json("path/to/files")
dataFramet.write.orc("path/to/files")
dataFrame.write.jdbc(url, tableName, properties)
dataFrame.write.text("path/to/files")
```

Spark SQL 也有外部資料表和內部資料表的概念。使用來自 SQLContext 或 HiveContext 的 DataFrame 執行個體，dataFrame.registerTempTable（"tableName"）這則程式碼，可以建立每則對話的暫存資料表，作為外部資料表。描述此資料表的模式是 Spark 真正維護的內容，當資料表被刪除或過期時，儘管模式消失，但可以保留底層資料。

Spark SQL 的內部資料表概念，與在 Hive 中建立受管理資料表緊密相關。你可以使用來自 DataFrame 執行個體的 saveAsTable 程式碼，在 Hive 中建立永久的、受管理的資料表（其他 Hive 用戶端可以在不使用 Spark 的情況下進行查詢）。只有在使用 HiveContext 時，才能將 DataFrame 儲存為永久資料表；使用 SQLContext 的 DataFrame 來源的話，則無法儲存為 Hive 資料表。以下這個範例，從現有 RDD 建立的 DataFrame；請注意，這個 DataFrame 是以 HiveContext 建立的：

```
val flightsDF = hiveContext.createDataFrame(resultRDD)
flightsDF.write.saveAsTable("FlightDelaysSummaryRDD")
```

DataSet API

DataSet API 旨在將整合 RDD API 與 DataFrame API 兩者的優勢。在 Spark 1.6.1 版本，推出實現性質的 DataSet API，此時與 DataSet 分開。Spark 2.0 的早期版本的一個長遠目標之，正是想將兩者統整合一。一個快速理解兩者差異的方法是，將 DataFrame 描述為由 Row 物件組成的一項集合，透過類似查找字典的方式來存取 Row 中的每個欄位，並在存取時套用類型。然而，DataSet 的宗旨是在編譯時，為物件集合提供強類型（strong typing），促使集合中的每一項目，都是一個符合底層資料模式，具有類別（class）與類型屬性（typed properties）的實例。換句話說，日後 DataFrame 只會是 DataSet 的一項擴展，其中每個集合元素的類型都是 Row，而你將傾向於使用 Person 或 Flights 的 DataSets。

掌握這些基本概念後，讓我們見識一下如何套用 DataFrame API，對航班延誤資料執行批次處理。本節不再贅述如何以 Spark 部署 HDInsight，如果你想複習一下，可以翻一翻第 5 章的相關內容。

批次處理 Blue Yonder Airports 資料

配置好 HDInsight 叢集後，確認你已將航班延誤資料（請參閱第 2 章）上傳到 Azure 儲存體帳戶或綁定該叢集並執行查詢作業的 Azure Data Lake Store。在接下來的步驟中，我們將資料上傳到兩種儲存選項的以下路徑 /flightdata。

執行 Spark SQL 查詢主要有兩種模式。你可以透過 SSH 連線到叢集的前端節點，並使用 Spark shell 運行查詢，或者以瀏覽器存取 Jupyter notebook 進行查詢。本節將會以第一種方法演示。

航班延誤資料集有幾項現實挑戰，我們會告訴你如何解決。以下是大致的挑戰要點，以及解決之道。

與資料集相關的挑戰：

1. 每個 CSV 檔案的列標題都需要略過。

2. OriginCityName 與 DestCityName 欄位內有逗號（例如「城市，州」），導致後面的欄位無法與標題對齊。

3. 經過處理的資料集，會額外多出一個「""（空字符串）」的虛擬列。我們必須刪除此列。

4. 來源資料為 CSV 格式。我們傾向使用高效能格式進行進階分析查詢。

這些挑戰的應對方法：

1. 使用 spark-csv，從檔案推斷模式（視第一列內容為標題，跳過第一列，並藉由資料內容推斷列的資料類型）。

2. spark-csv 剖析器可以正確辨識內容中出現的逗號，在此情況下不成問題。

3. 建立一個新的資料框架（data frame），並刪除名為「""」的列。

4. 為了更好地使用 Spark 框架，我們可以將資料移動到 ORC，提升資料壓縮與查詢效能。

建立外部資料表

為了在 Scala 中使用 Spark SQL API，先將 SSH 連線到 HDInsight 叢集的前端節點。回想一下，這表示我們要運行類似下面這則指令：

```
ssh <user>@<clusterName>-ssh.azurehdinsight.net
```

系統提示輸入密碼，接著，準備好運行以下指令。

想要運行 Scala 程式碼，可以使用 spark-shell 指令。注意，因為我們想使用 spark-csv 軟體套件來處理航班延誤資料的 CSV 檔案，所以請軟體套件選項來啟動。在 SSH 對話中，運行以下指令：

```
$SPARK_HOME/bin/spark-shell
  --packages com.databricks:spark-csv_2.11:1.4.0
```

如此一來，Spark 對話可以存取 spark-csv 軟體套件（自動從 Spark 軟體套件儲存庫下載）。

啟動 Spark Shell 後，運行以下程式碼（記得要根據實際路徑修改提供給 load 方法的字串）：

```
val flightData = sqlContext.read.format("com.databricks.spark.csv").
option("header","true").
option("inferSchema","true").
load("adl://[datalakestore].azuredatalakestore.net:443/flightdata")
```

這將在航班資料上建立一個 DataFrame，以 spark-csv 函式館分析資料，跳過第一列（標題），並根據標題列推斷模式，對資料進行採樣來判別資料類型。在這個例子中，我們從 Azure Data Lake Store 中加載資料，不過，也可以將傳遞給 load 方法的參數字串改為 Azuret 儲存體帳戶：

```
val flightData = sqlContext.read.format("com.databricks.spark.csv").
option("header","true").
option("inferSchema","true").
load("wasbs://[container]@[acct].blob.core.windows.net/flightdata")
```

接下來，預覽你所加載的資料是否無誤：

```
flightData.select("FlightDate","Carrier","OriginCityName",
"DestCityName").show()
```

結果應該類似以下內容：

```
+----------+-------+--------------+---------------+
|FlightDate|Carrier|OriginCityName|  DestCityName|
+----------+-------+--------------+---------------+
|2014-01-01|     AA|  New York, NY|Los Angeles, CA|
|2014-01-02|     AA|  New York, NY|Los Angeles, CA|
|2014-01-03|     AA|  New York, NY|Los Angeles, CA|
|2014-01-04|     AA|  New York, NY|Los Angeles, CA|
|2014-01-05|     AA|  New York, NY|Los Angeles, CA|
|2014-01-06|     AA|  New York, NY|Los Angeles, CA|
|2014-01-07|     AA|  New York, NY|Los Angeles, CA|
|2014-01-08|     AA|  New York, NY|Los Angeles, CA|
|2014-01-09|     AA|  New York, NY|Los Angeles, CA|
|2014-01-10|     AA|  New York, NY|Los Angeles, CA|
|2014-01-11|     AA|  New York, NY|Los Angeles, CA|
|2014-01-12|     AA|  New York, NY|Los Angeles, CA|
|2014-01-13|     AA|  New York, NY|Los Angeles, CA|
|2014-01-14|     AA|  New York, NY|Los Angeles, CA|
|2014-01-15|     AA|  New York, NY|Los Angeles, CA|
|2014-01-16|     AA|  New York, NY|Los Angeles, CA|
|2014-01-17|     AA|  New York, NY|Los Angeles, CA|
|2014-01-18|     AA|  New York, NY|Los Angeles, CA|
|2014-01-19|     AA|  New York, NY|Los Angeles, CA|
|2014-01-20|     AA|  New York, NY|Los Angeles, CA|
+----------+-------+--------------+---------------+
only showing top 20 rows
```

接下來，運行以下內容，查看被判斷出來的模式：

```
flightData.printSchema
```

輸出結果應該如下所示：

```
root
 |-- Year: integer (nullable = true)
 |-- Quarter: integer (nullable = true)
 |-- Month: integer (nullable = true)
 |-- DayofMonth: integer (nullable = true)
 |-- DayOfWeek: integer (nullable = true)
 |-- FlightDate: string (nullable = true)
 |-- UniqueCarrier: string (nullable = true)
 |-- AirlineID: integer (nullable = true)
 |-- Carrier: string (nullable = true)
 |-- TailNum: string (nullable = true)
 |-- FlightNum: integer (nullable = true)
 |-- OriginAirportID: integer (nullable = true)
 |-- OriginAirportSeqID: integer (nullable = true)
```

```
|-- OriginCityMarketID: integer (nullable = true)
|-- Origin: string (nullable = true)
|-- OriginCityName: string (nullable = true)
|-- OriginState: string (nullable = true)
|-- OriginStateFips: integer (nullable = true)
|-- OriginStateName: string (nullable = true)
|-- OriginWac: integer (nullable = true)
|-- DestAirportID: integer (nullable = true)
|-- DestAirportSeqID: integer (nullable = true)
|-- DestCityMarketID: integer (nullable = true)
|-- Dest: string (nullable = true)
|-- DestCityName: string (nullable = true)
|-- DestState: string (nullable = true)
|-- DestStateFips: integer (nullable = true)
|-- DestStateName: string (nullable = true)
|-- DestWac: integer (nullable = true)
|-- CRSDepTime: integer (nullable = true)
|-- DepTime: integer (nullable = true)
|-- DepDelay: double (nullable = true)
|-- DepDelayMinutes: double (nullable = true)
|-- DepDel15: double (nullable = true)
|-- DepartureDelayGroups: integer (nullable = true)
|-- DepTimeBlk: string (nullable = true)
|-- TaxiOut: double (nullable = true)
|-- WheelsOff: integer (nullable = true)
|-- WheelsOn: integer (nullable = true)
|-- TaxiIn: double (nullable = true)
|-- CRSArrTime: integer (nullable = true)
|-- ArrTime: integer (nullable = true)
|-- ArrDelay: double (nullable = true)
|-- ArrDelayMinutes: double (nullable = true)
|-- ArrDel15: double (nullable = true)
|-- ArrivalDelayGroups: integer (nullable = true)
|-- ArrTimeBlk: string (nullable = true)
|-- Cancelled: double (nullable = true)
|-- CancellationCode: string (nullable = true)
|-- Diverted: double (nullable = true)
|-- CRSElapsedTime: double (nullable = true)
|-- ActualElapsedTime: double (nullable = true)
|-- AirTime: double (nullable = true)
|-- Flights: double (nullable = true)
|-- Distance: double (nullable = true)
|-- DistanceGroup: integer (nullable = true)
|-- CarrierDelay: double (nullable = true)
|-- WeatherDelay: double (nullable = true)
|-- NASDelay: double (nullable = true)
```

```
|-- SecurityDelay: double (nullable = true)
|-- LateAircraftDelay: double (nullable = true)
|-- FirstDepTime: integer (nullable = true)
|-- TotalAddGTime: double (nullable = true)
|-- LongestAddGTime: double (nullable = true)
|-- DivAirportLandings: integer (nullable = true)
|-- DivReachedDest: double (nullable = true)
|-- DivActualElapsedTime: double (nullable = true)
|-- DivArrDelay: double (nullable = true)
|-- DivDistance: double (nullable = true)
|-- Div1Airport: string (nullable = true)
|-- Div1AirportID: integer (nullable = true)
|-- Div1AirportSeqID: integer (nullable = true)
|-- Div1WheelsOn: integer (nullable = true)
|-- Div1TotalGTime: double (nullable = true)
|-- Div1LongestGTime: double (nullable = true)
|-- Div1WheelsOff: integer (nullable = true)
|-- Div1TailNum: string (nullable = true)
|-- Div2Airport: string (nullable = true)
|-- Div2AirportID: integer (nullable = true)
|-- Div2AirportSeqID: integer (nullable = true)
|-- Div2WheelsOn: integer (nullable = true)
|-- Div2TotalGTime: double (nullable = true)
|-- Div2LongestGTime: double (nullable = true)
|-- Div2WheelsOff: integer (nullable = true)
|-- Div2TailNum: string (nullable = true)
|-- Div3Airport: string (nullable = true)
|-- Div3AirportID: integer (nullable = true)
|-- Div3AirportSeqID: integer (nullable = true)
|-- Div3WheelsOn: integer (nullable = true)
|-- Div3TotalGTime: double (nullable = true)
|-- Div3LongestGTime: double (nullable = true)
|-- Div3WheelsOff: string (nullable = true)
|-- Div3TailNum: string (nullable = true)
|-- Div4Airport: string (nullable = true)
|-- Div4AirportID: string (nullable = true)
|-- Div4AirportSeqID: string (nullable = true)
|-- Div4WheelsOn: string (nullable = true)
|-- Div4TotalGTime: string (nullable = true)
|-- Div4LongestGTime: string (nullable = true)
|-- Div4WheelsOff: string (nullable = true)
|-- Div4TailNum: string (nullable = true)
|-- Div5Airport: string (nullable = true)
|-- Div5AirportID: string (nullable = true)
|-- Div5AirportSeqID: string (nullable = true)
|-- Div5WheelsOn: string (nullable = true)
```

```
|-- Div5TotalGTime: string (nullable = true)
|-- Div5LongestGTime: string (nullable = true)
|-- Div5WheelsOff: string (nullable = true)
|-- Div5TailNum: string (nullable = true)
|-- : string (nullable = true)
```

敏銳的讀者們應該會注意到,被推斷出的最後一列其實並未出現在來源資料中——它只不過是因為航班延誤資料中每一行是否以逗號結尾而產生的假性輸出結果。因此,請運行以下指令,刪除這個多出的列(名為空字符串,「""」):

```
val flightDataCleaned = flightData.drop("")
```

現在,`flightDataCleaned` 代表一份已仔細整理的外部資料表。以比文字格式更具分析效能的儲存格式,將這份資料表作為受管理資料表來保存,同時保存模式(schema)。運行以下指令,以 ORC 格式儲存一份資料副本(請務必修改傳遞給 save 的字串,確實傳遞到你的 Data Lake Store 或 Azure 儲存體帳戶):

```
flightDataCleaned.write.format("orc").
save("adl://[lake].azuredatalakestore.net:443/flightdataorcspark")
```

恭喜你!現在你已經成功使用 Spark SQL 批次處理第一組 CSV 資料!接下來,可以對資料執行進一步處理或分析查詢,請繼續閱讀下一章。

以 SQL Database 執行批次處理

Azure SQL Database 是一個基於 SQL Server 關聯式資料庫引擎的大規模平行處理(massively parallel processing,MPP)分散式資料庫系統。實際上,它使用 Azure SQL 資料庫的特定執行個體,作為底層叢集的運算節點。SQL Database 將資料分散在許多無共享式儲存體(shared-nothing storage)和處理單元中。SQL Database 提供「平台即服務(PaaS)」功能,你需要管理並確認所有組成該叢集的節點被完全刪除(事實上,你無法直接存取這些節點)。想對 SQL Database 進行查詢,請使用 T-SQL。

從廣泛層面來看,Azure SQL Database 由四個主要元素組成(圖 6-15):

控制節點

控制節點負責管理與最佳化查詢。它是與所有應用程式和連線進行互動的最前線(也就是說,控制節點正是查詢 SQL Database 的最終連線節點)。控制節點由 SQL 資料庫提供支援。將 T-SQL 查詢提交給 SQL Database 時,控制節點將其轉換為個別查詢,平行運行在每個運算節點上。

運算節點

運算節點是用於儲存資料，平行處理查詢的 SQL 資料庫。經過處理後，運算節點將結果傳回控制節點。想要完成查詢作業，控制節點會匯總結果，並將最終結果返回到用戶端應用程式。

儲存

就像 Hive 一樣，SQL Date Warehouse 也有外部和內部資料表的概念。內部儲存仰賴 Azure Premium Disk Storage，其中每個磁碟（例如：Premium Storage 中的 page 檔案）直接連結一個運算節點，並且該資料備援於本地。然而，與 Hive 不同的是，SQL Database 是一座資料庫，內部資料由資料庫引擎完全管理，並以 SQL Server 自己的檔案格式儲存。由於一項被稱為 PolyBase 的功能，SQLData Warehouse 還可以直接附加一般的 Azure 儲存體 blob，並在讀取 Blob 儲存體時，對資料投射模式。可以藉由建立外部資料表來存取此功能。

資料轉移服務

資料轉移服務（Data Movement Service，DMS）是一項 Windows 服務，與所有節點上的 SQL 資料庫一同運行，並負責在節點之間轉移（例如：混洗）資料。DMS 為運算節點提供存取權限，以便對資料進行「加入」和「匯總」等作業。

除了允許從 SQL Database 查詢存取 Azure 儲存體之外，PolyBase 還是一項適合加載和提取大量資料的工具，因為它可以善用 SQL Database 的大規模平行處理體系結構。PolyBase 支援許多常見的一般檔案格式，包括分隔文字（僅限 UTF-8）、ORC、RCFILE 和 Parquet 等格式。

讓 SQL Database 在眾多 Azure 批次處理選項中脫穎而出的是，你可以暫停，並輕鬆回復運算過程。當你這麼做，運算控制和運算節點將被有效釋放，而資料仍保留在儲存體中。如果你使用的是內部資料表，則需要回復 SQL Database 實例來查詢資料。但是，如果你使用的是外部資料表，則可以使用自選工具進行查詢，與 Azure Blob 儲存體中的資料進行互動。當暫停 SQL Database 實例時，你只需要支付已使用的儲存體費用，而不需負擔運算費用（可為突發的批次處理工作省下大量成本）。

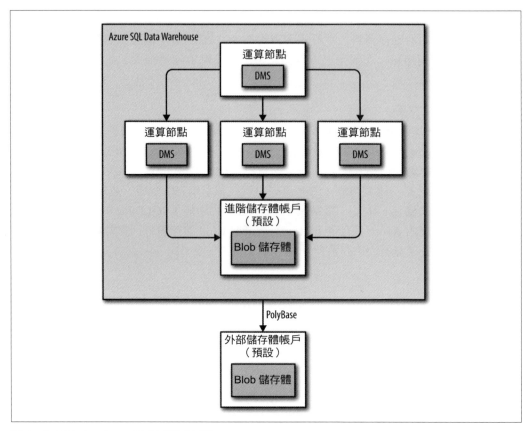

圖 6-15 SQL Database 的主要組成元素。

利用 SQL Database，將 CPU、記憶體、網路和 IO 組合到稱為「資料倉儲單位 (DWU)」的計算規模單位中。運行叢集時，可以增加或刪除 DWU 來調整可用資源。

除了外部和內部資料表外，SQL Database 還支援許多你可能希望的傳統 SQL Server 功能，包括資料表上的索引（叢集和非叢集的 B- 樹狀索引，以及叢集列索引）、暫存資料表、分割資料表、儲存過程、用戶自定義函數（僅限返回 scalar 值）、非實體化視圖、資料庫模式和資料庫。

使用 SQL Database

SQL Database 提供 PolyBase 功能，可以從 Blob 儲存體加載一般檔案資料。SQL Database 具備 Extract、Load 和 Transform 等功能，可從 Azure 儲存體擷取資料，將資料加載到 SQL Data Warehouse 的 Premium Storage 中，並根據需執行轉換。

本節內容將探討如何配置和使用 SQL Database 實例，來建立一個外部資料表，將資料表中的航班延誤資料加載到 SQL Database 的內部資料表中，方便進行後續轉換或分析。

首先，先配置一個 Azure SQL Database：

1. 登入 Azure 入口網站（*https://portal.azure.com*）。

2. 選取「新建」→「Data + Storage」→「SQL Database」

3. 為這個 SQL Database 命名。

4. 選擇訂用帳戶與資源群組。

5. 將選定來源設置為「空白資料庫」。

6. 選取「伺服器」。

7. 建立新的伺服器或使用一個現有的伺服器。

8. 將處理效能設定為 100 DWU。（在這個例子中不需要更多 DWU。）

9. 選取「建立」。

你的 SQL Database 將在幾分鐘內準備就緒。

批次處理 Blue Yonder Airports 資料

至於如何操作以下針對 SQL Database 發出查詢的步驟，你可以使用 Visual Studio 2015 或 SQL Server Management Studio。後者可從 Microsoft 免費下載（*http://go.microsoft. com/fwlink/?LinkID=824938*），以目前時間點來說，後者對 SQL Database 提供更佳支援，所以在後續操作步驟中將會使用它。你會需要一台 Windows 系統的電腦（不過，你也大可在可連線到 SQL 資料庫的任何操作系統上，以慣用工具操作這些步驟）。

在使用 SQL Database 的情境中，航班延誤資料集也有幾項現實挑戰，我們會告訴你如何解決。以下是大致的挑戰要點，以及解決之道。

與資料集相關的挑戰：

1. 每個 CSV 檔案的列標題都需要略過。

2. OriginCityName 與 DestCityName 欄位內有逗號（例如「城市，州」），導致後面的欄位無法與標題對齊。

3. 來源資料為 CSV 格式，我們更傾向使用高效能格式進行進階分析查詢。

這些挑戰的應對方法：

1. 從外部資料表加載資料到內部資料表時，可以在查詢中定義一個 filter 子句（比如，忽略具有值的列標題），告訴 SQLDatabase 跳過每一份檔案的標題列。

2. 在定義外部資料表所使用的外部檔案格式時，必須將 string_delimiter 指定為雙引號。

3. 可以將資料加載到內部資料表（儲存在 Azure Premium Storage 上），提升資料壓縮與查詢效能。

將認證資訊儲存到 Azure 儲存體

本節將會介紹準備航班延誤資料的過程，為儲存航班延誤資料的 Azure 儲存體帳戶建立一個資料來源。

1. 開啟 SQL Server Management Studio，然後在「連線到伺服器」對話視窗中，輸入架設 SQL Database 的服務器名稱。

2. 將身分認證設置為「SQL Server 身分認證」，輸入使用者名稱和密碼。

3. 選擇「連線」（見圖 6-16）。

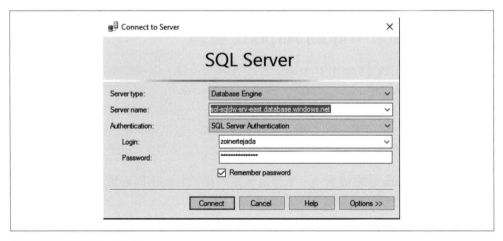

圖 6-16 連線到 SQL Database。

4. 在「檔案」選單中，選擇「新建」→「以當前連線建立新查詢」。

5. 在跳出的查詢文件中，貼上下列腳本。

```
CREATE MASTER KEY;

CREATE DATABASE SCOPED CREDENTIAL AzureStorageCreds
WITH IDENTITY = '[identityName]'
,    Secret = '[azureStorageAccountKey]'
;

CREATE EXTERNAL DATA SOURCE azure_storage
WITH
(
    TYPE = HADOOP
,   LOCATION =
'wasbs://[containername]@[accountname].blob.core.windows.net/[path]'
,    CREDENTIAL = AzureStorageCreds
);
```

根據使用情形，修改和置換腳本中的變數：

[identityName]

替換為用來儲存憑證資訊到 Azure 儲存體帳戶的任何名稱。

[azureStorageAccountKey]

替換為 Azure 儲存體帳戶的密碼憑證。

[containername]

替換為 Blob 儲存體中包含航班資料的容器名稱。

[accountname]

替換為 Azure 儲存體帳戶的名稱。

[path]

替換為航班資料所在文件夾的子文件夾路徑。

有了這一部分腳本，你可以確實透過 SQL Database 中，將連線字串儲存到 Azure 儲存體帳戶。接下來，你需要定義資料結構。

在已新增的 SQL 腳本之下，新增下列程式碼：

```
CREATE EXTERNAL FILE FORMAT text_file_format
WITH
(
```

```
      FORMAT_TYPE = DELIMITEDTEXT
   ,  FORMAT_OPTIONS (
                          FIELD_TERMINATOR =',',
              STRING_DELIMITER = '"',
                          USE_TYPE_DEFAULT = TRUE
                      )
   );
```

這支腳本定義將被讀取的文件格式。你可以把它視為一個配置，告訴 SQL Data Warehouse 所使用的剖析器要如何詮釋包含航班資料的 CSV 檔案。將 FORMAT_TYPE 設定為 DELIMITEDTEXT，表明這是一份分隔文字檔案。將 FIELD_TERMINATOR 設定為一個逗號，表明以逗號分格文字中每一列的值。將 STRING_DELIMITER 設定為雙引號（"），可以解決文字中某一字串值包含逗號的情況。例如，OriginCityName 的某一列有可能如下所示：

"abc"，"San Diego, CA"，"def"

如果沒有將 STRING_TERMINATOR 設定為雙引號，則 San Diego 和 CA 之間的逗號將被錯誤判斷為欄位終止符，因此這一個字串值"San Diego,CA"將被詮釋為兩個字串——"San Diego"和"CA"——顯然這不是我們所希望的。

最後，將 USE_TYPE_DEFAULT 設定為 TRUE，表示當缺少數值時，會使用資料類型的預設值（例如，數字類型的預設值為 0，字串類型則預設為空白字串「""」）。

建立外部檔案格式

更多詳細資訊，請參閱 *https://msdn.microsoft.com/library/dn935026.aspx*。

現在，你已經準備好來定義外部資料表的模式。在檔案格式的 SQL 腳本之下，請新增以下內容：

```
CREATE EXTERNAL TABLE FlightDelays
(
[Year] varchar(255),
[Quarter] varchar(255),
[Month] varchar(255),
[DayofMonth] varchar(255),
[DayOfWeek] varchar(255),
FlightDate varchar(255),
UniqueCarrier varchar(255),
AirlineID varchar(255),
Carrier varchar(255),
TailNum varchar(255),
```

```
FlightNum varchar(255),
OriginAirportID varchar(255),
OriginAirportSeqID varchar(255),
OriginCityMarketID varchar(255),
Origin varchar(255),
OriginCityName varchar(255),
OriginState varchar(255),
OriginStateFips varchar(255),
OriginStateName varchar(255),
OriginWac varchar(255),
DestAirportID varchar(255),
DestAirportSeqID varchar(255),
DestCityMarketID varchar(255),
Dest varchar(255),
DestCityName varchar(255),
DestState varchar(255),
DestStateFips varchar(255),
DestStateName varchar(255),
DestWac varchar(255),
CRSDepTime varchar(128),
DepTime varchar(128),
DepDelay varchar(128),
DepDelayMinutes varchar(128),
DepDel15 varchar(255),
DepartureDelayGroups varchar(255),
DepTimeBlk varchar(255),
TaxiOut varchar(255),
WheelsOff varchar(255),
WheelsOn varchar(255),
TaxiIn varchar(255),
CRSArrTime varchar(128),
ArrTime varchar(128),
ArrDelay varchar(255),
ArrDelayMinutes varchar(255),
ArrDel15 varchar(255),
ArrivalDelayGroups varchar(255),
ArrTimeBlk varchar(255),
Cancelled varchar(255),
CancellationCode varchar(255),
Diverted varchar(255),
CRSElapsedTime varchar(255),
ActualElapsedTime varchar(255),
AirTime varchar(255),
Flights varchar(255),
Distance varchar(255),
DistanceGroup varchar(255),
CarrierDelay varchar(255),
```

```
WeatherDelay varchar(255),
NASDelay varchar(255),
SecurityDelay varchar(255),
LateAircraftDelay varchar(255),
FirstDepTime varchar(255),
TotalAddGTime varchar(255),
LongestAddGTime varchar(255),
DivAirportLandings varchar(255),
DivReachedDest varchar(255),
DivActualElapsedTime varchar(255),
DivArrDelay varchar(255),
DivDistance varchar(255),
Div1Airport varchar(255),
Div1AirportID varchar(255),
Div1AirportSeqID varchar(255),
Div1WheelsOn varchar(255),
Div1TotalGTime varchar(255),
Div1LongestGTime varchar(255),
Div1WheelsOff varchar(255),
Div1TailNum varchar(255),
Div2Airport varchar(255),
Div2AirportID varchar(255),
Div2AirportSeqID varchar(255),
Div2WheelsOn varchar(255),
Div2TotalGTime varchar(255),
Div2LongestGTime varchar(255),
Div2WheelsOff varchar(255),
Div2TailNum varchar(255),
Div3Airport varchar(255),
Div3AirportID varchar(255),
Div3AirportSeqID varchar(255),
Div3WheelsOn varchar(255),
Div3TotalGTime varchar(255),
Div3LongestGTime varchar(255),
Div3WheelsOff varchar(255),
Div3TailNum varchar(255),
Div4Airport varchar(255),
Div4AirportID varchar(255),
Div4AirportSeqID varchar(255),
Div4WheelsOn varchar(255),
Div4TotalGTime varchar(255),
Div4LongestGTime varchar(255),
Div4WheelsOff varchar(255),
Div4TailNum varchar(255),
Div5Airport varchar(255),
Div5AirportID varchar(255),
```

```
Div5AirportSeqID varchar(255),
Div5WheelsOn varchar(255),
Div5TotalGTime varchar(255),
Div5LongestGTime varchar(255),
Div5WheelsOff varchar(255),
Div5TailNum varchar(255)
)
WITH
(
LOCATION = '/',
DATA_SOURCE = azure_storage,
FILE_FORMAT = text_file_format,
REJECT_TYPE = value,
REJECT_VALUE = 100000
);
```

直到 WITH 子句之前的 CREATE EXTERNAL TABLE 語法，對你來說應該不陌生。我們來仔細看看 WITH 子句中每一個參數。LOCATION 提供路徑，在外部資料來源配置中指定的容器和子文件夾路徑。DATA_SOURCE 是告訴 SQL Database 如何使用之前配置的資料來源。FILE_FORMAT 表示如何應用之前定義的文件格式。REJECT_TYPE 和 REJECT_VALUE 共同決定了 SQL Database 要在何時因為資料與模式沒有充分符合而中止處理。REJECT_TYPE 可以是 value 或 percentage 的值。當指定 value 為 REJECT_TYPE 時，必須提供一個數值給 REJECT_VALUE，代表中止查詢處理的固定閾值。指定 percentage 為 REJECT_TYPE 時，則必須提供介於 0 和 100 之間的值，代表中止查詢之前處理失敗列佔所有列的百分比。同時，你還需要指定一個整數的值給 REJECT_SAMPLE_VALUE，表示 SQL Database 在計算百分比之前需要列入計算的列數。

CREATE EXTERNAL TABLE
有關 SQL Database 中 CREATE EXTERNAL TABLE 語法的完整文件，請參閱 Microsoft 文件（*https://msdn.microsoft.com/zh-cn/library/dn935021.aspx*）。

現在，按下 SQL Server Management Studio 中的「執行」按鈕，運行此次查詢。

查詢完成後，外部資料表已經準備就緒。請嘗試以下查詢，來查看這份資料的範例：

```
SELECT Top 100 * FROM FlightDelays;
```

現在你已準備好使用這一份外部資料表，將資料加載到一份內部資料表中。在相同的查詢腳本（或新的腳本）中，複製並粘貼以下 SQL：

```
CREATE TABLE FlightDelaysStaging
WITH (DISTRIBUTION = ROUND_ROBIN)
AS
SELECT * FROM FlightDelays
WHERE [Year] <> 'Year';
```

在這個腳本中，我們建立一份新的內部資料表（請注意，此處程式碼少了 EXTERNAL 關鍵字）。我們還將 DISTRIBUTION 設定為 ROUND_ROBIN，基本上這表示我們將以循環方式將所有列（rows）分散到所有底層儲存體中。AS 關鍵字允許指定一則查詢，此例選擇 FlightDelays 外部資料表中的所有資料，除了具有 'Year' 字串的年份資料。這麼做可以確保每個 CSV 檔案的標題列不會複製到新的內部資料表。

> ### CREATE TABLE
>
> 有關 CREATE TABLE 語法的完整文件，請參閱 *http://bit.ly/2nnE2KH*。

運行剛剛新增的 SQL 腳本。如果想要驗證列資料中沒有任何標題值，請運行以下腳本：

```
SELECT [Year], Count(*) FROM FlightDelaysStaging Group By [Year];
```

輸出結果應該只會在「年份」列中顯示年份值，類似圖 6-17 所示（可能需要幾分鐘才能完成查詢）。

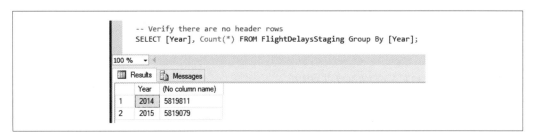

圖 6-17　在 SQL Database 查詢一個內部資料表的結果。

恭喜你！你剛剛使用 PolyBase 執行第一次 ELT 操作，將儲存在 Azure 儲存體的資料加載內部資料表中。現在，這份內部資料表可以進行下一步處理或分析查詢，我們將在下一章繼續討論。

以 Data Lake Analytics 執行批次處理

Azure Data Lake Analytics 以「平台即服務（Platform-as-a-Service）」的方法來執行巨量資料分析。實際上，在本章所介紹的批次處理選項中，這是最貼近 PaaS 解決方案的服務，因為 Data Lake Analytics 的介面將焦點放在編寫工作腳本、運行和管理工作。使用者永遠不會接觸到運行在分散式架構之下的操作層面。

使用 Data Lake Analytics 運行一項工作時，你可以控制運算規模，並只為該特定工作所使用的資源付費。換句話說，你不需要付錢讓叢集等著執行工作；當工作被確實執行時你才需要支付使用費用。

Data Lake Analytics 的前身是 Cosmos，這是 Microsoft 內部用在 Bing、Office 365、Skype、Windows 和 Xbox Live 等服務的分析解決方案，每天處理數以萬計的用戶查詢作業，並在每百位元組的資料中驅動上百 petabytes 的資料。身為資料平台服務，Data Lake Analytics 提供許多儲存資料功能，包括資料庫、資料庫模式、視圖、內部和外部資料表、索引、使用者定義函數和預存程序。並且支援以 .NET 程式集形式，從使用者提供的程式碼模組，引動程式碼來源。

截至目前為止，Data Lake Analytics 和我們介紹的其他處理方案具有一些不同之處。對初學者來說，用來編寫工作的語言既非完全功能性（如：Spark 中的 Scala 語言），也不是完全宣告性（例如，SQL Database 中的 SQL 語言）——而是揉合了兩者特徵。在 Azure Data Lake Analytics 中，你會使用被稱為 U-SQL 的新語言來編寫腳本，而且你可以充分利用 T-SQL 和 C# 語言的長處。就 U-SQL 的發源來說，U-SQL 從 Scope 語言衍生而來，這是一種類似 SQL 的語言，主要用途是在 Dryad 處理資料的橫向擴展，在 Microsoft 內部被用於 Cosmos 中寫成查詢公式。

我們將會介紹一個 U-SQL 例子。不過，在開始之前，請記住 U-SQL 與 SQL 或 C#2 都有一些不同之處：

- 所有關鍵字，如 SELECT，都必須**大寫**。
- 像 SELECT 子句中的類型系統和表達語言以及 WHERE 的述詞為 C# 語言。
- U-SQL 資料類型為 C# 語言（如 int、string、double? 等）。
- 資料類型採用 C# NULL 語義，在述詞內的比較作業依照 C# 的語法（例如，a == "foo"，而不是 a = 'foo'）。
- 這意味著這些值是完整的 .NET 物件，讓使用者可以輕鬆使用任何方法對物件進行操作（例如，"a，b，c" .Split (',')）。

不同於其他處理解決方案的另一特點是，Azure Data Lake Analytics 定義外部資料表和受管理資料表（內部資料表）的概念。本文撰寫之時，外部資料表被用來查詢儲存在 Azure SQL 資料庫、Azure SQL Database，以及在 Azure 虛擬機器中運行的 SQL Server 的資料。

你可以使用 U-SQL 查詢儲存在 Azure Blob 儲存體和 Azure Data Lake Store 中的檔案，不過，這些檔案被定義為封裝在 U-SQL 視圖或 USQL 資料表值函式中的查詢——不像其他選項的外部資料表的呈現方式。

Data Lake Analytics 將內部資料表稱為受管理資料表。就像 SQL Database 一樣，受管理資料表「擁有」資料。表格定義（中繼資料）以及表格資料都透過中繼資料系統進行管理。受管理資料表的資料被儲存在預設的 Azure Data Lake Store 中，在配置時與 Azure Data Lake Analytics 綁定。請參見圖 6-18。

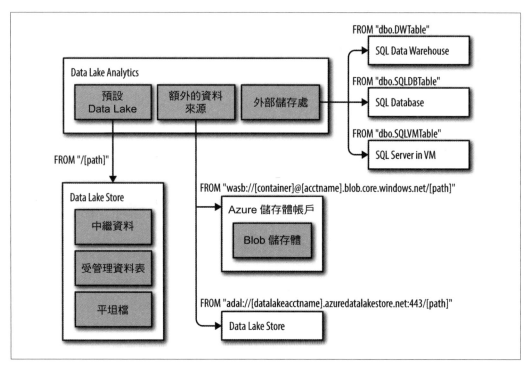

圖 6-18 Data Lake Analytics 概觀，以及用在 U-SQL 腳本中定位來源的 FROM 子句範例。

使用 Data Lake Analytics

本節，我們將探索如何配置一個 Data Lake Analytics 帳戶，並與 Data Lake Store 綁定。然後演示如何從 Data Lake Store 中構建和加載 CSV 資料，將查詢包裝在視圖中，接著查詢該視圖，使用資料副本建立新的受管理資料表。

首先，先配置一個 Azure Data Lake Analytics 實例：

1. 登入 Azure 入口網站（*https://portal.azure.com*）。

2. 選擇「新建」→「Data + Analytics」→「Data Lake Analytics」。

3. 為 Data Lake Analytics 帳戶命名。

4. 選擇訂用帳戶與資源群組。

5. 選擇區域（與 Azure Data Lake Store 或 Azure 儲存體帳戶相同）。

6. 選擇「Data Lake Store」，然後選取現有的 Data Lake Store 或建立一個新的 Data Lake Store。

7. 選擇「建立」。

你的 Azure Data Lake Analytics 應該會在幾分鐘後準備就緒。

批次處理 Blue Yonder Airports 資料

在 Azure Data Lake Analytics 的情境中，航班延誤資料集有幾項現實挑戰，我們會告訴你如何解決。以下是大致的挑戰要點，以及解決之道。

與資料集相關的挑戰：

1. 每個 CSV 檔案的列標題都需要略過。

2. OriginCityName 與 DestCityName 欄位內有逗號（例如「城市，州」），導致後面的欄位無法與標題對齊。

3. 來源資料的每一列資料後，有一個用來分隔的逗號。

4. 來源資料為 CSV 格式，我們更傾向使用高效能格式進行進階分析查詢。

這些挑戰的應對方法：

1. 以文字萃取器告訴 Azure Data Lake Analytics 跳過每個檔案的標題列，並在構造函式中將 skipFirstNRows 參數設定為 1。

2. 使用文字萃取器，在構造函式中為引用參數提供 true 值。

3. 在模式中額外增加一個欄位來擷取此幻象列，你可以在後續查詢中屏棄該列。

4. 將資料加載到具有叢集式索引的受管理資料表中。

以 U-SQL 處理

首先，編寫一個 U-SQL 查詢，對上傳到 Data Lake Store 的航班延誤資料套用讀取模式，建立一個視圖。

有關建立 U-SQL 腳本，以便執行於 Data Lake Analytics 的下述步驟，你可以使用 Visual Studio 2015 或透過 Azure 入口網站來建立。因為基本上，我們只會使用基於文字的腳本。此處，我們會介紹使用 Azure 入口網站的腳本建立方式。

以 *Visual Studio 2015 編寫 U-SQL*

有關如何使用 Visual Studio 編寫和執行 U-SQL 腳本，請參考 Microsoft Azure 文件（*http://bit.ly/2mQPURv*）。

從 Azure 入口網站，導向到你的 Data Lake Analytics 帳戶並執行以下步驟：

1. 在指令欄中選擇「新建工作」。

2. 在「新建 U-SQL 工作」視窗中，為工作命名。你可以選擇性地設定優先層級（設定較低的數字，讓工作優先取得資源）並設定平行處理原則（請注意，這項設定會影響處理成本，以本次 demo 來說只要輸入 1 即可）。

3. 貼上下列腳本：

```
DROP VIEW IF EXISTS FlightDelaysView;

CREATE VIEW FlightDelaysView
AS
    EXTRACT Year int,
            Quarter int,
            Month int,
            DayofMonth int,
            [DayOfWeek] int,
```

```
FlightDate string,
UniqueCarrier string,
AirlineID int,
Carrier string,
TailNum string,
FlightNum string,
OriginAirportID int,
OriginAirportSeqID int,
OriginCityMarketID int,
Origin string,
OriginCityName string,
OriginState string,
OriginStateFips string,
OriginStateName string,
OriginWac int,
DestAirportID int,
DestAirportSeqID int,
DestCityMarketID int,
Dest string,
DestCityName string,
DestState string,
DestStateFips string,
DestStateName string,
DestWac int,
CRSDepTime string,
DepTime string,
DepDelay double?,
DepDelayMinutes double?,
DepDel15 double?,
DepartureDelayGroups string,
DepTimeBlk string,
TaxiOut double?,
WheelsOff string,
WheelsOn string,
TaxiIn double?,
CRSArrTime string,
ArrTime string,
ArrDelay double?,
ArrDelayMinutes double?,
ArrDel15 double?,
ArrivalDelayGroups string,
ArrTimeBlk string,
Cancelled double?,
CancellationCode string,
Diverted double?,
CRSElapsedTime double?,
```

```
ActualElapsedTime double?,
AirTime double?,
Flights double?,
Distance double?,
DistanceGroup double?,
CarrierDelay double?,
WeatherDelay double?,
NASDelay double?,
SecurityDelay double?,
LateAircraftDelay double?,
FirstDepTime string,
TotalAddGTime string,
LongestAddGTime string,
DivAirportLandings string,
DivReachedDest string,
DivActualElapsedTime string,
DivArrDelay string,
DivDistance string,
Div1Airport string,
Div1AirportID string,
Div1AirportSeqID string,
Div1WheelsOn string,
Div1TotalGTime string,
Div1LongestGTime string,
Div1WheelsOff string,
Div1TailNum string,
Div2Airport string,
Div2AirportID string,
Div2AirportSeqID string,
Div2WheelsOn string,
Div2TotalGTime string,
Div2LongestGTime string,
Div2WheelsOff string,
Div2TailNum string,
Div3Airport string,
Div3AirportID string,
Div3AirportSeqID string,
Div3WheelsOn string,
Div3TotalGTime string,
Div3LongestGTime string,
Div3WheelsOff string,
Div3TailNum string,
Div4Airport string,
Div4AirportID string,
Div4AirportSeqID string,
```

```
            Div4WheelsOn string,
            Div4TotalGTime string,
            Div4LongestGTime string,
            Div4WheelsOff string,
            Div4TailNum string,
            Div5Airport string,
            Div5AirportID string,
            Div5AirportSeqID string,
            Div5WheelsOn string,
            Div5TotalGTime string,
            Div5LongestGTime string,
            Div5WheelsOff string,
            Div5TailNum string,
            Garbage1 string
    FROM "/flightdata/On_Time_On_Time_Performance_2014_1.csv"
    USING Extractors.Text(',', null, null, null,
                System.Text.Encoding.UTF8, true, false, 1);
```

如果你用過 SQL，那麼此腳本對你來說應該不陌生。不過，我們來仔細瞧瞧一些在熟悉的語法中容易忽視的細節。

在第一行程式碼中，如果視圖定義存在，請將它刪除。

接個，開始 CREATE VIEW 語法，並為視圖提供一個名稱（這裡的例子是 FlightDelaysView）。接在這條程式碼之後的是 AS 關鍵字，通常是視圖的查詢定義開始的地方。此處我們遇上 EXTRACT 關鍵字。EXTRACT 關鍵字是告訴 U-SQL 如何根據需要，定義模式（即 EXTRACT 關鍵字後面的參數列表）的程式碼，並將模式套用到由 FROM 子句所指定位置讀取的資料——在這裡的例子是，在 Data Lake Store 的根目錄之下，*flightdata* 目錄裡的 CSV 檔案。這裡引用的是單獨一份航班延誤資料，但我們也可以提供包含許多 CSV 檔案的資料夾路徑。

至於 Azure Data Lake Analytics 如何解析來自 FROM 位置的檔案，這是由萃取器控制的，定義於 USING 關鍵字之後：

```
USING Extractors.Text(',', null, null, null,
                System.Text.Encoding.UTF8, true, false, 1);
```

可以從 Extractors 物件發現，我們使用 Text 的 factory 方法，建立一個文字萃取器的執行個體。請注意，我們使用參數，配置萃取器，以便正確讀取記載航班資料的 CSV 檔案。

Text 的 factory 方法的參數定義如下：

```
Text(
  System.Char delimiter, //the delimiter character between fields
  System.String rowDelimiter, //the string separating rows
  System.Nullable<System.Char> escapeCharacter, //used to
  //escape delimiter chars
  System.String nullEscape, //the string to put in place of null
  System.Text.Encoding encoding, //the text encoding of the files
  System.Boolean quoting, //ignore delimiters appearing within
  //quoted strings
  System.Boolean silent, //ignore rows that don't match schema
  System.Int32 skipFirstNRows // the number of header rows to skip over
);
```

現在，你應該知道我們已經配置好文字萃取器，使用逗號作為欄位分隔符，UTF-8 編碼格式，可以忽略字串中的逗號，正確處理字串值（比如 "Los Angeles, CA"），並跳過第一列資料（列標題）。

U-SQL 目前支援三種不同的萃取器，這些萃取器都可以處理文字檔案。萃取器有上文演示的文字萃取器，以及 Csv 與 Tsv，這兩種萃取器為不同文件需求預先配置的變化體，Csv 以逗號分隔值文件，而 Tsv 則以分頁分隔值文件。你也可以開發自定義萃取器，並於此處使用。

萃取器

有關所有萃取器及參數的詳細說明，請參閱 Microsoft Azure 文件（*http://bit.ly/2n7XPvi*）。

回到查詢作業，讓我們先回顧一下參數列表。有發現不對勁的地方嗎？有沒有注意到 DepDelay 的資料類型是「double?」，而且 Carrier 是一個「string」？這些參數屬於 C# 的資料類型。在「double?」的問號代表該這個欄位可以是空白的。

在「新建 U-SQL 工作」視窗的頂部指令欄中，選擇「提交工作」，運行這份腳本。運行大約需要 30 秒，之後你會得到一個已定義的視圖，可以進行查詢（見圖 6-19）。

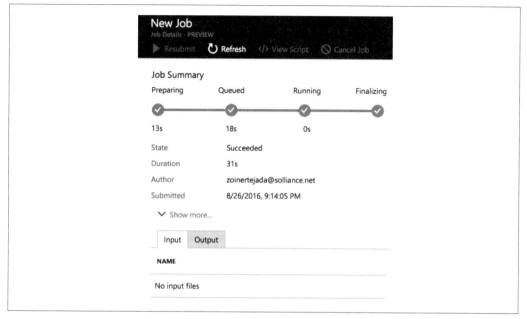

圖 6-19 在 Azure 入口網站成功從 U-SQL 建立一個視圖。

完成一項工作後，關閉「工作摘要」視窗，這時你應該會回到「新建工作」視窗，可以利用此視窗建立另一個 U-SQL 腳本。現在，將腳本替換為以下腳本，用它來查詢資料。利用輸出器（與萃取器用途相反），我們可以將查詢結果儲存到 Azure Data Lake Store 中的另一個 CSV 檔案。

```
@results =
    SELECT *
    FROM FlightDelaysView;
OUTPUT @results
TO "/flightdataout/Output/On_Time_On_Time_Performance_2014_copy.csv"
USING
Outputters.Text(',', null, null, null, System.Text.Encoding.UTF8,
true, null);
```

運行這個查詢，當平行處理原則為 1 時，應該會花費約 90 秒。等待查詢完成時，我們來看看前一個查詢的語法。我們將 SELECT * FROM FlightDelaysView 分配給 T-SQL 中看起來像是變數的東西。@results 物件被稱為列集變數。產生列集的每一個查詢表達式都可以被分配給一個變數。請注意，這種分配不會強制執行，它只用來命名查詢表達式。OUTPUT 關鍵字才能用來評估 @results 表達式，並將結果寫入 CSV 檔案（圖 6-20）。

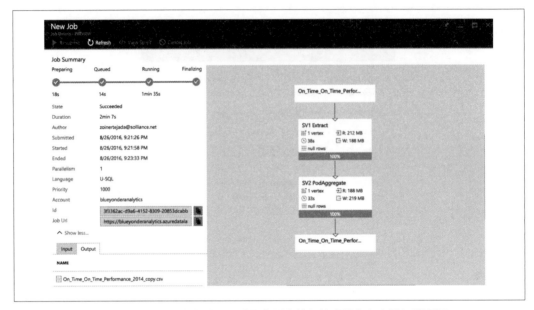

圖 6-20 從查詢視圖建立 CSV 輸出的結果。請注意腳本執行的視覺化有向性無循環圖。

在 Azure 入口網站中完成執行查詢時,請你好好觀察有向性無循環圖的摘要與視圖(可以回顧一下在 YARN 上運行的 Azure Data Lake Analytics 內容,對你來說應該不陌生)。如果有需要,可以導向 Azure Data Lake Store 的路徑,並查看輸出檔案。

現在,我們來看看如何將視圖資料複製到受管理資料表中。首先,請關閉摘要視窗,然後在「新建 U-SQL 工作」視窗中貼上下列查詢:

```
DROP TABLE IF EXISTS FlightDelays;

CREATE TABLE FlightDelays(
    INDEX idx_year CLUSTERED (Year)
    PARTITIONED BY RANGE (Year)
) AS
SELECT *
FROM FlightDelaysView;
```

提交工作。等待運行時,我們來檢視一下此次查詢。我們用 CREATE TABLE 建立一個受管理資料表。在程式碼中,必須指定要在哪個列上建立叢集式索引,同時指定分割資料的列。

建立受管理資料表

有關建立受管理資料表的完整語法，請參閱 Microsoft 文件（*https://msdn. microsoft.com/library/azure/mt718728.aspx*）。

在 AS 關鍵字之後，我們從視圖查詢資料。請注意，新的 FlightDelays 資料表的模式是自動從底層查詢推斷的，因為沒必要指定視圖中的任何一列（圖 6-21）。

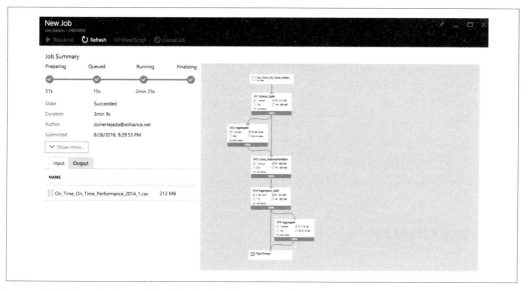

圖 6-21 對視圖進行查詢，成功建立受管理資料表的工作摘要。

當平行處理原則為 1 時，此次查詢應該大約需要 3 分鐘。查詢完成後，在 Azure 入口網站中返回 Data Lake Analytics 帳戶，然後選擇「資料總管」。依序展開「目錄」資料夾、你的 Data Lake Store、「master」和「資料表」，應該就能看到新的受管理資料表（圖 6-22）。

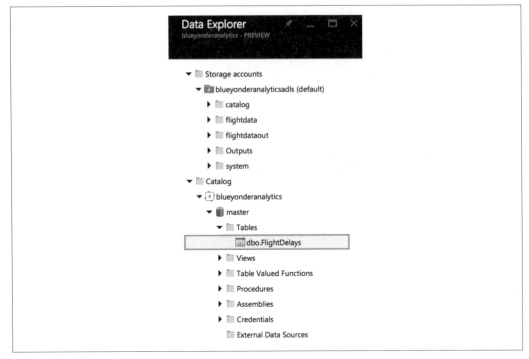

圖 6-22 位於資料總管視圖中的新建受管理資料表。

利用 CSV 資料，建立好一個受管理資料表後，我們已經準備好進行額外的批次處理和
互動式查詢，下一章將會繼續介紹。

以 Azure Batch 執行批次處理

說到 Azure 中的批次處理選項，可不能漏掉 Azure Batch。Azure Batch 可以幫助
使用者運行高效能運算（high-performance computing，HPC），超簡單平行處理
（embarassingly parallel processing，MPP），以及基於訊息傳遞介面（message passing
interface，MPI）的工作負載。作為一項平台服務，Azure Batch 可以排程需要大量計算
的工作，運行於一個受管理，可以自動擴展的虛擬機器集合，滿足使用者的工作需求。

Azure Batch 功能非常強大，但它與目前為止我們介紹過以資料為導向的解決方案完全
不同，因為 Azure Batch 更具通用性。舉例來說，如果你想要批次處理的非結構化資
料，不是 CSV 資料而是圖像檔案的話，該怎麼處理才好？又或者，如果你要做的不是
查詢資料，而是執行圖像處理任務（如邊緣檢測），又該怎麼做呢？

雖然你可能可以設計出一個採用 Spark on HDInsight 的解決方案，但這種工作負載顯然不適用 Hive、SQL Data Warehouse 或 Data Lake Analytics 的批次處理作法。所以，Azure Batch 可以是一條大數據管線的一部分，其中 Azure Batch 所處理的輸出，也可以用本章所介紹的諸項技術來處理。

鑑於以上區別，除非有必須以 Azure Batch 執行需大量計算的工作負載需求，我們不會多加著墨介紹 Azure Batch。

深入 *Azure Batch*

Azure Batch 是一項資源豐沛且功能強大的平台服務。如果你想了解更多資訊，請參閱 Microsoft Azure 文件（*http://bit.ly/2nJOjln*）。

以 Azure Data Factory 架設批次處理管線

我們在第 2 章介紹了 Azure Data Factory，演示如何建立一條簡單的資料管線，整理從本地網路共享到 Azure 儲存體帳戶或 Azure Data Lake Store 的資料副本。這條管線是以 Copy 活動建立的。

和本章批次處理的主題相關，並且值得一提的是，Azure Data Factory 具有下列資料轉換活動，你可以利用這些活動來啟動批次處理，當作以 Azure Data Factory 所架設資料管線的其中一部分操作：

Hive 活動

從儲存在 Blob 儲存體的檔案運行 HiveQL 腳本。

Pig 活動

從儲存在 Blob 儲存體的檔案運行 Pig Latin 腳本。

MapReduce

從儲存在 Blob 儲存體的 JAR 檔案運行 MapReduce 程式。

預存程序活動

在 Azure SQL Database 執行一個預存程序。

Data Lake Analytics U-SQL

執行一個 U-SQL 工作。

更多 *Azure Data Factory*

關於如何使用 Azure Data Factory 架設批次處理（包括範例管線），請參
閱 Microsoft Azure 文件（ *http://bit.ly/2nCBSHN* ）。

本章摘要

本章廣泛探討 Azure 中可以執行批次處理的諸多選項，以批次處理的延遲長短為劃分標
準，一一介紹了那些需要幾十分鐘、幾小時，甚至幾天才能完成的查詢或程式。我們介
紹可以在 Azure HDInsight（Hive、Pig、Spark、MapReduce）、SQL Database 和 Azure
Data Lake Analytics 上運行的眾多批次處理選項，還稍微提到 Azure Batch，並在和上述
其他選項相同的情境介紹其功能。

下一章，將降低延遲容許時間，從幾十分鐘（批次處理大致所需時間）降到更短，對資
料進行互動式探索，並應用進階分析。

第七章

在 Azure 中進行互動式查詢

本章將會探討適用互動式查詢的諸多技術（圖 7-1）。根據本章目的，我們將以「人性化」的速度來查詢批次資料，以目前技術發展來說，這表示查詢結果將在幾秒到幾分鐘內完成。

本章所介紹的基本概念，對我們提及過的所有資料存放區都適用。此概念幫助我們理解如何在查詢處理期間修剪大型資料集，以便更快速執行查詢。這件事聽起來理所當然——如果減少查詢引擎必須讀取的資料量，那麼查詢速度將變得更快。至於如何減少資料集的規模，則必須了解這些資料存放區靈活運用各式技術，包括：

索引

> 索引資料集是比來源資料集的規模更小，代表索引的一組資料集。在資料上建立索引，可以快速有效地找到或跳過資料。在某些情況下，例如以 ORC 格式儲存的資料會自動建立索引，並與檔案一起儲存，有助於快速辨識不需進行處理的完整檔案，或是某檔案中不在處理範圍內，而可以跳過處理的部分。

分割區

> 本章所涵蓋的資料存放區都具備一個資料表概念，將資料分組，形成具相似模式的資料列。「分割區」將含有大量資料列的「長」資料表，分割成一個個獨立的檔案，讓磁碟上每個檔案只會包含一個分割區的資料。

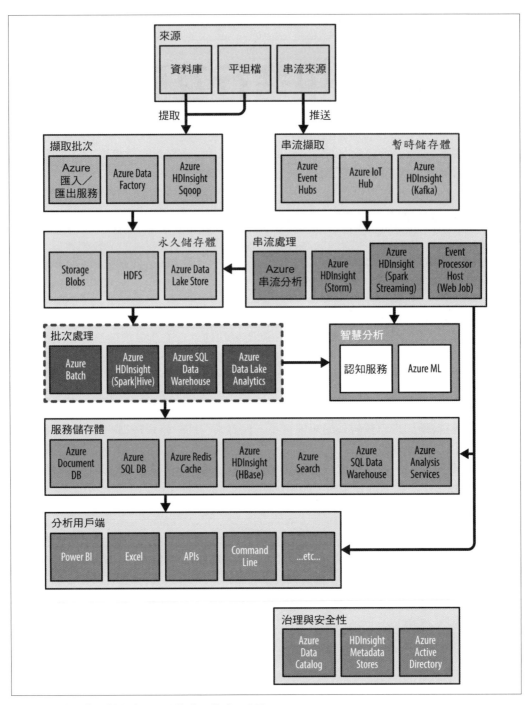

圖 7-1 本章聚焦在批次處理元件的「互動式」查詢。

述詞下推（*Predicate pushdown*）

套用一個查詢的篩選器（或 WHERE 子句）來決定要載入或跳過哪一個資料檔案時，實際上你已先將篩選器（也就是「述詞」）下推到儲存層，而不是等到從磁碟上完成讀取所有資料後才套用篩選器。

為了活用這些概念，我們將會繼續以 Blue Yonder Airports 的例子來說明。現在，Blue Yonder Airports 想要知道對於任何一個給定的機場來說，一年之中哪三個月份最容易導致航班延誤超過五分鐘以上。BYA 想將初期營運費用投入與登機行為相關的便利設施，以求改善乘客體驗。

在 SQL Database 進行互動式查詢

Azure SQL Database 具備許多實用功能，幫助降低查詢延遲，改善互動式查詢體驗，著重資料分散區與索引功能。

分割區與分散區

SQL Database 支援兩種獨立概念，在組成叢集的所有節點之間散佈資料表的資料。在 SQL Database 中建立一份資料表時，資料表內的資料會自動分配到 60 個資料庫中。每一個獨立的資料庫中都被稱為**分散區**（*distribution*）。將資料載入每個資料表時，同時分派一個資料列到一個給定分散區。在建立資料表的過程中，編寫演算法，設定一個分散方法，決定如何分佈一個給定資料列。

SQL Database 支援下列分散方法：

ROUND_ROBIN

輪替法（Round-Robin）在各分散區上隨機且平均地分散資料。載入資料時，每個資料列都被分發至循環分散區列表的下一個分散區。

HASH

雜湊法選定單一資料行，根據其雜湊值分散資料。雜湊函數具確定性（deterministic）。相同的輸入值一律對應到雜湊索引中的相同分散區。

SQL Database 中所有資料表都必須指定一個分散方法。如果建立資料表時，沒有明確宣告使用哪一個分散方法，則會預設為 ROUND_ROBIN。以下這個例子是，在建立資料表時指定使用 ROUND_ROBIN 分散方法：

```
CREATE TABLE flights
(
  flightNum int NOT NULL,
  airlineName varchar(20),
  ...,
  DepDelay REAL
)
WITH
(
  DISTRIBUTION = DISTRIBUTION = ROUND_ROBIN
)
```

以下這個例子則是在建立同一個資料表時,指定使用 HASH 分散方法(請注意,在這個情況下,我們需要提供作為雜湊值的單一資料行之名稱):

```
CREATE TABLE flights
(
  flightNum int NOT NULL,
  airlineName varchar(20),
  ...,
  DepDelay REAL
)
WITH
(
  DISTRIBUTION = HASH (flightNum)
)
```

不論分散方法為何,所有 SQL Database 的資料表都支援分割功能。分割資料表可以提升查詢效能,因為可以只掃描滿足查詢條件的分割區內容,而不需要掃描整個資料表內容。

與本書所介紹的大多數資料存放區一樣,如果資料表被分割太多次,則可能影響效能表現。經驗法則告訴我們,介於數十到數百之間的分割區數量最佳,不要建立數以千計的分割區。也就是說,要留意分散區和分割區之間的互動情形。因為建立資料表時,資料表的內容將被分散到 60 個分散區中,此時資料已自動進行分割,所以不需要進行額外分割。舉例來說,如果你建立一個包含 100 個分割區的資料表(根據經驗法則的合理數量),則實際上會將資料分割到 6000 個分割區中(因為 60 個分散區 X 100 個分割區 =6000 個分割區),如此一來,分割區數量就太多了。

在 SQL Database 中建立分割區的方式，與 SQL Server 有些不同。在 SQL Database 中不需要定義建立資料表的分割函式（描述值的邊界）和模式（描述分割區和其檔案群組之間的映射關係），而是直接在 SQL Database 中以 CREATE TABLE 陳述式定義分割區邊界。例如：

```
CREATE TABLE flights
(
  flightNum int NOT NULL,
  airlineName varchar(20),
  ...,
  DepDelay REAL
)
WITH
(
  PARTITION (flightNum RANGE LEFT FOR VALUES (100, 200, 300, 400))
)
```

上述查詢將會根據所提供的邊界值，建立一個有五個分割區的資料表，並且根據 fligjtNum 欄位值將資料列插入適當的分割區中。

索引

SQL Database 為資料表提供三種不同的索引選項（叢集資料行存放區索引、叢集索引與非叢集索引），以及一個無索引選項。

叢集資料行存放區索引

「叢集資料行存放區索引（clustered columnstore index）」以資料行格式儲存資料，並為整個資料表提供實際儲存體。叢集資料行存放區索引將資料表切割成一組組的資料列，稱為「資料列群組（rowgroups）」。資料行存放區首先以資料行區段（column segment）組織資料。資料行區段是資料列群組內部的資料行，每一個資料列群組會針對資料表中的每一個資料行包含一個資料行區段。每個資料行區段會各自壓縮成一體並且儲存到實體磁碟上。當每個資料列群組的資料列介於十萬到一百萬個資料列時，叢集資料行存放區索引最能發揮效用。

你可以在 WITH 子句內，使用以下語法，建立叢集資料行存放區索引。

```
CREATE TABLE flights
(
  flightNum int NOT NULL,
  airlineName varchar(20),
  ...,
  DepDelay REAL
)
WITH
(
  DISTRIBUTION = DISTRIBUTION = ROUND_ROBIN,
  CLUSTERED COLUMNSTORE INDEX
)
```

如果在建立資料表時沒有指定索引方式,則預設為叢集資料行存放區索引。

叢集索引

叢集索引為資料列存放區(rowstore,以資料列取向的資料格式實際儲存)提供主索引(primary index)功能。叢集索引掌管磁碟上資料的實體排序。這和其他關聯式資料庫的主索引功能相仿。在試圖快速檢索一個特定資料列時,叢集索引可能比叢集資料行存放區索引更快速有效。

非叢集索引

非叢集檢索在資料列存放區上提供次索引(secondary index)功能。之所以為「次」索引是因為資料表通常已經有一個決定磁碟上資料之實體排序的主索引,非叢集索引包含基礎資料表中部分或所有資料列和資料行的副本。

堆積資料表

沒有任何索引,也不決定磁碟上資料的實體排序的資料表,被稱為「堆積」(heap)資料表。堆積資料表通常是將資料載入到 SQL Database 的最高效方式,因為在寫入資料之前,堆積資料表不必對資料進行排序。此外,對於(少於 100M 資料列的)小型資料表來說,堆積資料表是個可行選項。

叢集與非叢集索引的語法

本書不會多加著墨叢集索引和非叢集索引的語法,因為資料行格式通常是 SQL Database 的首選格式,如果想了解更多語法細節,請查看 *http://bit. ly/2nnCi44*。

對 BYA 資料進行互動式探索

在這一章節中，我們將會延續上一章內容，對 BYA 資料進行互動式查詢。因此，請確認你的 SQL Database 可以運行這個名為 FlighDelayStaging 的受管理資料表。

你可以使用可連線到 SQL Server 的任何工具執行以下查詢，這裡使用 SQL Server Management Studio 做為示範。

首先對這些資料進行分割，以便更加符合 Blue Yonder Airports 的使用需求。因為每個機場都是一個實體，BYA 希望先聚焦在個別機場的查詢。舉例來說，想要了解哪三個月份發生最多航班延誤情形，首先選定一個出發地機場（來降低資料查詢範圍），例如聖地牙哥國際機場（機場代碼：SAN），然後開始進行分析。

第一個查詢先來看看資料集中包含多少個不同的出發地機場：

```
SELECT count(distinct origin)
FROM FlightDelaysStaging
WHERE year = 2015
```

我們發現共有 322 個不同的出發地機場（圖 7-2）：

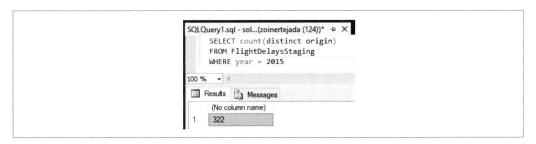

圖 7-2　SQL Server Management Studio 中顯示資料集內 2015 年度的出發地機場數量。

接著，藉由航班起飛次數，找出最為繁忙的前 30 個機場：

```
SELECT Top(30) origin, count(*) counted
FROM FlightDelaysStaging
WHERE year = 2015
GROUP BY origin
ORDER BY count(*) DESC
```

查詢結果如圖 7-3 所示。

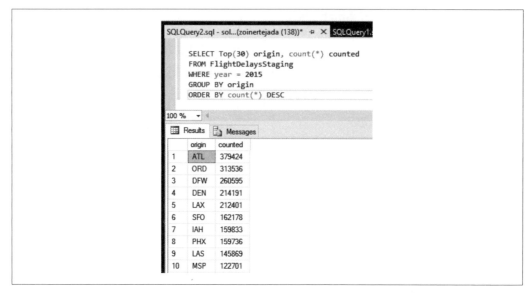

圖 7-3 2015 年度航班起飛次數最多的前 30 個機場。

這讓我們了解每一個機場通常需要處理幾個資料列，以便了解其運作情況，每座機場最多有幾十萬個資料列。換句話說，這個數量相當小。

因為所有查詢都以出發地機場為出發點，我們可以利用出發地機場來分割資料。不過，說實在的，其實沒有必要再進行資料分割，因為資料表已自動分割資料到 60 個分散區中，對這個例子來說已經綽綽有餘（甚至已將資料分得很細）。但是，為了因應資料增加的可能性，分散資料這件事是明智且必要的，讓描述一個給定機場的資料列位於同一個分散區中。想做到這一點，我們可以在 Origin 資料行上使用雜湊分散法，建立一個新的資料表，如下所示：

```
CREATE TABLE DepartureFlightData
WITH (DISTRIBUTION = HASH(Origin) )
AS
SELECT * FROM FlightDelaysStaging
```

現在，我們已準備好執行分析查詢，找出最為忙碌的月份：

```
SELECT Month, Count(*)
FROM DepartureFlightData
WHERE origin='SAN' AND Cast(DepDelay as REAL) > 15
GROUP BY Month
```

查詢結果如圖 7-4 所示：

圖 7-4 顯示月份及發生超過 15 分鐘延誤的航班數量之查詢結果。

所以，根據查詢結果可以做出以下總結：以聖地牙哥國際機場的航班延誤情況來說，Blue Yonder Airports 應該著重改善七月、八月及十二月的使用者體驗。

以 Hive 和 Tez 進行互動式查詢

在 2009 年，Hive 成為一種為批次分析而打造的資料倉儲解決分案（需要等待漫長時間直到結果就緒），Hortonworks 在 2013 年推出一項名為 Stinger 的計畫，讓 Hive 更適用於企業中常見的互動式 SQL 查詢，降低查詢延遲情形。2014 年發布的 Stinger 計劃，被預設在 HDInsight 中，並強化以下核心功能，革新 Hive 的傳統架構：

ORC 檔案格式

ORC（Optimized Row Columnar）檔案格式提供以資料行為導向的壓縮儲存方式。當涉及資料修剪（data pruning）問題時，Hive 引擎可以避開讀取不在查詢範圍內的資料。ORC 格式同時提供輕巧的內聯索引，支援述詞下推（predicate push-down）以便減少讀取不必要的資料。ORC 檔案格式將資料分成一個個檔案，在每一個檔案中再劃分成足足有 200 megabyte 的資料條帶（stripe）。在每一個資料條帶中，以資料行順序儲存資料（一個資料集儲存第一行資料行，另一個資料集儲存第二行資料行，以此類推）。每個檔案都有一個註腳（以索引的形式出現），提供每一檔案層級和條帶層級所含資料的統計資訊。此外，每一個資料條帶都有專屬索引，總結條帶中所含資料。這個索引包含在該條帶內，一組內含 10,000 資料列的資料列群組中，每一行的最大值和最小值。簡而言之，了解如何讀取 ORC 檔案的引擎，善用 ORC 檔案包含的索引，來刪減不需要的輸入／輸出。

向量化 *SQL* 引擎

不再一次處理單一資料行的資料，向量化執行的關鍵要點是一次處理 1024 行資料。這個概念運用了資料局部性原則（data locality principles）—— 一個資料行的資料可能被其他將被查詢的資料包圍，所以同時載入並處理這些資料是合理的。

Apache Tez

Tez 是一個完全獨立於 MapReduce 的應用框架，處理執行於 YARN 上的一般資料處理任務。你可以將它想成：並非在叢集上產生一個 MapReduce 程式來執行，Tez 將映射（map）和歸納（reduce）任務推廣到一個有向性無循環圖（*DAG*）中，將待執行程式以圖描述，頂點代表任務（映射或歸納），邊代表任務之間的資料連線。此應用框架的設計原理，直接解決了 MapReduce 的效能缺陷，比如總是必須在映射步驟後新增一個歸納步驟，或者總是必須在步驟與步驟之間將中間結果寫入磁碟等缺點。在 Hive 中，Tez 框架被稱為**引擎**，它正是 MapReduce 引擎的替代選擇。

簡而言之，想要加以善用 Stinger 的諸多優勢，你必須先將資料以 ORC 格式儲存，然後配置 Hive 以便使用向量化 SQL 執行及 Tez 引擎。在 HDInsight 中這些都是預設選項，所以你不需要特意進行額外配置。

Stinger.next

Stinger 計畫強化 Hive 功能性的理念初衷，將由 Stinger.next 繼續實踐，旨在為 Hive 提供 subsecond 級（意即：不到一秒內）查詢效能。這裡的主要功能強化包括一個名為 Live Long and Process（LLAP）的長時間運行的常駐程式處理（daemon process）。

LLAP 提供一系列功能，支援 subsecond 級效能表現和記憶體內存取，利用 HBase 為中繼資料目錄來加快操作中繼資料，並支援 Spark 作為 Tez 和 MapReduce（稱為 Hive on Spark）的替代引擎。

索引

Hive 具有有限的索引功能，而這些索引通常只有在 HDInsight 的預設配置中改成使用 MapReduce 引擎時改才會用到。

> **更多 Hive 索引**
>
> 想知道更多 Hive 支援的索引，請參閱 Apache Hive wiki（*http://bit. ly/2n7XOri*）。

你應該善用由 ORC 檔案格式自動提供的內聯索引，以及分割資料表等方式，而不需要定義直接的資料表索引。

分割

分割區直接控制了 Hive 如何構建組成資料表的資料檔案的資料夾之層次結構。Hive 建立反映分割區結構的子目錄，資料夾採 *<fieldName>=<value>* 格式。**fieldName** 代表在來源資料中資料行的名稱，而 **value** 則表示該分割區的實際資料值。將檔案系統視覺化呈現成一顆樹，可以幫助你了解這個概念：

```
flightdata
- airport=LAX
---- year=2015
-------- 000000_0.orc
-------- 000001_0.orc
- airport=SAN
---- year=2015
-------- 000000_0.orc
```

在上述列表中，航班資料表在最上層以機場代號進行資料分割，然後再依年份繼續分割。如你所見，各分割區以一個個 ORC 檔案格式的資料夾呈現，每個資料夾包含特定分割區的資料。你可以將此方法理解為以資料夾路徑對資料編排索引。

此處的洞見觀察是，如果將資料正確分割，查詢引擎會在處理過程中忽略整個目錄的資料檔案（比如我們只需要 SAN 機場的資料，則可以忽略 LAX 層級以下的資料夾）。這是另一種修剪大型資料集的例子。

對 BYA 資料進行互動式探索

在這一章節中，我們將會延續上一章內容，對 BYA 資料進行互動式查詢。因此，請確認你的 HDInsight 叢集可以運行這個基於 ORC 格式，名為 flightdataorc 的內部資料表。

你可以使用 AMbari Hive View 或運行 Hive 殼層的 SSH 對話來執行下列查詢。

以 *Visual Studio* 運行 *Hive* 查詢

如果你安裝了 HDInsight Tools for Visual Studio（隨 Azure SDK 2.5.1 或更高版本一起安裝）時，也可以使用 Visual Studio 的伺服器總管，查看資料表並運行 Hive 查詢。如果你對此方法感興趣，請參考本網址所敘述的步驟（*http://bit.ly/2n7VwbF*）嘗試本章介紹的查詢。

首先對這些資料進行分割，以便更加符合 Blue Yonder Airports 的使用需求。因為每個機場都是一個實體，BYA 希望先聚焦在個別機場的查詢。舉例來說，想要了解哪三個月份發生最多航班延誤情形，首先選定一個出發地機場（來降低資料查詢範圍），例如聖地牙哥國際機場（機場代碼：SAN），然後開始進行分析。

一種方法是將 flighdataorc 資料表內的所有航班延誤資料，以 origin 欄位（表示離開該機場的航班）的資料值進行分割。若使用 Hive，需要將分割區控制在合理數量——幾百個到最多一千個分割區。如果分割區數量超過此範圍，則可能因為建立過多小分割區而陷入窘境，因為數量過多的小檔案可能使 HDFS 節點超載。

所以，讓我們從若以出發地機場進行分割，應該從「將資料分為幾個分割區才好」這件事著手：

```
SELECT count(distinct origin)
FROM flightdataorc
WHERE year = 2015;
```

如果運行以上查詢，你會發現在 2015 年，共有 322 個不同的出發地機場值。因為機場數量不太隨時間劇烈增減，這看來是個分割資料的好選擇。依照年份繼續分割資料（即，先以機場代碼再以年份分割資料）聽起來很吸引人，不過，請仔細思考一下，光是查詢三年份的資料，你就可能得到將近一千個資料分割區（3 年 X 322 機場 =966 分割區），更可怕的是，分割區的數量每年都會顯著增加（超過 300 個）。

你可以運行以下查詢以便了解，如果只依照出發地機場進行資料分割，則每個分割區中將包含多少資料列：

```
SELECT origin, count(*) FROM flightdataorc
WHERE year = 2015
GROUP BY origin;
```

此查詢將提供以下洞察：

1. ATL，哈茨菲爾德 - 傑克遜亞特蘭大國際機場，在 2015 年度的航班數量最多，共計 379,424 次。

2. LAX，洛杉磯國際機場，有 212,401 次航班。

3. SAN，聖地牙哥國際機場，有 76,416 次航班。

為什麼我們要關注從每個機場出發的航班數量呢？因為假如我們以出發地機場分割資料，則航班數量表示每個分割區中將有多少資料列。這些資料列數量可不算多——十年份的航班資料在 ATL 分割區中可能有四百萬列，我們在「資料列數量太多」和「分割區太多」兩件事之間取得相當好的平衡。

確信我們手上有一個相當不錯的資料分割策略，現在來看看如何透過運行下列內容來建立一個經分割的內部資料表：

```
CREATE TABLE departureflightdata
(
Year INT,
Quarter INT,
Month INT,
DayofMonth INT,
DayOfWeek STRING,
FlightDate STRING,
UniqueCarrier STRING,
AirlineID STRING,
Carrier STRING,
TailNum STRING,
FlightNum STRING,
OriginAirportID STRING,
OriginAirportSeqID STRING,
OriginCityMarketID STRING,
--Origin STRING,
OriginCityName1 STRING,
OriginCityName2 STRING,
OriginState STRING,
OriginStateFips STRING,
OriginStateName STRING,
OriginWac STRING,
DestAirportID STRING,
```

```
DestAirportSeqID STRING,
DestCityMarketID STRING,
Dest STRING,
DestCityName1 STRING,
DestCityName2 STRING,
DestState STRING,
DestStateFips STRING,
DestStateName STRING,
DestWac STRING,
CRSDepTime INT,
DepTime INT,
DepDelay INT,
DepDelayMinutes INT,
DepDel15 BOOLEAN,
DepartureDelayGroups INT,
DepTimeBlk STRING,
TaxiOut INT,
WheelsOff INT,
WheelsOn INT,
TaxiIn INT,
CRSArrTime INT,
ArrTime INT,
ArrDelay INT,
ArrDelayMinutes INT,
ArrDel15 BOOLEAN,
ArrivalDelayGroups INT,
ArrTimeBlk STRING,
Cancelled BOOLEAN,
CancellationCode STRING,
Diverted BOOLEAN,
CRSElapsedTime INT,
ActualElapsedTime INT,
AirTime INT,
Flights INT,
Distance INT,
DistanceGroup INT,
CarrierDelay INT,
WeatherDelay INT,
NASDelay INT,
SecurityDelay INT,
LateAircraftDelay INT,
FirstDepTime INT,
TotalAddGTime INT,
LongestAddGTime INT,
DivAirportLandings BOOLEAN,
DivReachedDest BOOLEAN,
```

```
DivActualElapsedTime INT
)
PARTITIONED BY (Origin STRING)
STORED AS ORC;
```

在上述資料定義語言查詢中,我們宣告了一個受管理資料表,不過,此處有兩點不同。倒數第二行程式碼有一個 PARTITIONED BY 子句,列出要被分割的資料行名稱及類型;此處,我們想要以 Origin 資料行進行分割,此資料行的類型為 STRING 類型。因為我們在 PARTITIONED BY 子句中標示了用來分割資料的資料列,所以我們不需要在定義資料表模式的列表中重新定義它——請注意,我們把 Origin 註解掉(comment out),以突顯這件事。

現在,我們有一個空白資料表,並準備將資料載入其中。不過,基本上每個分割區只是一個資料夾(或資料夾層次結構),該如何將資料加載到資料表的正確分割區內?因為我們想插入資料到一個已分割的資料表中,Hive 不允許使用 CREATE TABLE AS 語法,但是,我們依然可以使用一個普通的 INSERT 陳述式,運行以下查詢,辨識用來分割的資料行:

```
INSERT OVERWRITE TABLE departureflightdata
PARTITION (Origin)

  SELECT
  Year ,
  Quarter ,
  Month ,
  DayofMonth ,
  DayOfWeek ,
  FlightDate ,
  UniqueCarrier ,
  AirlineID ,
  Carrier ,
  TailNum ,
  FlightNum ,
  OriginAirportID ,
  OriginAirportSeqID ,
  OriginCityMarketID ,
  --Origin ,
  OriginCityName1 ,
  OriginCityName2 ,
  OriginState ,
  OriginStateFips ,
  OriginStateName ,
  OriginWac ,
  DestAirportID ,
  DestAirportSeqID ,
```

```
        DestCityMarketID ,
        Dest ,
        DestCityName1 ,
        DestCityName2 ,
        DestState ,
        DestStateFips ,
        DestStateName ,
        DestWac ,
        CRSDepTime ,
        DepTime ,
        DepDelay ,
        DepDelayMinutes ,
        DepDel15 ,
        DepartureDelayGroups ,
        DepTimeBlk ,
        TaxiOut ,
        WheelsOff ,
        WheelsOn ,
        TaxiIn ,
        CRSArrTime ,
        ArrTime ,
        ArrDelay ,
        ArrDelayMinutes ,
        ArrDel15 ,
        ArrivalDelayGroups ,
        ArrTimeBlk ,
        Cancelled ,
        CancellationCode ,
        Diverted ,
        CRSElapsedTime ,
        ActualElapsedTime ,
        AirTime ,
        Flights ,
        Distance ,
        DistanceGroup ,
        CarrierDelay ,
        WeatherDelay ,
        NASDelay ,
        SecurityDelay ,
        LateAircraftDelay ,
        FirstDepTime ,
        TotalAddGTime ,
        LongestAddGTime ,
        DivAirportLandings ,
        DivReachedDest ,
        DivActualElapsedTime ,
        Origin
        FROM flightdataorc;
```

在上述查詢中，PARTITION 子句將 Origin 資料行辨識為包含分割每一資料列的值的資料行。進一步檢視上述查詢內容，可以發現我們在 Origin 的原始位置註解掉它，然後將在最後一列再放上 Origin。Hive 遵照一個慣例，即 PARTITION 子句中依序引用的資料行，在查詢最後的資料行以相同順序列出。在這個例子中，我們只引用一行，Origin。如果在 PARTITION 子句中有三個（好比 Origin、Year 和 Quarter）列，那麼 FROM 子句之前的最後三列則必須以 Origin、Year、Quarter 的順序寫出。有了這則語法，我們可以動態地將資料插入到正確的分割區中——這正是 Hive 被稱為**動態分割**的原因。

如果查看磁碟上的 departureflightdata（根據你的叢集，可能存放在 Azure 儲存體或 Azure Data Lake Store 中），你可以清楚看到分割區結構，如圖 7-5 所示。

圖 7-5 以出發地機場代碼進行分割後的資料夾結構。

現在，我們的資料集以出發地機場被適當分割，讓我們以單一機場（SAN）的視角，找出超過 15 分鐘的延誤數量。針對你的 Hive 實例運行以下查詢：

```
SELECT Month, Count(*)
FROM departureflightdata
WHERE origin='SAN' AND DepDelay > 15
GROUP BY Month;
```

你應該會得到一個如下的結果集：

month	_c1
5	2418
9	1488
11	1922
1	2365
2	2296
7	3053
10	1529
12	2992
3	2206
4	2161
6	2999
8	2365

快速瀏覽這個結果集，你將發現發生最多航班延誤情事的前三個月份是：

- 7：七月

- 6：六月

- 12：十二月

因此，Blue Yonder Airports 應該將投注心力在改善初夏月份及十二月假期的使用者體驗上。

Tez 在哪兒？

在運行這些查詢時，你可能不會注意表面之下的運行框架。除非變更預設設定，否則你的查詢都執行於 Tez on HDInsight 上。你可以在運行查詢時，仔細查看控制台輸出來確認這件事（你將會看到「開始 Tez 對話」或「在 XX.YY 秒內完成 DAG」等字樣）。

以 Spark SQL 進行互動式查詢

Spark SQL 和 DataFrame API 以幾種不同方式對資料集進行互動式查詢。首先，Spark SQL 支援 Parquet 和 ORC 等高效能資料行格式，可以利用述詞下推和資料表分割等功能，在查詢處理時修剪大型資料集。再來，一旦資料集已經載入到叢集記憶體內，有助於進行迭代查詢（在互動式查詢過程中常見的資料探索方式），因為可以直接從記憶體（而不是磁碟）使用資料。

索引

以目前而言，Spark SQL 並不提供索引功能，同樣也不支援基於 Hive 的資料表索引（compact, bitmap, bloom 等）──這表示，即使你在 Hive 中建立一個具備這些索引的資料表，想要透過 HiveContext in Spark 進行查詢，這些索引也不能為你所用。跟 Hive 一樣，你可以將資料儲存為 ORC 檔案以取得一些索引功能，內聯索引可以幫助你從排除那些不必讀取的資料。

分割

Spark SQL 使用與 Hive 相同的方法表示磁碟上的分割區（請參考第 271 頁的「以 Hive 和 Tez 進行互動式查詢」內容），分割區是以索引鍵／值對為名的子資料夾，其中鍵（key）是分割區的資列行名稱，而值（value）是該分割區中所表示資料的特定值。在調用 save 方法之前，可以在儲存資料時，使用 partitionBy 方法來分割 DataFrame 資料：

```
mydataframe.write.format("orc").partitionBy("name").save("mydata")
```

partitionBy 方法接受一個由資料行名稱組成的字串列表作為輸入值，以與輸入值相同的順序分割 DataFrame 的資料。

對 BYA 資料進行互動式探索

在這一章節中，我們將會延續上一章內容，對 BYA 資料進行互動式查詢。請確認你的 Spark HDInsight 叢集可以運行這個基於 ORC 格式，名為 flightdataorcspark 的資料集。

以下腳本可以使用 Jupyter notebook 或 Spark shell 運行。在此，我們會使用 Jupyter notebook，以便善用其圖表視覺化功能。你可以從 HDInsight 叢集開啟 Jupyter，選取「叢集儀表板」，選取 Jupyter，然後輸入帳號密碼登入。

開啟 Jupyter 網頁後，選取「新建」，然後選擇「Spark」，建立一個 notebook，以便運行基於 Scala 的 Spark 程式。

你要做的第一件事，就是建立一個 DataFrame，載入前一章建立的 ORC 資料。如果你使用 Azure Data Lake Store，則如下所示：

```
val flightData = sqlContext.read.format("orc")
.load("adl://[lake].azuredatalakestore.net:443/flightdataorcspark")
```

同樣地，你也可以從 Azure 儲存體載入資料，請使用 *wasbs:* 模式和路徑：

```
val flightData = sqlContext.read.format("orc")
.load(
"wasbs://[container]@[acct].blob.core.windows.net/flightdataorcspark"
)
```

現在，將資料載入 DataFrame 後，我們可以使用前一章提過的「語言整合查詢」
（Language Intergrated Query，LINQ），或者以 SQL 探索資料。為了以 SQL 發出查
詢，首先必須註冊一個代表這個 DataFrame 的暫存資料表：

```
flightData.registerTempTable("flightdatatemp")
```

再進行下一步操作之前，請確認已在 Jupyter notebook 中運行這些單元。

接著，探索出發地機場的數量。在 Jupyter notebook 中，你可以使用 SQL 陳述式的「魔
法」發布特定指令。在 notebook 的新單元中，輸入並運行以下內容：

```
%%sql
SELECT count(distinct origin)
FROM flightdatatemp
WHERE year = 2015
```

負責將單元內的腳本解釋為 SQL 而不是 Scala 的魔法是 %%sql。當查詢返回（return），
你應該會看到類似圖 7-6 的輸出結果。

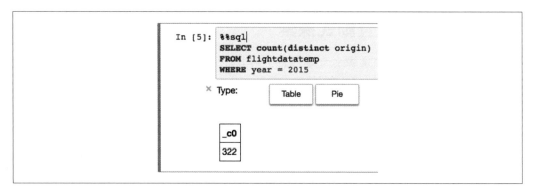

圖 7-6 查詢結果顯示 flightdatatemp 暫存資料表的資料中有 322 個不同的出發地機場。

這幫助我們掌握以下這件事：如果以出發地機場來分割資料，那麼必須建立多少個分割區？接著，看看最大的分割區中有多少資料量：

```sql
%%sql
SELECT * FROM
(SELECT origin, count(*) counted FROM flightdatatemp
WHERE year = 2015
GROUP BY origin) departures
ORDER BY counted DESC
LIMIT 30
```

顯示 2015 年度前 30 個最繁忙機場的查詢結果應該如圖 7-7 所示。

現在，有了適當的分割區數量及規模，先運行以下指令將 DataFrame 以分割區格式儲存到儲存體中：

```
flightData.write.format("orc").partitionBy("origin").save(
"adl://[lake].azuredatalakestore.net:443/departureflightdata")
```

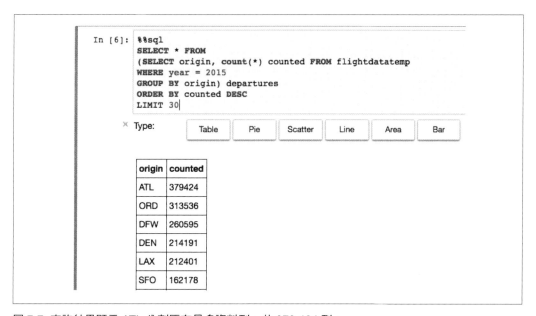

圖 7-7 查詢結果顯示 ATL 分割區有最多資料列，共 379,424 列。

如果你使用的是 Azure 儲存體，請將 save 的輸入值替換為 WASB。請注意，我們要做的事，就是調用 partitionBy 方法，告訴它該使用哪一個資料列分割資料（在這個例子是 origin 資料行）。

觀察分割區的資料夾結構，可以發現每個目錄樹的葉節點都是一個 ORC 檔案（圖 7-8）。

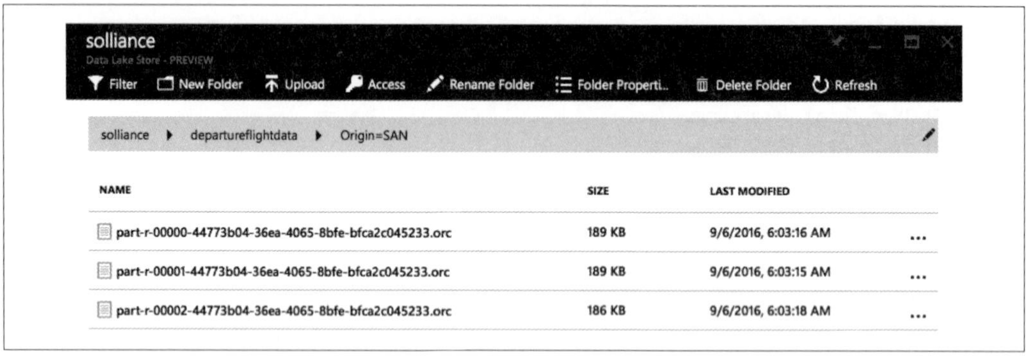

圖 7-8　在 Azure Data Lake Store 的 departureflightdata 資料表內 origin=SAN 分割區的資料夾結構。

現在，在查詢這個分割區版本之前，需要先將它載入 DataFrame。在 notebook 中運行以下內容：

```
val departureFlightData = sqlContext.read.format("orc").load(
"adl://[lake].azuredatalakestore.net:443/departureflightdata")
departureFlightData.registerTempTable("departureflightdatatemp")
```

現在，我們已經準備好，針對這份資料表，編寫分析查詢。在 notebook 中的新單元中運行以下程式碼：

```
%%sql
SELECT Month, Count(*)
FROM departureflightdatatemp
WHERE origin='SAN' AND DepDelay > 15
GROUP BY Month
```

當查詢結果跳出後，選擇 Bar 按鈕，將結果以柱狀圖視覺化呈現。請注意，六月、七月和十二月出現最多 15 分鐘以上的航班延誤情形──以聖地牙哥國際機場來說，BYA 應該特別聚焦這幾個月份（圖 7-9）。

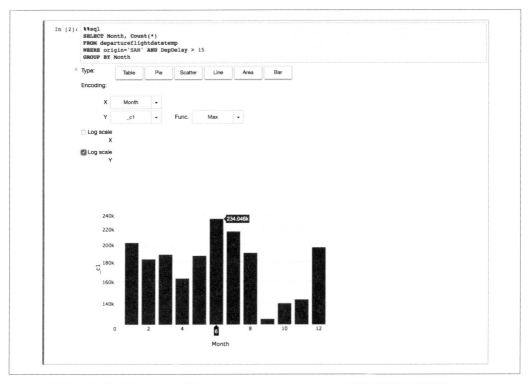

圖 7-9 針對分割區資料進行 SQL 查詢，在 Jupyter notebook 中以柱狀圖顯示查詢結果。

以 USQL 進行互動式查詢

Azure Data Lake Analytics 以批次分析為主，但它所支援的一些功能，有助於降低查詢處理時間，接近互動式查詢層級。

與 SQL Database 雷同，Azure Data Lake Analytics 支援索引、分割資料和分散資料，不過尚有一些限制。

目前而言，Azure Data Lake Analytics 中的資料表必須具備叢集索引（不支援資料行存放區索引和堆積資料表）。資料表可以被分割到數個分割區或是直接分散到分散區中。此外，分割區還可以繼續拆分到分散區中。除了定義叢集索引之外，每個資料表還必須定義資料分散模式，以確定如何將資料列分配到（組成資料表或分割區的）分散區中。

Azure Data Lake Analytics 支援下列四種資料分散模式：

RANGE

根據資料行的排序列表來分散資料列，由系統自動決定分散界限。實際上，每個分散區將包含一個有順序的資料列範圍，其範圍大於資料行的最小值，且小於資料行的最大值。

HASH

根據資料行列表的雜湊值分散資料列。

DIRECT_HASH

根據單一整數資料行的雜湊值分散資料列。

ROUND_ROBIN

不論資料行的值，以輪替法將資料列分派到不同的分散區中。

對 BYA 資料進行互動式探索

在這一章節中，我們將會延續上一章內容，對 BYA 資料進行互動式查詢。請確認已備妥 Azure Data Lake Analytucs 以及名為 FlightDelays 的受管理資料表。

我們將會透過 Azure 入口網站執行 U-SQL 工作（前一章有演示過），當然你也可以選擇使用諸如 Visual Studio 的替代選項。

首先，取得 2014 年度資料集的機場數量：

```
@results =
    SELECT COUNT(DISTINCT Origin) AS Counted
    FROM FlightDelays
    WHERE Year == 2014;

OUTPUT @results
TO "/flightdataout/Output/counts.csv"
USING Outputters.Csv();
```

點開輸出檔案（*counts.csv*），可以確認 2014 年度共有 301 個不同機場。

執行以下查詢，查看前 30 個最繁忙的出發地機場：

```
@results =
    SELECT Origin, COUNT(*) AS Counted
    FROM FlightDelays
    WHERE Year == 2014
    GROUP BY Origin
    ORDER BY Counted DESC
    FETCH 30 ROWS;

OUTPUT @results
TO "/flightdataout/Output/counts.csv"
USING Outputters.Csv();
```

你會發現，2014 年度最繁忙的機場是 ATL。

接著，來看看我們如何以 *HASH* 分散方法分割這份資料表，以滿足讓大多數查詢集中在單獨一個機場的條件：

```
CREATE TABLE DepartureFlightData(
    INDEX idx_year_month_day_flightnum CLUSTERED (Year, Month, DayofMonth,
    FlightNum)
    PARTITIONED BY HASH (Origin)
) AS
SELECT *
FROM FlightDelays;
```

請注意，在上述查詢中，被要求為叢集索引提供定義（此處定義其組成的 Year、Month、DayofMonth、FlightNum），並在 PARTITIONED BY 子句中為 Origin 定義 HASH 分散方法。

將資料表分割好之後，現在即可查詢最為繁忙的月份：

```
@results =
SELECT Month, COUNT(*) AS Counted
FROM DepartureFlightData
WHERE Origin == "SAN" AND DepDelay > 15
GROUP BY Month;
OUTPUT @results
TO "/flightdataout/Output/counts.csv"
USING Outputters.Csv();
```

本章摘要

本章探討 Hive、Spark、SQL Database，以及 Azure Data Lake Analytics 的各式技術，進一步為探索式分析準備好航班資料，然後執行一些分析查詢，幫助 Blue Yonder Airports 掌握航班延誤情形較為嚴重的「繁忙」月份。

下一章內容將探討建立和運行機器學習模型的選項，以便研究資料管線的智慧分層。

第八章

Azure 中的
「冷」、「熱」路徑

這一章內容聚焦在 Lambda 資料管線架構的最終目標——讓所有處理過的資料結果可供查詢。為此,我們將討論一些 Azure 服務,透過用戶端應用程式或 BI 工具,支援查詢冷、熱路徑的資料,我們將這些服務統稱為*服務層*(*serving layer*),請見圖 8-1。

服務層共同處理來自熱路徑和冷路徑的資料。服務層可以進一步細分為即時服務層(speed layer),表示尚未通過冷路徑(批次處理),增量處理(incrementally processing)熱路徑資料的子資料集,以及批次服務層(batch layer),則包含冷路徑的批次處理結果。

即時服務層的核心要點在於,它具有高度的查詢彈性——也就是說,即時服務層所提供的查詢模型,讓用戶端應用程式自由查詢,無論是直接查找或更加複雜的分析查詢。換言之,即時服務層可大力支援「隨機讀取」功能。即時服務層也具低延遲性;幾秒內即可返回查詢結果。

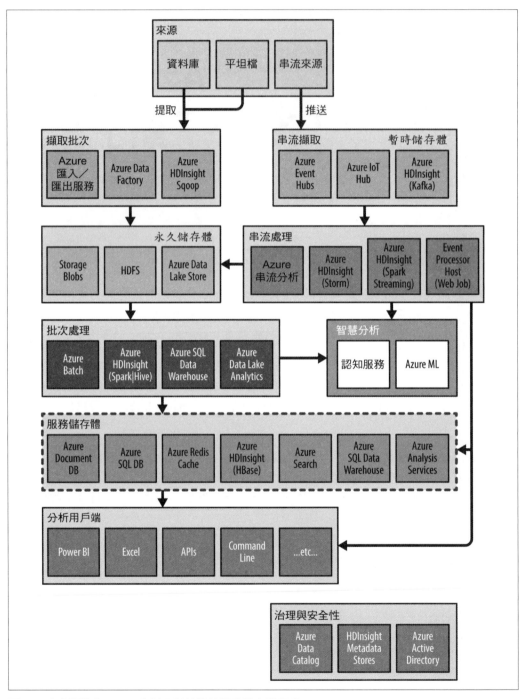

圖 8-1 本章聚焦在 Azure 資料分析管線的服務儲存體元件。

對即時服務層來說，因為資料被細分為子資料集，它實際儲存和處理的資料量通常以數十或數百 gigabyte 為單位，資料量最多的情況也不過幾個 terabyte。相較之下，冷路徑所需處理的資料量規模則更為巨大。資料量的減少所帶來的好處就是，可以在即時服務層使用各式各樣資料存放區。即時服務層的關鍵特色有：

隨機讀取（*Random reads*）

支援在隨機閱讀風格查詢期間快速查找資料。通常透過索引功能實現隨機讀取。

隨機寫入（*Random writes*）

資料存放區必須以非常低的延遲（如以毫秒為單位）支援隨機寫入，插入來自串流來源的資料，因為任何需要建立批次（bacth），然後將資料批次載入資料存放區的準備工作，通常會在為使用者提供熱資料的過程中引入不必要的延遲。

資料有效期限（*Data expiration*）

當即時服務層中的資料進入批次服務層後，資料存放區可以提供自動清除資料的機制。某些資料存放區為每一記錄提供存活時間（time to live，TTL），超過 TTL 的那些記錄將自動從資料存放區中清除。對某些使用情境來說，TTL 和批次服務層獲取同一筆資料的所需時間之間有足夠的時間重疊，因此在尚未抵達批次服務層之前，資料不會從即時服務層中清除。在其他情況下，協調資料處理管線的應用程式必須在成功將資料寫入批次服務層之後，主動從即時服務層清除資料。

近似估算（*Approximation*）

有些資料存放區可以透過減少實際儲存的資料量，最小化讀取與寫入的延遲。通常資料以特定演算法近似估算或儲存，這些演算法將資料總結在可容忍的誤差範圍內。

通常資料是使用專門的算法進行近似或儲存的，這些算法將資料總結在可容忍的誤差範圍內。批次服務層則有不同特徵，其關鍵要點如下：

隨機讀取（*Random reads*）

索引在批次服務層扮演著相當重要的角色，支援點查找（point lookup）及分析風格查詢，查詢範圍可能涵蓋大量批次服務層的資料。

批次寫入（*Batch writes*）

批次服務層不需要支援隨機寫入；因為批次服務層的存在是為了查詢最新的批次處理資料集，所以只需要載入由已處理視圖組成的批次處理資料即可。若加入隨機寫入，反而會帶來複雜性及間接費用（例如必須壓縮因刪除或更新資料所知的未使用空間，以及強制同步資料，以便讀取正確數值）。批次服務層的資料存放區通常善用技術，將代表冷路徑的最新批次處理資料與舊有資料進行替換。

Azure Redis Cache

Azure Redis Cache 是由 Microsoft 管理的服務，提供常用的開放原始碼 Redis 快取。核心 Redis 提供一個分散式的記憶體內快取，被部署在 Azure 時，可以使用複寫的主要／次要設定，或是包含許多節點的擴展叢集，來支援工作負載量，並提供高達 530 GB 的快取儲存體。

所有資料都儲存於記憶體這件事意味著 Redis 特別擅於處理隨機讀取和隨機寫入。Redis 是一種進階的索引鍵／值存放區，其中，鍵（key）只能是字串形式，但值（value）可以是眾多支援類型之一。採用字串和數值等基本類型的值始終以字串值表示。

不過，Redis 所提供的指令可以剖析和操作數值（例如增加或減少數字）。Redis 也支援以「結構」作為資料值，例如清單、集合、排序的集合（sorted set）、雜湊，以及位元陣列（bit array）。Redis 還提供一個獨特的結構 HyperLogLog，在使用少量記憶體時以少量近似估算（誤差小於 1%），非常有效地按照比例計算個別輸入值。最後，Redis 還支援在索引鍵上設定有限的存活時間，一旦 TTL 過期時，索引鍵（及對應的索引值）將自動從資料存放區中清除。

Redis 參考資料

如果你想更完整了解 Redis 的功能，請瀏覽 *http://redis.io/commands*，查看這個完整的 Redis 指令列表。然後搭配以下網址 *http://redis.io/topics/data-types-intro* 所記載的精彩摘要，掌握 Redis 資料類型。

由於 Redis 運行於記憶體內，相較於在磁碟執行的隨機讀取／寫入操作，Redis 可以最小化 I／O 延遲。在 Azure Redis Cache 中，你會遇到的延遲情形，是（1）在 Redis 中執行操作與（2）往返於用戶端應用程式和 Redis Cache 之間的網路延遲的混合情境。只要將你的 Redis Cache 與使用它的服務或應用程式部署在同一位置，即可將網路延遲最小化。

除此之外，你可以選擇定價層，調整 Redis 實例的輸送量——選擇定價策略將會決定可用網路頻寬和每秒處理請求數的峰值。透過網路存取 Redis 時（就像存取其他資料存放區一樣），對大多數應用程式來說，延遲基本上都小於兩位數毫秒內（如 3 到 20 毫秒），這的確是非常低的延遲。

Azure Redis Cache 的評量基準

延遲因不同的應用程式而異。你可以運行基準測試，查看你的 Azure Redis Cace 實例是否設定正確。這項測試包括在與 Azure Redis Cache 實例相同區域中設置 Windows 虛擬機器，運行針對該實例的命令列執行程式。

你可以從 *https://github.com/MSOpenTech/redis/releases* 下載 Windows 系統適用的 Redis 基準測試。

下載完成後，請參考這個網頁（*http://bit.ly/2o55Alg*），取得基準測試指令的範例。

Azure Redis Cache 提供隨機讀取／寫入、資料有效期限、近似估算等功能，這項服務相當適用於即時處理層，幫助用戶端應用程式查詢熱路徑的資料。

Redis 在記憶體中管理所有資料，其最大規模遠遠小於基於磁碟的資料存放區規模。目前 Redis 規模最大可達 530 GB，已足以支援數小時的熱路徑資料處理，但顯然無法支援儲存批次處理所產生的所有資料。因此，Redis 不適合用在批次服務層。

即時服務層的 Redis

讓我們將注意力放到應用 Redis 來支援即時服務層，幫助 Blue Yonder Airports 處理資料。

首先，我們需要部署一個 Azure Redis Cache 實例，可以從 Azure 入口網站輕鬆佈建。

1. 登入 Azure 入口網站，選擇「新增」→「Data + Storage」→「Redis 快取」。

2. 輸入你想要建立之 Redis 快取的名稱，選擇訂用帳戶、資源群組，以及區域。

3. 在本例中，你可以選用任何一種定價層級。如有生產需求，你可以選擇高階方案，使用更多記憶體大小，獲得更佳效能。

4. 如果你選擇了高階層，請「Redis 叢集」設定，啟用叢集並設定叢集內的節點數量（以及叢集記憶體的總量）。你還可以啟用 Redis Database（RDB）備份，它將在一段時間間隔內拍攝快照。使用進階層，你還可以選擇在 Azure 虛擬網路內配置叢集（這意味著架設在 Azure 中的應用程式不需透過公開的端點存取 Redis）。

5. 選擇「建立」來部署你的 Redis 快取。

有了 Redic 快取之後，請從 *http://bit.ly/2bJDLOi* 複製範例專案。

這個基於 Visual Studio 的解決方案,包含一個名為 CachingEventProcessorHostWebJob 的專案。專案內容為一個事件處理主機從一個 Event Hub 實例取用事件,並儲存後續的查詢結果。為了簡單起見,它會定期對日誌輸出查詢快取,以顯示查詢 Redis 的方法。這份專案採用 Redis C# StackExchange 函式館。

在 Visual Studio 開啟這份專案,展開 CachingEventProcessorHostWebJob,然後開啟 *app.config*,設定下列設置:

redisConnectionString

從 Azure 入口網站開啟你的 Redis 快取實例,選擇「設定」中的「存取密鑰」。複製「主要連線字串(StackExchange.Redis)」之下的值,然後貼到 *app.config* 中的這個設定。

eventHubConnectionString

連線至具有讀取權限的 Event Hub 終端的連線字串。

eventHubName

你的 Event Hub 名稱。

eventHubConsumerGroup

提供事件處理器使用的資源群組名稱。如果不曾設定,則保留為 $Default。

storageAccountName

Azure 儲存體帳戶名稱,事件處理器將會產生進度檢查點。

storageAccountKey

上述 Azure 儲存體帳戶的密鑰。

這份專案依循第四章第 170 頁所介紹的 EventProcessorHost 架構。本專案為寫入 Redis 快取並定期查詢的事件處理器提供不同的實施方式,我們來仔細看看它如何使用 Redis。

開啟 *CachingProccessor.cs* 並向下滾動,找到 ProcessEvent 方法,如下方程式碼:

```
private void ProcessEvents(IEnumerable<EventData> events)
{
    IDatabase cache = Connection.GetDatabase();

    foreach (var eventData in events)
    {
        try
```

```
        {
            var eventBytes = eventData.GetBytes();
            var jsonMessage = Encoding.UTF8.GetString(eventBytes);
            var evt = JObject.Parse(jsonMessage);

            JToken temp;
            TempDataPoint datapoint;

            if (evt.TryGetValue("temp", out temp))
            {
            datapoint = JsonConvert.DeserializeObject<TempDataPoint>(
                        jsonMessage);
            cache.StringSet("device:temp:latest:" +
                        datapoint.deviceId, jsonMessage);
            cache.KeyExpire("device:temp:latest:"+
                        datapoint.deviceId,
                        TimeSpan.FromMinutes(120));
            cache.HyperLogLogAdd("device:temp:reportcounts:" +
                        datapoint.deviceId, jsonMessage);
            }
        }
        catch (Exception ex)
        {
            LogError(ex.Message);
        }
    }
}
```

第一行程式碼連線到 Redis 實例,然後連線到預設資料庫。Connection 屬性以更新到 *app.config* 的 redisConnectionString 值進行初始化。然後,循環從 Event Hub 接收到的每個事件,萃取並剖析 JSON 來檢查這些事件是否包含溫度值。如果有,我們想快取這些溫度值。現在,首次使用 Redis 來快取一個值:

```
cache.StringSet("device:temp:latest:" +
            datapoint.deviceId, jsonMessage);
```

快取原始值的方法是輸入一個字串鍵名稱,以及一個被序列化為字串的值。請仔細觀察字串鍵(“device:temp:latest:123”)的組成方式——在裝置 ID 前面加上前綴的命名空間。使用 Redis 時只會有一個(部署於叢集中的)資料庫,不會出現任何資料表的形式。但是,如果為索引鍵加上前綴,則可以查詢與命名空間的子字串相符合的鍵,因此可以查詢該「資料表」內的所有索引鍵——比如說,可以檢索所有裝置的最新溫度讀數。我們將稍後示範這種查詢方式。現在,先看看提供給 StringSet: 的第二個參數:表示事件有效負載,以 JSON 格式顯示的字串。

在下一行程式碼，使用 KeyExpire 方法，為新增的索引鍵設定存活時間：

```
cache.KeyExpire("device:temp:latest:"+ datapoint.deviceId,
                TimeSpan.FromMinutes(120));
```

我們使用這一行程式碼，指示 Redis 在 120 分鐘後刪除這個索引鍵及其值，這裡預設 120 分鐘足以使冷路徑完成處理這些資料。如果時間不夠用（比如冷路徑因為系統維護而暫停使用），則可以再次調用 KeyExpire 延展資料的存活時間（TTL）。

接下來，要示範一個使用 HyperLogLog 的例子，它採用一種基於集合的方法來計數，項目數（集合的基數）指集合中不同項目的數量：

```
cache.HyperLogLogAdd("device:temp:reportcounts:" + datapoint.deviceId,
                     jsonMessage);
```

這個例子中我們理解 HyperLogLog 的方式是，以它來計算裝置所發送的唯一溫度有效負載之數量。如果裝置多次發送相同時間戳記的同一溫度讀數，則會產生相同的 JSON 字串，而 HyperLogLog 只會將此字串計為一次，視為該溫度讀數只發生一次。你應該能清楚掌握即時服務層中採用 HyperLogLog 方法的核心價值：此方法可以輕鬆清除來自熱路徑的重複資料。

以 C# 來從 Redis 讀取資料值的方法也相當直覺。在 CachingProcessor.cs 中有一個 PrintSnapshotStatus 方法，被事件處理器定期呼叫。

```
private void PrintStatusSnapshot()
{

    try
    {
        var redisClient = new StackExchangeRedisCacheClient(
                        Connection, new NewtonsoftSerializer());
        var keys = redisClient.SearchKeys(
                "device:temp:latest:" + "*");
        var dict = redisClient.GetAll<TempDataPoint>(keys);

        Console.WriteLine("=======================");
        Console.WriteLine("Latest Temp Readings: ");
        foreach (var key in dict.Keys)
        {
            Console.WriteLine($"\t{key}:\t{dict[key].temp}");
        }

        IDatabase cache = Connection.GetDatabase();
        var countKeys = redisClient.SearchKeys("device:temp:reportcounts:" + "*");
```

```
            Console.WriteLine("=======================");
            Console.WriteLine("Latest Report Counts: ");
            foreach (var key in countKeys)
            {
                Console.WriteLine($"\t{key}:\t{cache.HyperLogLogLength(key)}");
            }
        }
        catch (Exception ex)
        {
            LogError("PrintStatusSnapshot: " + ex.Message);
        }
    }
```

在這個例子中，我們將連線包覆在 StackExchangeRedisCacheClient 這個執行個體中。這個方式提供了一些額外功能性，包括掃描所有符合特定模式的索引鍵，並將它們返回成一份列表，然後可以利用這份列表來取得所有索引鍵對應的索引值：

```
var redisClient = new StackExchangeRedisCacheClient(
                    Connection, new NewtonsoftSerializer());
var keys = redisClient.SearchKeys(
                "device:temp:latest:" + "*");
var dict = redisClient.GetAll<TempDataPoint>(keys);
```

呼叫 SearchKeys 的重點是以星號（*）來啟用以 device:temp:latest 為開頭的任何索引鍵。呼叫 GetAll，返回結果為一個鍵／值對的字典，可利用這個字典查看裝置中最新快取的溫度讀數：

```
foreach (var key in dict.Keys)
{
    Console.WriteLine($"\t{key}:\t{dict[key].temp}");
}
```

接續在 PrintStatusSnapshot 的循環之後，查詢 HyperLogLog 對每一索引鍵的計數：

```
IDatabase cache = Connection.GetDatabase();
var countKeys = redisClient.SearchKeys("device:temp:reportcounts:" + "*");

Console.WriteLine("=======================");
Console.WriteLine("Latest Report Counts: ");
foreach (var key in countKeys)
{
    Console.WriteLine($"\t{key}:\t{cache.HyperLogLogLength(key)}");
}
```

在這個例子中，我們使用 SearchKeys 取得索引鍵列表，以便檢索對應值，不過我們需要以 HyperLogLogLength 單獨建立每個查找。這次呼叫依照每個裝置，返回其不同溫度回報的計數結果。

運行這份專案，輸出結果應該類似以下結果（依 Event Hub 中有多少資料而異）：

```
========================
Latest Temp Readings:
        device:temp:latest:1:     65
========================
Latest Report Counts:
        device:temp:reportcounts:1:    29705
Checkpoint partition 1 progress.
Checkpoint partition 3 progress.
Checkpoint partition 2 progress.
Checkpoint partition 0 progress.
```

你也可以在 Azure 中以 Web Job 形式部署這份專案（將因為消除網路延遲問題而大幅提升處理速度）。

Document DB

Azure Document DB 是一項「平台即服務」（PaaS）產品，提供可擴展的儲存體，並以毫秒級的回應速度，查詢無模式（schemaless）的 JSON 文件。Document DB 可以針對應用程式需求擴展其服務——無論是儲存體容量（如以 Gigabyte 為單位的儲存總量）、查詢輸送量（如以每秒的細微度調整輸送量），或同時擴展兩者。可以使用 .NET、Node.js、Java 或 Python 的 SDK，或者透過 REST 端點來查詢 DocumentDB。此外，還有 DocumentDB Hadoop Connector，幫助使用者與 Hive、Pig 和 MapReduce 中的 DocumentDB 進行互動。使用者也可以使用 SQL 語法編寫查詢，或者利用 SDK 中特定語言的構造器，產生和發佈必要的 SQL。

DocumentDB Hadoop Connecter

DocumentDB Hadoop Connecter 是在配置時安裝到 HDInsight 叢集的一個組件。詳細安裝步驟，請參閱 Microsoft Azure 文件（*http://bit. ly/2nCL2DR*）。

如果需要包含連接器來源程式碼和說明文件的 GitHub 儲存庫，請參考 *http://bit.ly/2o5epeK*。

接著，理解一下 DocumentDB 的結構。最底層是完整且獨立的 JSON 文件。這些文件以集合的形式儲存，集合是儲存文件資料的邏輯容器。集合可以儲存不同模式的文件——以本質來說，在寫入前不會明確定義模式，而是採取「讀時模式」（schema-on-read）。

集合可以由單一分割區組成，或者支援多個分割區。每一個分割區有固定的 10 GB 固態硬碟儲存空間，以及可調整的輸送量，每秒最多可輸送 10K 個請求單位（Request Unit，RU）。RU 是經配置輸送量的邏輯衡量標準，量化進行讀寫操作的資源量（CPU、記憶體和 IOPS）。除了儲存文件資料以外，集合還可以管理（動作前／動作後）觸發程序、預存程序、使用者定義函數等，這些函數皆以 JavaScript 編寫並運行於伺服器端。

估算 RU

為了幫助使用者估算工作負載的 RU 需求，Microsoft 提供一個網頁版計算器，使用者可以上傳 JSON 文件樣本，並根據每秒的讀取、寫入、更新和刪除等操作，估算 RU 需求量。請參考 *https://www.documentdb.com/capacityplanner*。

各集合會被集中到一個存取權限由你決定的資料庫中。各資料庫以一個資料庫帳戶統整，這個帳戶掌控諸如異地複寫（geo-replication）、預設一制性設定，以及主檔存取金鑰等。

有鑒於這個層次結構，藉由擴展集合來擴展 DocumentDB 這件事相當合理，我們增加分割區來實現橫向擴展（scale-out）。

在設置集合時可以指定分割區的模式，分割模式可以是單一分割區（Single Partition）或多分割區（Partitioned）。如果你選擇「單一分割區」模式，集合將具有 10 GB 和 10K 個 RU 的最大儲存容量。如果你選擇「多分割區」模式，則不受限於這些硬性限制。以「多分割區」集合的例子來說，分割區數量由 DocumentDB 根據集合的儲存體大小和經配置輸送量來自動決定。事實上，分割區由 Azure DocumentDB 完整管理，你不需要編寫任何程式碼，或增加、刪除和重新平衡等任務來管理分割區。

在建立集合時請定義分割區索引鍵（JSON 文件中索引值的路徑，其雜湊值將會決定分割區指派）。之後 DocumentDB 將會確保擁有相同分割區索引鍵的文件被指派到同一個分割區中。

在預設情況下，所有文件的所有文件屬性都會編入索引，但你可以更改編製索引規則，從索引中包含或排除特定文件路徑，達到提升寫入效能並降低索引儲存成本的目的。另外，可以將集合配置為延遲索引（lazy indexing：即，與 write 操作異步），一樣可以提升寫入效能。

為了實現高可用性，所有 DocumentDB 分割區都被複寫到多個副本。DocumentDB 利用一種獨特機制提升寫入效能——根據個別使用者請求，可微調（副本之間）的一致性層級。DocumentDB 提供了四種一致性層級；從最高層級（寫入影響最大，但副本之間一致性最高）到最低層級（寫入影響最低，但副本之間的一致性最低），它們分別是：

強式（*Strong*）

全球範圍內的讀取（跨越任何和所有副本）保證返回文件的最新版本。寫入只有在大部分法定副本同步提交後才可見。用戶端永遠不會看到未提交或部分寫入，並始終保證讀取最新的已確認寫入。

限定過期（*Bounded staleness*）

讀取可能滯後於寫入，至多 K 個版本的文件或指定時間間隔之全球保證。

工作階段（*Session*）

為使用者啟用本地保證以「讀取自己的寫入」——換言之，讓用戶端可在該工作階段中查看其變化。

最終（*Eventual*）

提供最低層級的保證，實際上是 DocumentDB 在確認寫入到用戶端之前，不會預先確認以變動的副本數量——副本將在寫入後的某個未知時間點內異步（asynchronously）為一致版本。對使用者來說，會將寫入視為「一場又一場的火災」，只有主要副本能確認變化。

你可以在資料庫帳戶進行設定，預設所有集合的一致性層級。不過，每一個讀取或查詢請求也可以指定自己的一致性層級。

> **了解更多一致性層級**
> 關於更多一致性層級和延遲索引，請參考 Microsoft Azure 文件（*http://bit.ly/2nnBsEq*）。

即時服務層的 Document DB

DocumentDB 以外接硬碟（SSD）提供資料儲存，保證隨機讀取低於 10 毫秒，以及隨機寫入低於 15 毫秒（99 個百分位），因此非常適合儲存熱路徑資料，並利用 SQL 語法查詢資料。最終一致性和延遲索引等特色功能，讓使用者以一定程度的讀取時間準確性為代價，換取更高效的寫入效能，更加滿足工作負載的需求。多分割區集合，以及 DocumentDB 提供的自動分割區管理，可以確保當熱路徑變得更「熱」時（必須處理更多即時資料時），增加更多的分割區和 RU 來，擴展其規模。

DocumentDB 可以設定集合中文件的存活時間（TTL），有助於管理熱路徑資料存放區規模。有了 TTL，文件可以在一段時間後自動從資料庫中移除。可以在集合層級預設 TTL，並套用該預設值於每個文件上。TTL 的數值以秒為單位，並根據 _ts 屬性（可擷取文件的上次修改時間）和目前時間之間的差量（delta）進行計算。當系統從後台確實刪除文件時，文件一旦過期，隨即被標記為「不可用」。這表示一旦過了這個時間點，不再允許對這些文件進行任何操作，而且它們將被排除在任何查詢結果之外。

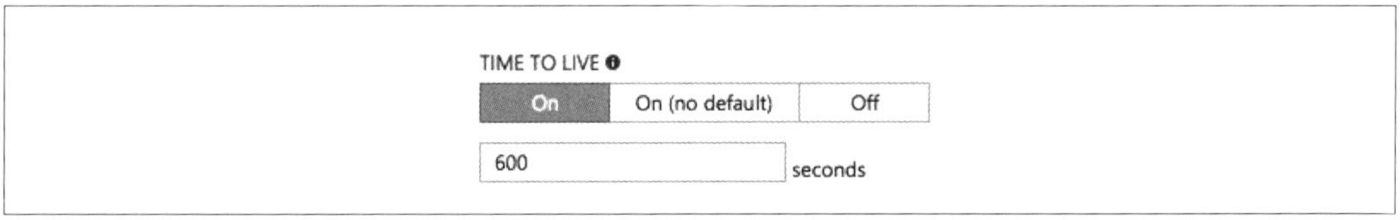

圖 8-2 透過 Azure 入口網站，在集合上啟用存活時間（TTL），預設過期時效為 10 分鐘（600 秒）。

除了 SDK 之外，DocumentDB 還提供與 Azure 串流分析的整合方案，讓 DocumentDB 成為從 Event Huns 擷取，透過 Azure 串流分析處理過的資料之目標資料庫。

以 Blue Yonder Airports 的遙測資料來看看這個流程概要，如何從 Event Hub 取出資料，交由 Azure 串流分析處理，再送到 DocumentDB 儲存。在 Azure 入口網站中，選擇「新建」→「資料庫」→「DocumentDB」，建立一個新的 DocumentDB 帳戶。為這個賬戶提供一個 ID，選擇 NoSQL API（根據此處目的，選擇 DocumentDB），然後選擇訂用帳戶、資源群組和區域（圖 8-3）。

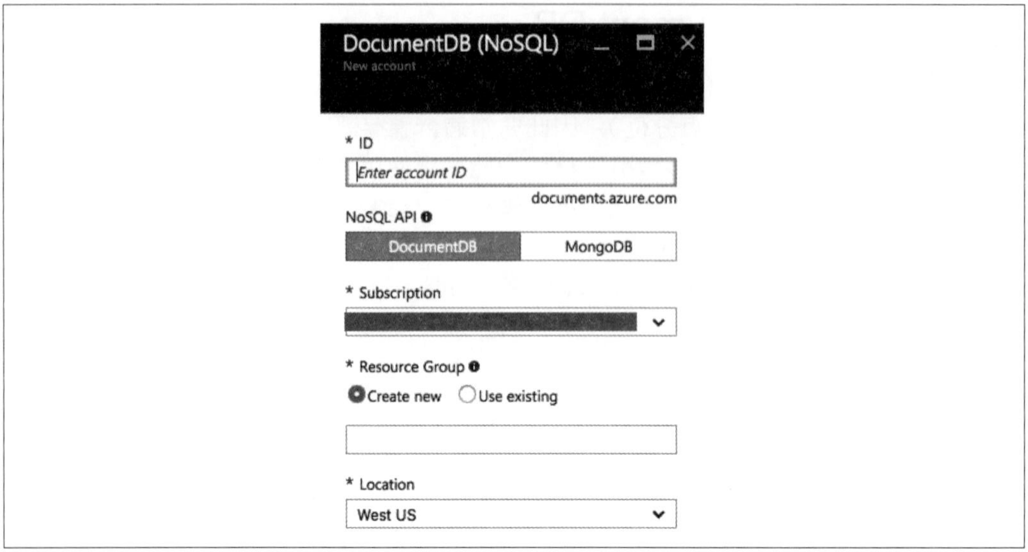

圖 8-3 在 Azure 入口網站建立一個新的 DocumentDB 帳戶。

準備好 DocumentDB 帳戶後,請選擇視窗中的「新增資料庫」。此處只需要資料庫 ID。在視窗中選擇「新增集合」,請為集合提供一個 ID,然後選擇「訂價層級」(以此例來說選擇「標準」即可),並將分割區模式設置為「多分割區」。然後,請根據需要設置 RU(最低為 10,100 RU,但為了合乎此範例效能需求,請選擇 50,000 RU)。

最後,將分割區索引鍵設定為「/deviceId」。最後這個設定,可以確保來自給定裝置所有遙測資料被存放到同一個分割區中。點擊「確定」,幾分鐘後,你所建立的集合準備就緒,可以開始接收資料(請參見圖 8-4)。

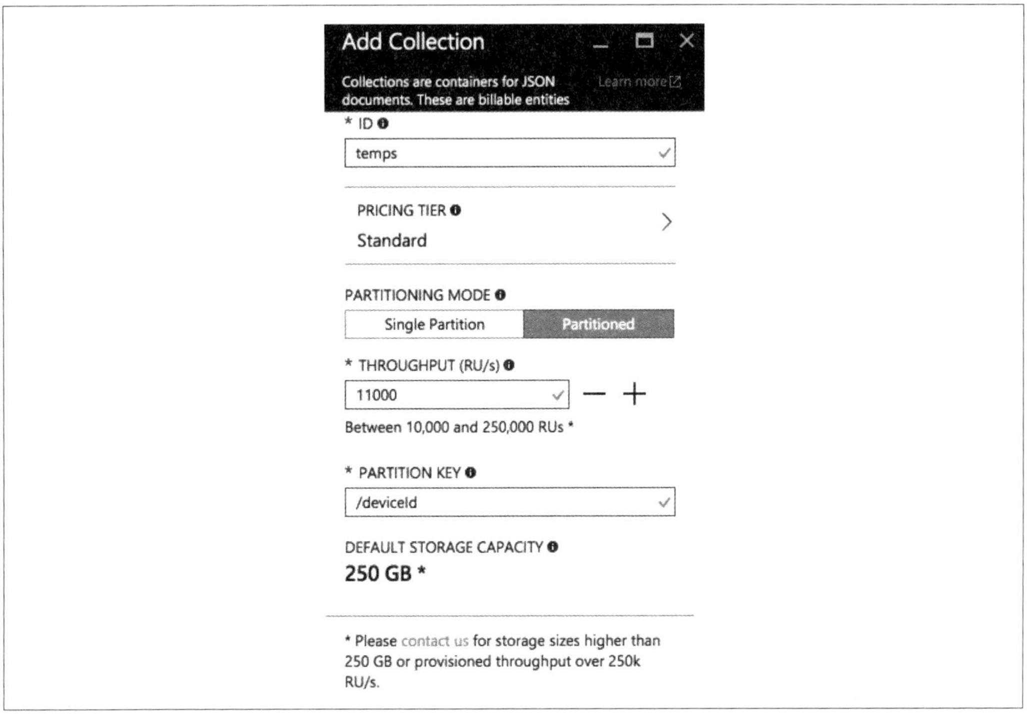

圖 8-4 建立一個多分割區集合，指定分割區索引鍵。

接下來，以第五章介紹的方式配置 Azure 串流分析工作，從你的 Event Hub 實例中提取資料。主要差別在於，將輸出設定為你剛剛建立的 DocumentDB 集合，而不是 Azure 儲存體。你可能還想修改 Azure 串流分析工作中使用的查詢，刪除 where 子句，讓所有資料都轉移到 DocumentDB（當然你還應該在查詢中明確指示 DocumentDB 接收器的名稱）：

```
SELECT *
INTO docdb
FROM eventhub
```

開始執行這份工作，以 Blue Yonder Airports 模擬器中樞，利用遙測啟動指定 Event Hub。

稍等片刻，移至 Azure 入口網站，找到 DocumentDB 集合。在視窗頂部，選擇「查詢總管」。貼上下列查詢：

```
SELECT * FROM c
WHERE c.deviceId = "1" AND c.temp > 69.97
ORDER BY c.createDate DESC
```

選擇「運行查詢」，這時你應該會看到遙測文件的列表。在 DocumentDB 查詢中，我們在 where 子句中包含一個針對 deviceId 的篩選器。讓 DocumentDB 將查詢範圍縮小到單一個分割區（因為我們將 deviceId 屬性配置為分割區索引鍵）。如果省略這個步驟，則會發出一個「不支援跨分割區查詢」的錯誤訊息。這是 Azure 入口網站的「查詢總管」設下限制的方式——如果你改為使用任何 SDK 或 REST API，則可以啟用並成功執行跨分割區查詢。

批次服務層的 Document DB

雖然 DocumentDB 可以擴展計算單位（RU）和儲存空間，它仍有一些不適於批次服務的缺陷。雖然沒有限制集合規模（250 GB 最大集合規模是軟性限制，可以聯絡服務人員提高），但 DocumentDB 對批次寫入的支援有限，規模有限（多數批次最多有 100 條記錄），且目前無法支援以新視圖置換舊視圖。

另一個使用即時服務層或批次服務層的考量要點是，雖然 DocumentDB 支援以 SQL 語法進行查詢，但發出這些 SQL 查詢的用戶端不是標準的 ODBC 或 JDBC 用戶端（而且有不少 DocumentDB 限定的「伎倆」），因為 DocumentDB 並未提供兼容 ODBC 的端點。這件事幾乎等同於，你的 DocumentDB 用戶端將是的自定義應用程式，或者直接整合 DocumentDB 的解決方案。

另一個考量因素是 DocumentDB 目前不支援匯總功能，所以對分析查詢工作負載的支援相當有限。以目前來說，你必須執行從用戶端或預存程序執行匯總作業，或者使用觸發程序在寫入之前先匯總資料。請注意，必須在限制時間內完成匯總計算，否則可能失敗。

Lumenize
你可以使用 DocumentDB-Lumenize 函式庫，新增諸如「以…分組」、「樞紐分析表」、「匯總函數」（sum、count、average 等）和「預先計算 OLAP 樣式的 n 維立方體」等分析操作。請參閱 GitHub 上的儲存庫：*https://github.com/lmaccherone/documentdb-lumenize*。

SQL Database

Azure SQL Database 是一個 Azure 專用，以 PaaS（平台即服務）形式存在，完全受控的 SQL Server 關聯式資料庫。甫推出 SQL Database 的頭幾年，它在傳輸創新功能方面，很明顯無法與 SQL Server 兼容。時至今日，Azure SQL Database 和 SQL Server 已經具備顯著的功能一致性，可共用同一個程式編寫介面，以相同的程式碼運行在兩者之中。更重要的是，Microsoft 已經建立一種趨勢，首先在 SQL Database 中預覽新的資料庫引擎功能，然後將這些功能合併到 SQL Server 的版本中——可以這麼說，SQL Database 不再只是與 SQL Server 達成一致，而是比 SQL Server 更快一步地導入功能。

在服務層的概念中，SQL Database 可以支援即時操作分析——這是一組功能集，非常適合即時服務層的分析式查詢（例如「匯總」與「以…分組」），查詢以寫入為主的大量工作負載。

即時操作分析的強大功能歸功於記憶體最佳化資料表、資料行存放區索引和在本地編譯的預存程序。

SQL Database 的記憶體最佳化資料表被建立在伺服器的現用記憶體中，而非特意儲存於磁碟上。在記憶體內進行操作的效能，相對於磁碟，可提高 2 倍至 30 倍的處理效能。不過，這不代表如果 SQL Database 不慎關閉，則資料將會遺失，因為記憶體最佳化資料表除了在現用記憶體外，還儲存一份副本在磁碟中。記憶體和磁碟的雙重性由 SQL Database 自動管理，在查詢時不會出現重複。

記憶體最佳化資料表是進階層級才有的功能，資料表和索引的可用記憶體總量因層級高低而異。例如，P1 提供 1GB 記憶體儲存空間，P6 提供 8 GB，而 P15 則提供 32GB 儲存空間。

那麼，如果記憶體不夠用會發生什麼事？這時，你必須同時進行規劃和監控（利用 Azure 入口網站的警示功能），因為當記憶體用完，系統將不再允許寫入操作。你需要定期清理不需要的資料，或者將資料卸載到磁碟上的資料表（例如將資料複製到磁碟上，然後在交易中刪除記憶體最佳化資料表的來源資料列）。

糟糕，記憶體不夠用了

如果記憶體空間不足，但試圖將資料列插入記憶體最佳化資料表中，則會出現「無法執行操作，因為資料庫的記憶體資料表已達額度上限」的錯誤訊息。雖然你依舊可以查詢資料表，但會發現無法使用 delete 操作來清理資料表空間。你一定不想截斷資料表，然後遺失所有資料。

所以，可以做什麼？如果你發現自己陷入這種情況，有一種臨時解決方案是將升級資料庫層級（如從 P2 升級到 P4），可以增加記憶體的可用儲存空間。然後刪除不需要的資料列，再降級回到原先的層級。

另外，請留意記憶體最佳化資料表不支援分割，所以管理資料表，確保資料不會耗盡可用記憶體空間這項任務，完全取決於你的應用程式。關於如何從記憶體最佳化資料表卸載資料到磁碟上分割區資料表的範例，請參閱 *https://msdn.microsoft.com/en-us/library/dn133171.aspx*。

清楚理解記憶體最佳化資料表的索引層級，才能有效地在服務層使用資料表。記憶體最佳化資料表的索引也被記憶體最佳化，並只儲存在現用記憶體中（當資料庫恢復連線時重新建立索引）。記憶體最佳化的條目包含直接指向資料表中的資料列的記憶體位址，而且這些索引不會有片段化的困擾，因為索引沒有固定大小的頁面。記憶體最佳化資料表支援以下三種索引：

非叢集索引

你可能在磁碟上的資料表使用過 B- 樹狀索引，當你想要以點查找和按範圍掃描時，可以採用非叢集索引。請注意，記憶體最佳化資料表不支援叢集索引，因為記憶體的資料排列方式不同於硬碟上的排列方式。

雜湊索引

當你想要快速查找並以最快形式插入資料列時，雜湊索引是記憶體最佳化資料表的不二選項。在建立資料表時已預先分配儲存空間給雜湊索引，因為儲存空間的大小由儲桶（bucket）計數參數而控制（該參數明確定義由雜湊條目分割的儲桶數量，並間接定義了在給定儲桶中必須搜索到幾條雜湊條目）。一般來言，儲桶的建議數量為資料中索引鍵數量的 1 到 2 倍──如果儲桶太少則表示索引查找時間會更長，而儲桶數量太多則代表你浪費了寶貴的記憶體空間。

資料行存放區索引

這類索引針對分析式工作負載進行最佳化，因為它們以資料行格式對資料表中的所有資料列進行索引，並在處理效能和資料壓縮方面帶來 10 倍成長。對記憶體最佳化資料表來說，你只能建議一個叢集資料行存放區索引，作為資料的輔助副本。

換言之，這不是傳統的叢集索引，因為它會影響記憶體最佳化資料表的儲存體排列方式。

混合使用索引，可以強而有力地支援即時操作分析工作負載，你可以使用非叢集或雜湊索引實現 OLTP 工作負載，同時利用資料行存放區索引運行分析。對即時服務層來說，這個作法可以實現快速插入，並針對「熱資料」執行有效分析查詢。編寫查詢時，SQL Database 會為給定查詢自動決定合適索引，使用者不需要特意指定（例如，在運行匯總查詢時指定資料行存放區索引）。

實現即時操作分析的最後一項是 native compiled stored procedures（本地編譯預存程序）。這是典型的預存程序，但是在定義中明確指示 NATIVE_COMPILATION。當以這種形式建立預存程序的話，組成該預存程序的 T-SQL 陳述式，在首次使用時被編譯為機器程式碼。如此一來，後續調用本地編譯預存程序時，不再需要忍受執行典型預存程序時必須一一解讀每條指令的漫長時間。值得注意的是，本地預存程序只能引用記憶體最佳化資料表，不能引用儲存於磁碟上的資料表。

即時服務層的 SQL Database

記憶體最佳化資料表的一些特色對即時分析相當有吸引力，但最主要的一點是，在不增加成本（升級到更高層級的 SQL Database 層級）的條件下，可以獲得更好的寫入和分析效能。

對隨機讀取作業來說，可採用雜湊索引或非叢集索引的記憶體最佳化資料表，針對資料行存放區索引執行分析查詢。至於隨機寫入作業，則得益於記憶體最佳化儲存的方式，消除鎖的存在，並基於記憶體存取的 I / O 特性。SQL Database 並未支援設置資料失效期限，所以你需要將應用程式模式實例化，定期從資料表中刪除失效的資料列。

讓我們來看看這個流程，以一個事件處理器主機儲存來自 Event Hub 的 Blue Yonder Airports 遙測資料。

記憶體最佳化資料表和 *Azure* 串流分析

利用 Azure 串流分析將資料寫入到記憶體最佳化資料表可說是完美結合。不幸的是，目前尚未支援此組合。如果你嘗試這麼做，則你的串流分析作業將會跳出「TABLOCK 選項不支援記憶體最佳化資料表」的錯誤訊息。這個問題已被列入解決項目，未來 Azure 串流分析可望支援記憶體最佳化資料表。你可以使用替代方案，例如以事件處理器主機將資料導入記憶體最佳化資料表中。

你可以從 Azure 入口網站建立一個新的 SQL Database 實例，選擇「新建」→「資料庫」→「SQL Database」。請為你的 SQL Database 提供名稱，然後選擇訂用帳戶和資源群組。你可以將「選擇資料來源」的值設定為「空白資料庫」，避免建立包含範例資料的資料庫（圖 8-5）。

圖 8-5　在 Azure 入口網站建立並配置一個新的 SQL Database。

至於伺服器，可以選擇一個現有的伺服器，或者根據步驟配置一個新的（圖 8-6）。

New server _ □ ×

* Server name

blueyonderairports ✓

.database.windows.net

* Server admin login

zoinertejada ✓

* Password

•••••••• ✓

* Confirm password

•••••••• ✓

* Location

West US ⌄

Create V12 server (Latest update)

Yes No

☑ Allow azure services to access server ❶

圖 8-6　為 SQL Database 建立一個新的伺服器。

將「使用 SQL 彈性集區？」選項設定為「稍後再說」。記憶體最佳化資料表無法與彈性集區共用。至於訂價層級，記得要選擇「進階」層級（以此處目的來說 P1 已足夠）。你可以將定序集（collation set）保留為預設值，然後選擇「建立」來配置你的 SQL Database（及相關伺服器）。

防火牆規則

如果你選擇建立一個新的伺服器，當 SQL Database 準備就緒後，請記得調整合適的防火牆規則，讓電腦可以存取資料。你可以從 Azure 入口網站快速建置，請查閱 Microsoft Azure 文件（*http://bit.ly/2mtqAWu*）。

當你的 SQL Database 就緒後，可以進行下一步驟，建立記憶體最佳化資料表來儲存遙測資料。我們推薦使用 SQL Server Management Studio（可免費下載），當然你也可以使用其他工具。

連線到你剛建立的 SQL Database 實例，並運行以下腳本：

```
-- {"temp":65.0,"createDate":"2016-10-11T08:28:30Z","deviceId":"1"}
CREATE TABLE [RealtimeReadings] (
    -- ID should be a Primary Key, fields with a b-tree or hash index
    [id] bigint IDENTITY NOT NULL PRIMARY KEY NONCLUSTERED
                HASH WITH (BUCKET_COUNT = 30000000),
    [deviceId] int,
    [temp] decimal(8,4),
    createDate datetime,
    -- This table should have a columnar index
    INDEX Transactions_CCI CLUSTERED COLUMNSTORE
) WITH (
    -- This should be an in-memory table
    MEMORY_OPTIMIZED = ON
);
```

上述腳本將會建立一個記憶體最佳化資料表，以 WITH (MEMORY_OPTIMIZED) = ON 子句表明。這份資料表同樣有兩種索引，在 id 欄位使用雜湊索引，作為查找特定讀取的主索引鍵。叢集資料行存放區索引則支援對所有欄位執行分析查詢。雜湊索引，以 NONCLUSTERED HASH WITH (BUCKET_COUNT = 30000000) 字句定義，當資料表被建立時，雜湊索引可以取用約 353 megabyte 的記憶體儲存空間，但不會超過這個數量。資料行存放區索引則以 INDEX Transactions_CCI CLUSTERED COLUMNSTORE 子句定義。請注意，它不會指定資料表內任何資料列，因為資料行存放區索引涵蓋記憶體最佳化資料表內所有欄位。

建立好資料表後，請運行以下腳本，確認所有記憶體最佳化資料表自動提升交易層級到「快照」（snapshot）層級，這是記憶體最佳化資料表唯一支援的層級：

```
--  In-memory tables should auto-elevate their transaction level
--  to Snapshot
ALTER DATABASE CURRENT SET MEMORY_OPTIMIZED_ELEVATE_TO_SNAPSHOT=ON ;
```

如此一來，你不需要在應用程式的程式碼上進行任何變動。否則，該變動可能只作用於基於磁碟的資料表，也可能不適用「快照」交易層級。

現在，可以開始使用你的資料表。在本書附錄的 EventProcessorHostWebJob 解決方案中，我們提供了 SqlDBEventProcessorHostWebJob 專案，幫助你從 Event Hub 提取遙測資料，寫入到新建的記憶體最佳化資料表中。在以本地運行或在 Azure 中部署 Web Job 之前，請記得更新 *app.config* 檔案中連接到你的 SQL Database、Event Hub 和儲存體帳戶的字串。開啟事件處理器後，請運行一個 SimpleSensorConsole 執行個體，複製 Event Hub 的遙測資料。

當事件產生器和事件處理器都在運行時，你可以對資料表執行分析查詢，如下所示：

```
SELECT
  Count(*) Counted,
  DatePart(YYYY, createDate) [year],
  DatePart(MM, createDate) [month],
  DatePart(DD, createDate) [day],
  DatePart(hh, createDate) [hour]
FROM RealtimeReadings
GROUP BY
  DatePart(YYYY, createDate),
  DatePart(MM, createDate),
  DatePart(DD, createDate),
  DatePart(hh, createDate)
ORDER BY [year], [month], [day], [hour];
```

在 SQL Server Management Studio 中，如果你啟用「執行計畫」選項，則可看到這個查詢正確選擇了叢集資料行存放區索引（圖 8-7）：

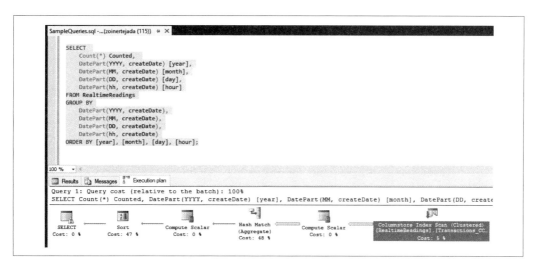

圖 8-7　對記憶體最佳化資料表運行分析查詢，可看到「執行計畫」使用資料行存放區索引。

同樣在 SQL Server Management Studio 中，可以利用「物件總管」來檢視可用記憶體的使用情況，按右鍵點選你的料庫，選擇「報告」，再選擇「記憶體最佳化物件的記憶體使用量」（圖 8-8）。

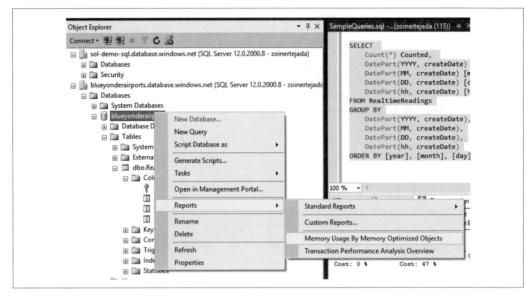

圖 8-8 善用選單資訊，取得記憶體使用量報告。

報告應如圖 8-9 所示。

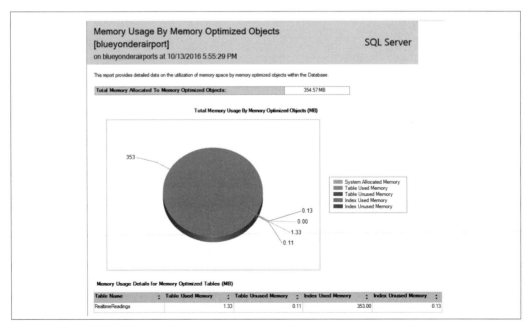

圖 8-9 顯示記憶體最佳化資料表的記憶體使用情形的報告。此例中，資料使用了 1.33 MB，而預先指派的雜湊索引則使用 353 MB。

批次服務層的 SQL Database

對記憶體最佳化資料表和基於磁碟的資料表來說，資料行存放區索引的高度可用性是對大型資料集執行分析時的絕佳幫手。SQL Server 始終支援分割區資料表，並具有在基於磁碟的資料表中置換分割區的能力，讓使用者可以批次載入資料，無須停頓再重新載入整個資料表。SQL Database 也以相同方式支援資料表的分割。

SQL Database 在批次服務層的應用例不勝枚舉，有大有小。目前最大的資料庫為 P15 層級，可提供 1TB 儲存空間。如果你對批次服務層的儲存體需求超過此範圍，那麼你需要使用切片方法（sharding approach），將資料分割到多個 SQL Database 實例中（每一個實例都是同一個資料模式的子資料集切片），並執行跨多個資料切片的 T-SQL 查詢。有個好消息是，SQL Database 提供「彈性查詢」功能來完成此需求，以熟悉的外部資料表形式來呈現橫跨多個資料切片的資料表。而且，利用彈性查詢時，你依然可以使用喜歡的報告工具進行查詢，就好像這是同一個 SQL Server 資料庫一樣。

了解更多彈性資料庫查詢

彈性查詢是個強大的功能，但不在本書討論範圍之內。想深入了解這項功能，請參閱 Microsoft Azure 文件（*http://bit.ly/2nK2IOA*）。

彈性查詢的官方使用建議場景「偶爾的報告需求」，但如果你的使用需求包含許多報告工作負載，可能要執行複雜分析查詢的話，那麼你應該考慮使用 SQL Data Warehouse，也就是下一節的主題。

SQL Data Warehouse

SQL Data Warehouse（SQL 資料倉儲）可容納相當可觀的資料規模，可說是一個為批次服務層量身打造的服務。一旦壓縮到磁碟中，所有永久資料表的資料的最大規模（即，不包括 tempdb 或日誌的使用空間）是 240TB，而任何給定資料表的最大規模為 60TB。舉例來說，資料行存放區儲存體，可以將資料壓縮為原來的五分之一倍，因此 SQL 資料倉儲實際可管理的未壓縮資料量將近 1 PB。

SQL 資料倉儲有一些關於隨機寫入的限制。以資料加載的角度來看，SQL 資料倉儲更適合從檔案中批次載入資料，然後處理數以千計或數以百萬計的小型插入。舉例來說，如果你試著直接從「熱路徑」載入串流資料，你可能會發現載入速度無法跟上小型插入的超高效率。除此之外，用來最佳化查詢執行的統計資訊在插入資料後不會自動更新（與

SQL Database 和 SQL Server 的運作模式相反）。這表示如果加入顯著的新資料但沒有手動更新統計資訊的話，查詢效能很可能受到影響。

至於隨機讀取，SQL 資料倉儲同樣也異於 SQL Database 和 SQL Server 的運作方式。SQL 資料倉儲可同時支援最多 1024 個開放連線，作為一個良好的解決分案，此項支援相當合理，可以最大限度地減少資料庫的雜訊。然而，SQL 資料倉儲最多只能同時執行 32 個查詢。達到查詢上限後，後續查詢必須進入佇列等待執行。

針對資料表和視圖的查詢佇列可多達 1000 個。這表示，如果有很多使用者同時進行查詢，或者查詢的工作負載需要很長時間來執行的話，處理效能將不盡理想。此時，正是在批次服務層善用 SQL 資料倉儲的時刻：你必須好好打造資料表，以便在執行查詢之前，讓所有產生良好效能的因素都就定位──加載資料、分散資料、分割資料、編寫索引，以及為資料建立統計資訊等。

有鑒於上述限制，你可以清楚明白，SQL 資料倉儲不會是即時服務層的理想選項。

HBase on HDInsight

Apache HBase 是一個參考 Google BigTable 建模，建立在 Hadoop 中的開源的非關係型分散式資料庫（NoSQL）。HBase 在 2007 年於 Powerset 建立，起先是 Hadoop 專案的一部分。直到今日，HBase 已經成為 Apache 軟體基金會（Apache Software Foundation）旗下的頂尖專案。HBase 可以容錯地儲存海量稀疏的資料──也就是，數十億或數萬億的資料列乘上數百萬行資料行──同時允許非常低的延遲，並支援接近即時的隨機寫入和隨機讀取。HBase 的經典使用案例是用來支援網路搜尋（搜尋引擎建立索引，將名詞對應到包含這些名詞的網頁），但是 HBase 已被證實在其他使用情境也能發揮功效，包括索引鍵／值儲存、感測器資料儲存、即時查詢支援，或者以 HBase 為平台資料存放區和附加功能層（例如透過 Phoenix 支援 SQL，和 OpenTSDB 時間序列資料）等使用方式。

HBase 將資料組織為資料表中的資料列，其中資料列被分組為 Column family 和 column。Column family 代表一個被命名的邏輯相關或功能相關群組（最好被壓縮在一起或是固定到同一個記憶體中）。換個角度思考它──在一個給定資料表中，Column family 的數量最多只有 10 個，但 column 的數量則無設限。

每一個 column 中的特定資料列的每一個單元格都帶有時間戳記，代表你為這個單元格的儲存值保留歷史紀錄，並以最新值排序。利用不同的資料列索引鍵（Row key）來識別每個資料列，資料列索引鍵以位元組陣列表示，且必須為唯一值，不可與其他索引鍵的值重複。除此之外，資料列索引鍵控制了資料列的排序。總體而言，你可以將索引值想成利用這五個 tuple（元組）定位：

```
[TableName, RowKey, ColumnFamilyName, ColumnName, Timestamp] -> value
```

為了提供低延遲的隨機讀取和隨機寫入，HBase 需要進行一些優化：

- 在更新資料時，首先會寫入一個提交日誌中，稱為 HBase 的預寫日誌（*write-ahead log*），然後再儲存到記憶體內。只有當記憶體內的資料超過最大儲存限制時，資料才會移動到磁碟上，此時可以丟棄提交日誌。

- 在刪除資料時，會寫入一個刪除標記（*delete marker*）（也稱為 *tombstone marker*），表示給定索引鍵已被刪除。在檢索過程中，這些刪除標記將遮罩掉實際索引值並，從對讀取用戶端隱藏索引值。

- 可以從記憶體快取或磁碟檔案讀取資料。

與 HBase 進行互動的方式是使用 create、get、put 和 scan 等指令。以 create 和 put 將資料寫入資料庫，以 get 讀取資料，使用 scan 從資料表中獲取多列資料。簡而言之，HBase 的運作機制不是 SQL 模式。不過，將 Apache Phoenix 分層到 HBase 資料存放區中，可以支援以 SQL 編寫的操作分析。Phoenix 增加了協作處理器，可以支援在伺服器的地址空間中運行用戶端所提供的程式碼，因此可以同步執行資料。除了 HBase 本身支援資料列索引鍵之外，Phoenix 還可以支援次要索引。

HBase on HDInsight 提供整合 Azure 作業環境的受控 HBase 叢集。你的 HBase 叢集可以讀取和寫入 Azure Blob 儲存體和 Azure Data Lake Store。一個值得注意的特色功能是，因為可以在虛擬網路中配置 HBase on HDInsight，所以它能夠支援私人端點（即無法透過公開網路存取的端點）。

這種使用 SQL 進行簡單查詢、支援低延遲的讀取和寫入作業、高度可擴展性及對次要索引的支援，使得 HBase 成為批次服務和即時服務層的理想選擇。

我們來仔細檢視以下流程：儲存 Blue Yonder Airports 的遙測資料並使用 SQL 執行分析查詢。

首先，配置一個 HDInsight 叢集。你可以參考之前提過的配置 HDInsight 實例的步驟。請將叢集類型設定為 HBase，這將在叢集中包含 Apache Phoenix。以此處目的來說，我們會使用 Linux 作業系統上的叢集。

配置好叢集之後，你需要上傳一些航班資料以利查詢。可以透過 Azure 入口網站，將範例檔案 *On_Time_On_Time_Performance_2014_1_NoHeader.csv* 上傳到 Azure 儲存體內代表 HDInsight 叢集根目錄的容器中。請使用一個沒有標題列的 CSV 檔案，因為這裡所使用的匯入工具無法跳過標題行。

接著，查詢 Zookeeper 頂層節點的內部名稱，以便使用命令列工具來針對該名稱進行處理。請從 Azure 入口網站顯示叢集的視窗中選取「叢集儀表板」，輸入管理人員憑證資訊來登入。從 Ambari 主頁的左側項目列表中選擇 HBase，然後在「摘要」區塊，選擇 Active HBase Master 超連結。摘要訊息內，你要尋找的正是主機名稱所顯示的值（圖 8-10）。

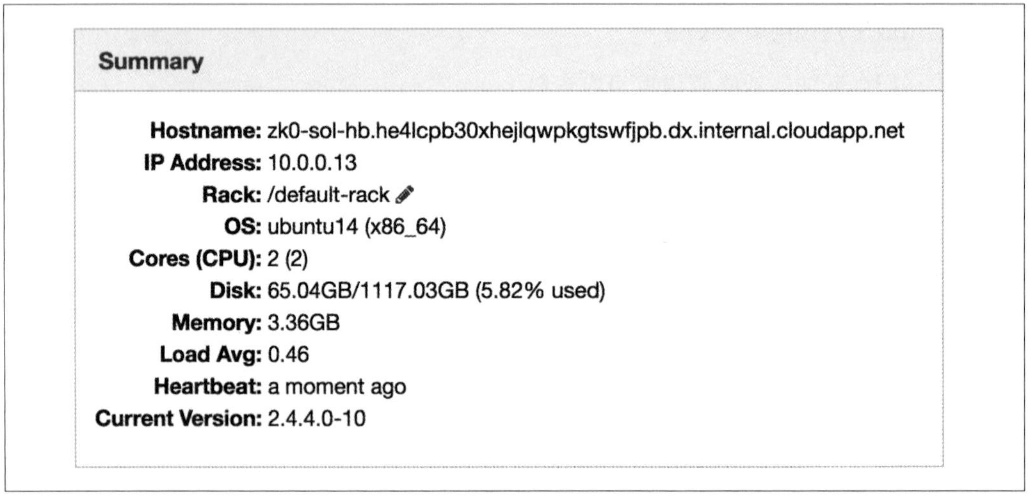

Summary

Hostname: zk0-sol-hb.he4lcpb30xhejlqwpkgtswfjpb.dx.internal.cloudapp.net
IP Address: 10.0.0.13
Rack: /default-rack ✏
OS: ubuntu14 (x86_64)
Cores (CPU): 2 (2)
Disk: 65.04GB/1117.03GB (5.82% used)
Memory: 3.36GB
Load Avg: 0.46
Heartbeat: a moment ago
Current Version: 2.4.4.0-10

圖 8-10 主機名稱的資料值，是許多 HBase 指令所需要的 Zookeeper 主機名稱。

接著，以 SSH 連線到你的叢集，並發動以下指令來導向 Phoenix 二進制資料：

```
cd /usr/hdp/current/phoenix-client/
```

從這裡開始，你可以運行 SQLLine 命令列工具，對 Phoenix 執行 SQL 指令。運行下列指令，記得替換成你的主機名稱：

```
./bin/sqlline.py <ZooKeeperHostname>.internal.cloudapp.net:2181:/
hbase-unsecure
```

在 SQLLine 中，運行以下指令，為航班資料表建立資料模式：

```
CREATE TABLE FlightData
(
Year INTEGER not null,
Quarter INTEGER not null,
Month INTEGER not null,
DayofMonth INTEGER not null,
DayOfWeek VARCHAR(255),
FlightDate VARCHAR(255),
UniqueCarrier VARCHAR(255),
AirlineID VARCHAR(255),
Carrier VARCHAR(255),
TailNum VARCHAR(255),
FlightNum VARCHAR(255) not null,
OriginAirportID VARCHAR(255),
OriginAirportSeqID VARCHAR(255),
OriginCityMarketID VARCHAR(255),
Origin VARCHAR(255),
OriginCityName1 VARCHAR(255),
OriginCityName2 VARCHAR(255),
OriginState VARCHAR(255),
OriginStateFips VARCHAR(255),
OriginStateName VARCHAR(255),
OriginWac VARCHAR(255),
DestAirportID VARCHAR(255),
DestAirportSeqID VARCHAR(255),
DestCityMarketID VARCHAR(255),
Dest VARCHAR(255),
DestCityName1 VARCHAR(255),
DestCityName2 VARCHAR(255),
DestState VARCHAR(255),
DestStateFips VARCHAR(255),
DestStateName VARCHAR(255),
DestWac VARCHAR(255),
CRSDepTime INTEGER,
DepTime INTEGER,
DepDelay INTEGER,
DepDelayMinutes INTEGER,
DepDel15 BOOLEAN,
DepartureDelayGroups INTEGER,
DepTimeBlk VARCHAR(255),
TaxiOut INTEGER,
WheelsOff INTEGER,
WheelsOn INTEGER,
TaxiIn INTEGER,
CRSArrTime INTEGER,
```

```
ArrTime INTEGER,
ArrDelay INTEGER,
ArrDelayMinutes INTEGER,
ArrDel15 BOOLEAN,
ArrivalDelayGroups INTEGER,
ArrTimeBlk VARCHAR(255),
Cancelled BOOLEAN,
CancellationCode VARCHAR(255),
Diverted BOOLEAN,
CRSElapsedTime INTEGER,
ActualElapsedTime INTEGER,
AirTime INTEGER,
Flights INTEGER,
Distance INTEGER,
DistanceGroup INTEGER,
CarrierDelay INTEGER,
WeatherDelay INTEGER,
NASDelay INTEGER,
SecurityDelay INTEGER,
LateAircraftDelay INTEGER,
FirstDepTime INTEGER,
TotalAddGTime INTEGER,
LongestAddGTime INTEGER,
DivAirportLandings BOOLEAN,
DivReachedDest BOOLEAN,
DivActualElapsedTime INTEGER,
CONSTRAINT FlightData_PK PRIMARY KEY(Year, Quarter, Month, DayofMonth, FlightNum)
);
```

現在，你已經做好準備，可以將一些資料載入資料表中。

輸入以下語法，離開 SQLLine：

```
!quit
```

回到 SSH 命令列中，你可以使用 Phoenix 內含的 CsvBulkLoadTool，將資料載入資料表。運行以下指令，記得修改路徑，導向到你的 CSV 檔案，將主機名稱修改為你的 Zookeeper 節點。

```
hadoop jar phoenix-client.jar
org.apache.phoenix.mapreduce.CsvBulkLoadTool
--table flightdata
--input /example/data/On_Time_On_Time_Performance_2014_1_NoHeader.csv
--zookeeper "<ZookeeperHostName>.cloudapp.net:/hbase-unsecure"
```

請注意，在上述的內容中，--input 參數可以接受單一 CSV 檔案，或者是包含 CSV 檔案的資料夾路徑。這則指令將會啟動一個 MapReduce 工作，在完成之後，資料會載入到 HBase 的資料表中，並透過 Phoenix 進行查詢。

現在你已準備就緒，可以開始查詢資料。按照前面介紹的方式，運行 SQLLine。

在 SQLLine 中，運行以下指令，以 CSV 格式輸出結果（對多數顯示器來說預設的資料表格式可能會太寬）：

```
!outputformat csv
select carrier, count(*) from flightdata group by carrier;
```

不久之後，你應該會看到類似下列的航班資料摘要：

```
'CARRIER','COUNT(1)'
'AA','13299'
'AS','2977'
'B6','5377'
'DL','22919'
'EV','32323'
'F9','1362'
'FL','1449'
'HA','1610'
'MQ','20224'
'OO','30308'
'UA','9776'
'US','9330'
'VX','1272'
'WN','14773'
```

讀到這裡，想必你已見識到 HBase 的威力，利用 Phoenix 執行簡單的 SQL 查詢。

Azure 搜尋服務

最後，還有一項 Azure 服務，可與即時服務層或批次服務層中所使用的資料存放區完美搭配：Azure 搜尋服務。事實上，Azure 搜尋服務提供對任何資料的外部索引。這表示 Azure 搜尋服務可以為不支援次要索引的資料存放區提供次要索引功能。在 Azure 搜尋服務中建立的中心物件是一個索引，而索引所包含的項目是 JSON 文件。由應用程式逐項加載索引文件；舉例來說，當將新資料被新增到來源資料存放區時，負責輸入的應用程式也可以將需要存在於索引中的資料推送到 Azure 搜尋服務中。在這種情況下，會利用 REST API 或 .NET SDK 插入資料。或者，可以使用索引器定期從來源中提取資料並對資料編寫索引。支援索引器的資料來源包含：Azure Blob 儲存體、DocumentDB、SQL Database，以及虛擬機器中的 SQL Server。使用索引器時，你不需要編寫任何程式碼——只要到 Azure 入口網站配置索引器即可。

加載 *Azure* 搜尋服務

關於如何從各種資料來源將資料加載到 Azure 搜尋服務的範例，請參閱 Microsoft Azure 文件（*http://bit.ly/2nJULcf*）。

Azure 搜尋服務為所管理的文件提供高效能查詢。它支援**多面向查詢**（*faceted queries*）（認為資料具有分類），可以設置範圍／儲桶，並多面向擷取文件數量。Azure 搜尋服務可以為所有服務層儲存體提供通用的外部索引，為每個服務實例（最多 2.4 TB 儲存空間（200 GB×12 個分割區）和 14 億份文件）提供快速、高級摘要和索引導航。

查詢 *Azure* 搜尋服務

關於如何查詢 Azure 搜尋服務的詳細範例，請參考 Microsoft Azure 文件（*http://bit.ly/2n82gGI*）。

最後，你應該將 Azure 搜尋服務套用到任一服務層的資料集，讓下游分析用戶端的查詢體驗最佳化。

本章摘要

本章再次帶領讀者探索 Lambda 資料處理管線架構，了解如何將資料送到服務層。我們介紹了即時服務層（Redis、Document DB、SQL Database、虛擬機器內的 SQL Server、HBase on HDInsight），以及批次服務層（SQL Data Warehouse 及 HBase on HDInsight）。

下一章內容將介紹如何為你的資料處理管線新增智慧分析，包括 Azure 中用來訓練和操作資料模型的眾多機制，以及 Microsoft Cognitive Services 所提供的現成網頁版服務。

第九章

智慧分析與機器學習

先進的分析管線通常涵蓋機器學習功能，對流入資料管線的資料進行預測。Azure 提供一些幫助你整合機器學習到資料管線的方法。本章意圖不是深入探討 Azure 中的機器學習，這領域的豐富內容值得另撰專書，但是本章將提供廣泛的機器學習選項，並介紹大多數機器學習中最關鍵的兩個階段：模型訓練與模型作業化（見圖 9-1）。

機器學習演算法中，有兩大類演算法（又稱為**學習者**），根據模型以何種方式建立而定義。**監督式**學習演算法，就像接受學校教育的學生一樣──他們需要依循範本。展現在監督式學習演算法眼前的是大量例子和最終預測結果，目標是在某一個時間點（如期末考），將新資料交給他們時，可以準確地預測結果（如通過測驗）。監督式學習演算法，之所以被稱為「監督式」，是因為這種演算法需要接受訓練，才能做出任何預測，就像學生在通過考試之前，需要學習這門課程知識一樣。在機器學習中，使用監督式學習演算法的案例包括：

- 將信件分類，分為垃圾信件與非垃圾信件。

- 審查消費者資訊，預測抵押貸款違約的可能性。

- 根據航班與氣候歷史資料，預測航班延誤情形。

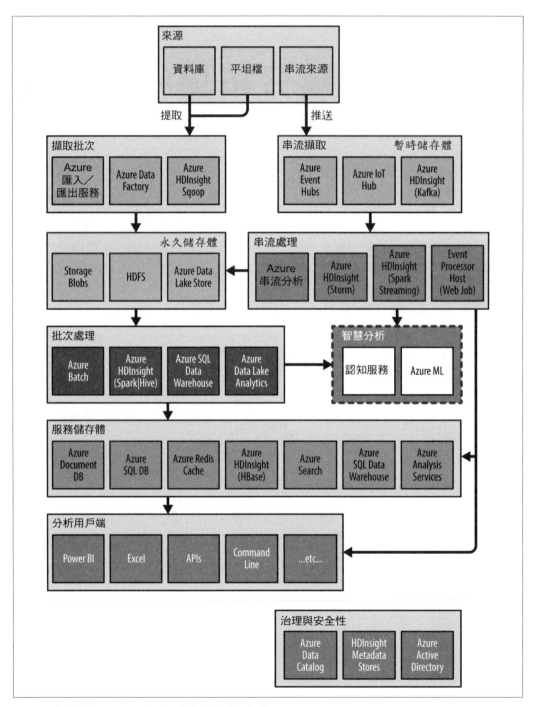

圖 9-1 本章聚焦在 Azure 資料分析管線的人工智能元件。

相對地，**未監督式**學習者則可在首次接收資料時作出預測。他們不需要訓練階段。最常見的例子是基於行銷目的，將消費者劃分為不同群組（又稱為**劃分叢集**）。提供消費者相關資料，要求未監督式學習演算法把這些資料分成 N 個資料桶（bucket），每一個資料桶內的消費者具有高相似度，不同的資料桶間又具有足夠差異性。比如根據消費行為，將消費者劃分為不同群組為折扣季消費者、一般消費者和忠實老主顧等類型。

在腦中有了監督式和未監督式學習演算法的概念後，我們來了解模型訓練和模型作業化。在**模型訓練**中，監督式學習者被加以訓練，得到一個可以做出預測的模型。將這個資料模型整合到資料分析管線的作法，就稱為**模型作業化**。舉例來說，將經過訓練的模型加入一個網頁服務中，透過執行應用程式，產生預測。未監督式學習者則跳過模型訓練，直接進入作業化階段。

本章將會以模型訓練和模型作業化的概念來探討機器學習，以圖 9-2 作為學習指南。

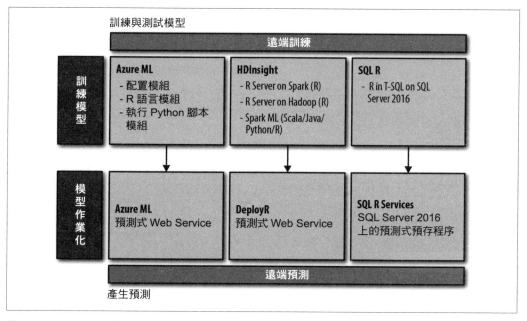

圖 9-2 Azure 中的模型訓練和模型作業化選項。

Azure 機器學習

Azure 機器學習（AzureML）採用基於網頁的 Machine Learning Studio，幫助使用者訓練模型。ML Studio 提供視覺化的拖放體驗，類似設計一個流程圖，然而每個區塊不再代表活動（activities）或決策點（decision points）。每一個方框被稱為*模組*（*module*），整個流程圖被稱為*訓練實驗*（*training experiment*）。

模組可以檢索資料（例如從 AzureBlob 儲存體、SQL Database 或外部的 REST 服務）、轉移資料（轉換資料類型、填補遺失資料值）、處理資料（透過「篩選」或「加入」）、訓練模型（利用 25 種以上內建演算法或來自社群的 8000 種以上演算法），並評估模型效能。訓練實驗可以純粹由經配置的模組組成，也可以是讓使用者以 R 或 Python 編寫和執行程式碼的模組。在 Azure ML 中訓練模型時，「訓練」發生在代表你運行於 Azure 環境的虛擬機器中。請見圖 9-3。

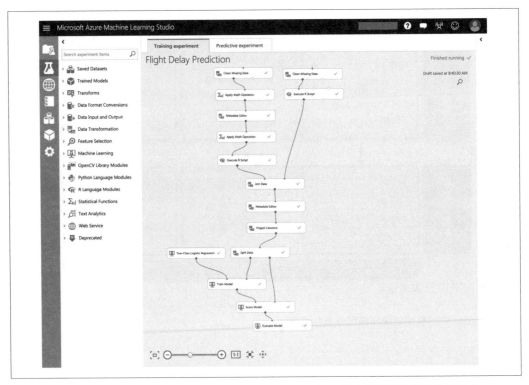

圖 9-3 預測航班延誤情形的訓練實驗範例，由內建模組和運行 R 腳本程式碼的模組共同組成。

準備好作業化你的訓練實驗時，將「訓練實驗」發佈為「Web 服務」。這時，訓練實驗會轉換為「**預測實驗**」，針對 Web 服務輸入（接收你希望進行預測的輸入值）和 Web 服務輸出（返回預測結果），呼叫訓練模型以執行預測。見圖 9-4。

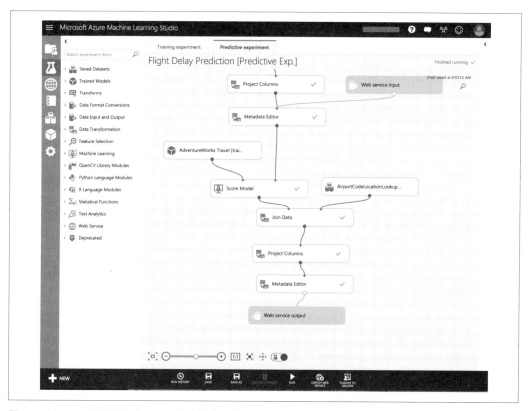

圖 9-4　以 Web 服務輸入和 Web 服務輸出兩個模組包覆整個訓練模型的一個預測實驗範例。

建立好預測實驗後，將它發佈為一個 Web 服務。此時，你的預測 Web 服務以可擴展的方式自動架設在 Azure ML 中。你可以將對這個 Web 服務的調用整合到分析管線執行碼中。Azure ML 可以用兩種方式執行預測，可以為單個輸入紀錄（**請求／響應 API**）提供預測，或者可為包含一批紀錄的資料來源進行評分（例如 Blob 儲存體中一份 CSV 檔案的路徑，或者在 SQL Database 或 Hive 的資料表之路徑），這時預測 Web 服務將會傳回一個新的 CSV 檔案，並對檔案中每一資料列進行預測（**批次執行 API**）。可以透過在發佈預測實驗時產生的 Web 服務終端，採用兩種機制之一進行預測。

除了上述方法外，也可以從 RStudio 或 Jupyternotebook 發佈一個 Web 服務；詳情請見 *http://bit.ly/2khOkuL*。

 實際上手 *Azure* 機器學習

如果想要嘗試 AzureML，請參考 Microsoft Azure 的教學文件（*http://bit.ly/2nSiQu7*）。

另一個值得探索的是 Cortana Intelligence Gallery（*https://gallery.cortanaintelligence.com/*）的現成實驗，可望提供符合特定需求的解決方案，而且可以根據需求簡單進行修改。

R Server on HDInsight

HDInsight 提供多種運行於 Azure 的伺服器叢集，幫助使用者訓練預測模型。你可以編寫在叢集中執行的 R 腳本，利用儲存在 Azure Blob 儲存體或 Azure Data Lake Store 中的資料訓練和驗證模型，具體方法是使用 Hadoop on HDInsight 叢集類型的 R Server，或是 R Server on Spark。以 Spark 部署 HDInsight，讓你可以使用 Scala、Java、Python 或 R 語言編寫模組，訓練模型。

這裡的作業流程涉及以遠端連線或 SSH 連線的方式開發應用程式，再透過 SSH 連線在叢集上執行應用程式。如此一來，可以訓練比一個機器的記憶體空間還要更大的資料集。訓練後的結果通常是一個模型，你可以將模型序列化到磁碟中，以供後續作業化。基本上，將你的訓練模型發佈為 Web 服務，架設在 HDInsight 叢集中的做法不符合成本效益，因此更好的辦法是將該模型架設在只提供 Web 伺服器功能的其他作業環境中。

 實際上手 *R Server on HDInsight*

如果想要以 R Server on HDInsight 訓練模型，請參考 MicrosoftAzure 的教學文件（*http://bit.ly/2ndRBfd*）。

準備好作業化你的模型時，將已訓練模型的序列化版本上傳到合適主機，呼叫訓練模型，以 Web 服務的形式執行預測。在 Azure 中可以部署一個運行 Microsoft DeployR 的虛擬機器（在 Azure Marketplace 可以購買此服務），將 Web 服務層寫入在以 R 語言編寫的預測腳本內容（圖 9-5）。

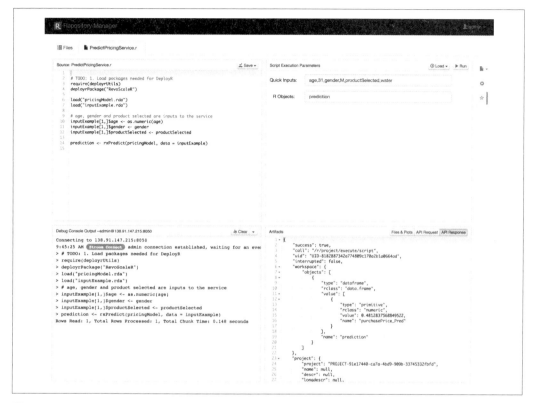

圖 9-5 Microsoft DeployR 中的 R 腳本範例，針對訓練模型（左上角）、輸入參數（右上角）、診斷輸出（左下角）和預測結果（右下角）等四個面向產生預測。

SQL R 服務

SQL R 服務是運行於 Azure 虛擬機器的 SQL Server 2016 所提供的一組新功能集。你可以在 SQL Server 2016 作業環境中訓練和測試預測模型——直接將 R 腳本程式碼嵌入到 T-SQL 中，由 SQL Server 負責執行。基本的操作模式如下：將訓練模型的 R 程式碼以及對 sp_execute_external_script 的呼叫，寫成一個預存程序，將序列化模型儲存到資料庫的資料表中。因為 R 腳本運行於 SQL Server 中，你可以輕鬆存取資料表中的資料。

完成訓練模型之後，可以將 R 程式碼寫進另一個預存程序，將模型作業化以便進行預測。這個預存程序從儲存自身的資料表中加載序列化模型，並執行預測腳本，將預測結果以表格格式的結果集傳回。對於模型作業化來說，此方法的最終效果是，它簡化了將預測分析整合到任何（可以使用 TDS 連線到 SQL Server 並調用預存程序的）應用程式之過程。

 實際上手 *SQL R 服務*

想要實際操作 SQL R 服務？請參考這份出色的教學文件（*http://bit. ly/2ndCoLk*）。

Microsoft 認知服務

不是所有 Azure 的預測分析服務都要求你從無到有建構自己的資料模型。Microsoft 認知服務提供一系列經過完整訓練的專項 Web 服務，可以直接整合到資料分析管線或應用程式。

透過以下四個大面向，了解 Microsoft 認知服務所支援的功能：

辨識（*Vision*）

辨識服務幫助你的資料管線識別圖像和影音，包括 Emotion API（從圖像辨識人臉情緒）、人臉識別 API（搜尋、識別和比對圖像中的人臉特徵），以及各式各樣的 computer vision API（從影像擷取可操作的資訊，例如分析圖像屬性、偵測人物、建立智慧縮圖和執行 OCR 等）。

語音（*Speech*）

語音服務可以輔助你的資料管線對語音資料進行處理，包括過濾噪音、辨識說話者和了解說話者意圖等。具體服務包含說話者辨識 API 和 Bing 語音 API（提供雙向語音轉換文字、了解使用者想法等多樣化服務）。

語言（*Language*）

語言服務幫助你的資料管線處理文字，從文字偵測情感、關鍵片語及語言。語言認知服務包括 Text Analytics API（提供情感分析、擷取關鍵片語、偵測主題和語言等功能）、Web 語言模型 API（斷字分句、字組條件機率與聯結機率、下一個字組自動完成等功能），以及 Language Understanding Intelligent Service API（教導你的應用程式理解使用者發出的命令）。

推薦（*Recommendations*）

在你的資料分析管線加入智能推薦 API，例如「經常一起購買的商品」、「相關推薦商品」、「猜你可能喜歡…」等推薦功能。

查看所有 API

想知道認知服務的最新服務清單，請見：*https://www.microsoft.com/cognitive-services/en-us/apis*。

讓我們繼續深入認知服務的諸選項中。目前服務清單中包含 23 種認知服務，為了幫助你更好地找出最符合需求的 API，以下將簡單地介紹每項服務，讓你快速掌握各項服務理念。根據不同的資料處理類型，將這些認知服務劃分到一張資料表上。

學術知識 *API*

支援查詢學術研究文章。

Bing 自動建議 *API*

為應用程式提供智慧型自動搜尋建議。

Bing 影像搜尋 *API*

提供與 *bing.com/images* 類似的搜索功能，搜尋影像並取得全面性的結果。

Bing 新聞搜尋 *API*

提供與 *bing.com/news* 類似的搜索功能，搜尋新聞並取得全面性的結果。

Bing 語音 *API*

支援語音辨識和雙向轉換語音與文字。

Bing 拼字檢查 *API*

偵測並校正應用程式中的拼字錯誤。

Bing 影片搜尋 *API*

提供與 *bing.com/videos* 類似的搜索功能，搜尋影片並取得全面性的結果。

Bing Web 搜尋 *API*

提供與 *bing.com/search* 類似的搜索功能，從數以十億計的 Web 文件取得加強的搜尋詳細資料。

Computer Vision API

為圖像分類／加上標籤、辨識圖像類型及品質、偵測臉孔、執行光學字元辨識（OCR）、自動限制成人內容、裁切圖像、自動為圖像內容產生文字敘述等，從影像擷取可操作的資訊。

內容仲裁

審核文字、圖像及影片，偵測具冒犯性內容、限制級內容，並檢查個人識別資訊（Personally identifiable information，PII）；自動校正文字內容；人機共同作業將可產生最佳的仲裁結果。當預測信任度在實際情況下有改進或調整的空間時，可利用這項審核工具。

Emotion API

辨識圖像或影片中的表情。

實體搜尋（*Entity Linking*）

根據你搜尋的字詞識別最相關的實體，並橫跨多種實體類型，例如名人、地方、電影、電視節目、電玩遊戲、書籍，甚至是附近的當地商業，或取得可能的 Wikipedia 條目。

人臉辨識 *API*

偵測圖像中的人臉、辨識臉孔屬性（姿勢、性別、年齡、髮色、配戴眼鏡等），並提供人臉辨識功能（臉部驗證、相似臉部搜尋、臉部分組及人物識別）。

知識探索服務

從結構化資料建立索引、編寫解釋自然語言查詢的語法、制定互動式查詢等。目前這個執行程式可在本機運行，或部署於 Azure 虛擬機器或雲端服務，以 Web API 執行。

語言分析 *API*

針對文字本文，分析的首要步驟之一是將它分成多個句子和語彙基元。將文字分割為語彙基元之後，就能夠找到使用 part-of-speech 標記的名詞（實體、人員、地方、事物）等、動詞（動作、狀態變更）及更多項目。

Language Understanding（*LUIS*）

Language Understanding 專用於識別對話中的有用資訊，可解譯使用者目的（意圖），以及擷取語句中的有用資訊（實體），可以建立自定義或活用 Cortana（個人助理）的應用程式，涵括新聞、天氣、股票、字典定義及時間等。支援整合 Slack 和 MicrosoftBot 框架。

QnA Maker

快速建立一個互動式 bot（通常為 Azure Bot 服務），從現有的 Web 內容或包含文字內容的檔案（`.tsv`、`.tx`、`.doc`、`.pdf` 等）擷取問答，建立常見問題集（FAQ）服務。

推薦

幫助電子商務應用程式提供推薦功能，例如「經常一起購買的商品」、「相關推薦商品」、「猜你可能喜歡…」等。

說話者辨識 *API*

使用語音來辨識及驗證各個說話者。

Text Analytics API

支援情感分析、擷取關鍵片語、偵測主題及語言。

Translator API

提供機器翻譯、語音翻譯、文字語言偵測，及雙向轉換語音與文字的翻譯功能。提供嵌入式 Web 小工具，可以直接在網頁中進行翻譯。

影片 *API*

追蹤人臉、偵測動作、平衡影片並建立縮圖等。

Web 語言模型 *API*

聯結機率（計算特定字組序列同時出現與否的）、條件機率（從指定的字組序列，計算通常會採用某個字組的頻率）、自動完成下一個字組、將空格插入一串缺少空格的文字，將各種自然語言處理作業自動化。

找出哪一項服務最符合你的應用程式需求的一種方法是，以作為輸入值的資料為出發點。表 9-1 中資料類型被分為文字（輸入資料為文字）、語音（輸入資料為語音檔案）、圖像與／或影片、Web 搜尋（輸入資料為 Web 搜尋查詢）及其他。

表 9-1 根據輸入資料類型（第一列）簡化 API 選項

文字（text）	語音	圖像與影片	Web 搜尋	其他
Text Analytics	Bing 語音 API	Computer Vision API	學術知識 API	Bing 自動拼字檢查 API
內容仲裁	說話者辨識 API	內容仲裁	Bing 自動建議 API	推薦
實體搜尋		Emotion API	Bing 圖像搜尋 API	
LUIS		Face API	Bing 新聞搜尋 API	
QnA Maker		Video API	Bing 影片搜尋 API	
語言分析 API			Bing Web 搜尋 API	
Translator API	Translator API			
知識探索服務				
Web 語言模型 API				

通常使用認知服務是為了對某些事件作出回應，例如上傳某張圖像，或是輸入某個文字交談訊息，你可以使用 Azure 函式（Azure Functions）將認知服務整合到你的應用程式。Azure 函式可讓你在無伺服器環境中執行程式碼，而不需要先建立 VM 或發佈 Web 應用程式。Azure 函式「使用情況方案」依照資源取用量和執行次數按秒計算，你只需根據運行程式碼所使用的時間支付費用，不像 Web 伺服器一樣即使沒有運行也要付費。你可以使用 Visual Studio 2015 或直接在 Azure 入口網站建立這些函式。推薦你在探索某給定認知服務的階段，直接在 Azure 入口網站建立和部署函式，這個做法最省成本。

Visual Studio Tools for Azure Functions
如果想以 VisualStudio 開發 AzureFunctions，你需要下載最新版本的 Visual Studio Tools for Azure Functions。歡迎閱讀有關如何安裝和使用這些工具的快速入門文章 *http://bit.ly/2nJV5Yj*。

為了闡述如何從 AzureFunctions 使用認知服務，我們以 ComputerVision 為例，將圖像上傳到 AzureBlob 儲存體，希望了解認知服務 API 能在這張圖像中「看見」什麼。首先要整合一個對 Computer Vision API 的呼叫，讓我們從建立一個認知服務帳戶開始（圖 9-6）：

1. 在 Azure 入口網站（*https://portal.azure.com*），選擇「新建」→「Intelligence + Analytics」→「認知服務 API」。

2. 在「建立認知服務帳戶」視窗中，建立全域唯一的帳戶名稱。

3. 選擇訂用帳戶。

4. 在「API 類型」下拉式選單中，選擇「Computer Vision API」。

5. 選擇地區。

6. 你可以使用任何定價層級。

7. 根據需要，選擇一個資源群組。

8. 點選確認框，同意服務條款。

9. 選擇「建立」。

不久後你的認知服務帳戶即準備就緒。回到 Azure 入口網站的「認知服務」相應視窗，並參照以下步驟：

1. 在左側選單欄中選擇「金鑰」。

2. 記下帳戶名稱和金鑰 1 的值,稍後建立 Azure Functions 會用到。

圖 9-6 為 Computer Vision API 建立一個新的認知服務帳戶。

現在,按照以下步驟,在 Azure 入口網站建立一個 Azure 函式(圖 9-7):

1. 選擇「新建」→「計算」→「函式應用程式」。

2. 為新的函式應用程式建立全域唯一的名稱。

3. 選擇訂用帳戶和資源群組。

4. 選擇「使用情況方案」。

5. 選擇地區。

6. 在「儲存體帳戶」選擇建立一個新帳戶。

7. 選擇「建立」。

圖 9-7 建立一個採用「使用情況方案」的 Azure 函式。

準備好函式 app 後,回到 Azure 入口網站的相應視窗,並參照以下步驟:

1. 在左側選單選擇「新函式」。

2. 從「選擇模板」選單中,選擇 BlobTrigger-CSharp。

3. 為函式提供一個名稱。

4. 在「配置」部分,輸入用來上傳圖像的 Azure 儲存體帳戶之路徑。

5. 將「儲存體帳戶連線」設置為 AzureWebJobsDashboard;讓我們能夠重複使用儲存體帳戶以支援此函式。當然,如果你想使用不同的 Azure 儲存體帳戶,可以選擇欄位右側的新連結。

6. 選擇「建立」。

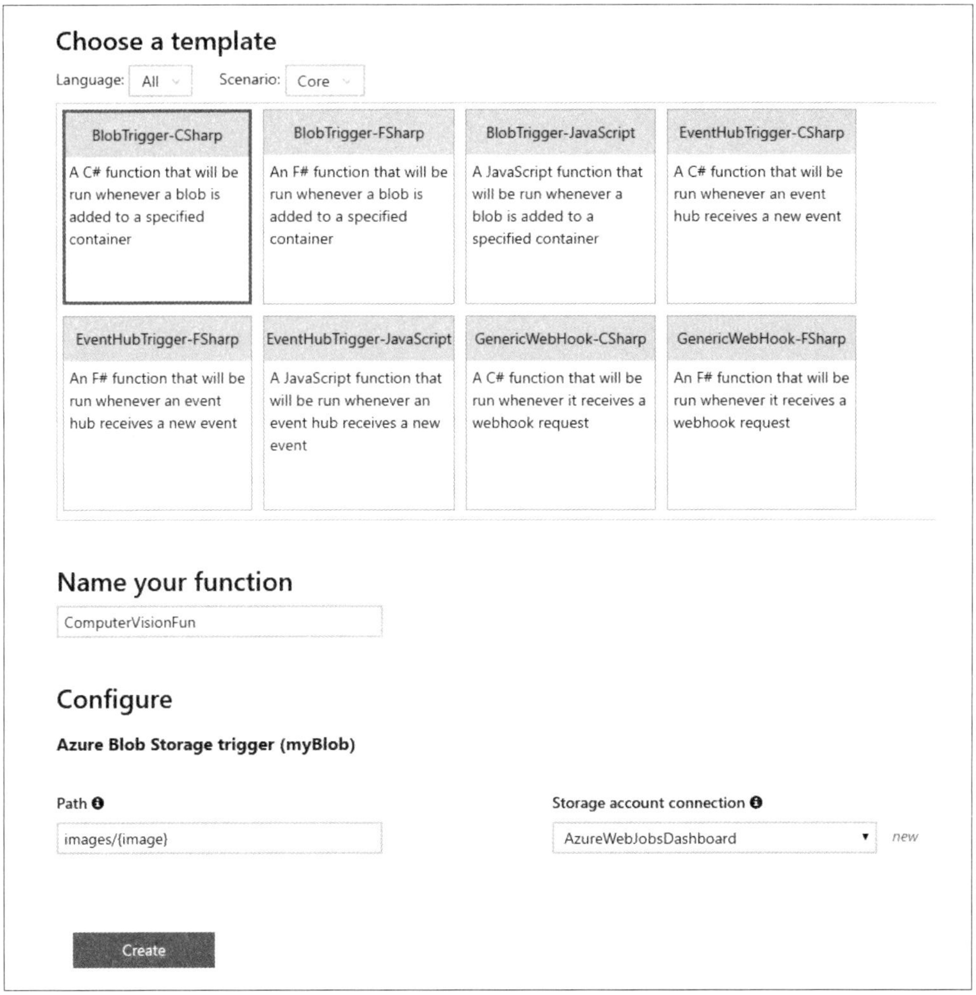

圖 9-8 建立一個 Azure 函式，當檔案被上傳到 Blob 儲存體時觸發該函式。

在跳出的程式碼對話中，置換成以下程式碼：

```
#r "Microsoft.WindowsAzure.Storage"
#r "Newtonsoft.Json"

using System.Net;
using System.Net.Http;
using System.Net.Http.Headers;
using Newtonsoft.Json;
using Microsoft.WindowsAzure.Storage.Table;
```

```csharp
using System.IO;
public static async Task Run(Stream myBlob, TraceWriter log)
{
    log.Info("Before call to Vision API");
    string result = await CallVisionAPI(myBlob, log);
    log.Info("After call to Vision API");

    log.Info("Result from call to Computer Vision API: '" + result + "'");
    log.Info(result);
}

static async Task<string> CallVisionAPI(Stream image, TraceWriter log)
{
    using (var client = new HttpClient())
    {
        var content = new StreamContent(image);
        var url = "https://api.projectoxford.ai/vision/v1.0/" +
                    "analyze?visualFeatures=description";

        log.Verbose("Vision API Key: '" +
          Environment.GetEnvironmentVariable(
          "Vision_API_Subscription_Key") + "'");

        client.DefaultRequestHeaders.Add("Ocp-Apim-Subscription-Key",
          Environment.GetEnvironmentVariable("Vision_API_Subscription_Key"));
        content.Headers.ContentType =
          new MediaTypeHeaderValue("application/octet-stream");

        var httpResponse = await client.PostAsync(url, content);

        log.Verbose("Vision API Response '" + httpResponse + "'");

        if (httpResponse.StatusCode == HttpStatusCode.OK)
        {
            return await httpResponse.Content.ReadAsStringAsync();
        }
    }
    return null;
}
```

接著，為這個函式提供認知服務的帳戶名稱和金鑰（圖 9-9）：

1. 在 Azure 函式窗格中，從左側選單選擇「函式應用程式設置」。

2. 選擇標示「配置應用程式設置」的按鈕。

3. 向下滾動到「應用程式設置」，並新增一個新的索引鍵 / 值條目，其中索引鍵為「Vision_API_Subscription_Key」，索引值是來自 API 金鑰 1 的值。

4. 選擇「儲存」套用新設置。

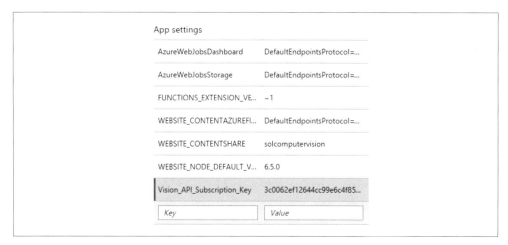

圖 9-9 加入一個認知服務金鑰到 Azure 函式的設置。

現在，你可以上傳一張圖像：

1. 回到 Azure 函式的「程式碼」頁面，點擊「日誌」圖標，查看當函式執行時所發出的即時日誌。繼續操作時，請讓此選項保持啟用狀態。

2. 在新的瀏覽器分頁中，轉到 Azure 入口網站，並定位到包含 Azure 函式的資源群組。

3. 選擇與 Azure 函式綁定之資源群組內的「儲存體帳戶」。

4. 選擇「Blob」。

5. 在「Blob 服務」分頁中，選擇「容器」，將一個新的容器命名為 images，容納你上傳的圖像。

6. 選擇「建立」。

7. 回到「Blob 服務」視窗，選擇你的圖像容器來查看其內容。

8. 從命令欄中選擇「上傳」。

9. 在「上傳 blob」視窗，點選資料夾按鈕，開啟選擇資料對話框，並選擇要上傳的圖像。

10. 選擇「上傳」。

11. 返回顯示 Azure 函式日誌的分頁。你應該會看到類似圖 9-10 的新輸出，顯示 Computer Vision API 在圖像中「看見」的內容。

圖 9-10 當一張圖像被處理後，監控函式日誌輸出的範例。

以我的例子來說，我上傳了一張如圖 9-11 的圖像。

圖 9-11 提交到 Computer Vision API 的範例圖像。

Computer Vision API 傳回以下結果（編排為方便閱讀的格式）：

```
{
  "description": {
    "tags": [
      "grass",
      "outdoor",
      "house",
      "building",
      "green",
      "yard",
      "lawn",
      "front",
      "small",
      "home",
      "field",
      "red",
      "sitting",
      "grassy",
```

```
        "white",
        "brick",
        "large",
        "old",
        "standing",
        "grazing",
        "sheep",
        "parked",
        "garden",
        "woman",
        "man",
        "hydrant",
        "sign"
      ],
      "captions": [
        {
          "text": "a large brick building with green grass in front
                   of a house",
          "confidence": 0.73412133238971
        }
      ]
    },
    "requestId": "842b2e69-2e09-441d-9c60-8a3700435c6e",
    "metadata": {
      "width": 700,
      "height": 539,
      "format": "Png"
    }
  }
```

仔細看看標籤和自動產生的敘述（caption）。儘管未臻完美（Computer Vision API 坦承它只有 73％信心指數），它仍可以明確判斷這張圖像並沒有出現人物。

本章摘要

本章介紹為資料分析管線增加智慧分析的服務選項，包含 Azure 中用來訓練和作業化資料模型的眾多機制，以及 Microsoft 認知服務提供的現成 Web 服務。

下一章，我們將檢驗如何管理資料的中繼資料，並追蹤資料資產。

第十章

在 Azure 中管理中繼資料

說到中繼資料，你應該會想到「模式（schema）」——資料表所含欄位的名稱和類型，還有資料表名稱等等。這些是由本地化中繼資料存放區所管理的資訊，例如 Hive 中繼資料存放區，它管理了 Spark on HDInsight 和 Hive on HDInsight 所存取的外部資料表之中繼資料。

不過，中繼資料還有一個更大面向的考量，與你如何管理資料湖中所有資料資產的中繼資料息息相關。本章將探討以 Azure 資料目錄（Azure Data Catalog）來完成管理操作的方法（圖 10-1）。

以 Azure 資料目錄管理中繼資料

一開始，首次收集資料資產時，很容易管理哪個資料放在哪裡。這個資料庫專門存放電子商務交易、那個資料庫用來分析。思考看看你會如何對團隊中新成員描述這些資料庫。然而，隨著資料需求越來越大，足夠容納一個資料湖時，隨之而來的是爆炸性成長的資料庫、超多個資料倉儲、超大規模的檔案系統。你要如何幫助新成員找到他需要的歷史交易紀錄？這正是 Azure 資料目錄的目標，這次一項完全受控的雲端服務，幫助使用者探索他們需要的資料來源，並確認這正是他們查找的目標，以上這些動作，都不需要將資料實際移出所在資料存放區。

Azure 資料目錄旨在使任何使用者——從開發人員、分析師到資料科學家——都能夠探索、瞭解並取用資料，同時也讓了解資料來源的大眾（如前述電子商務資料庫的擁有者），透過編寫中繼資料和註記，輕鬆地貢獻他們對資料的理解，發揮資料更大價值。

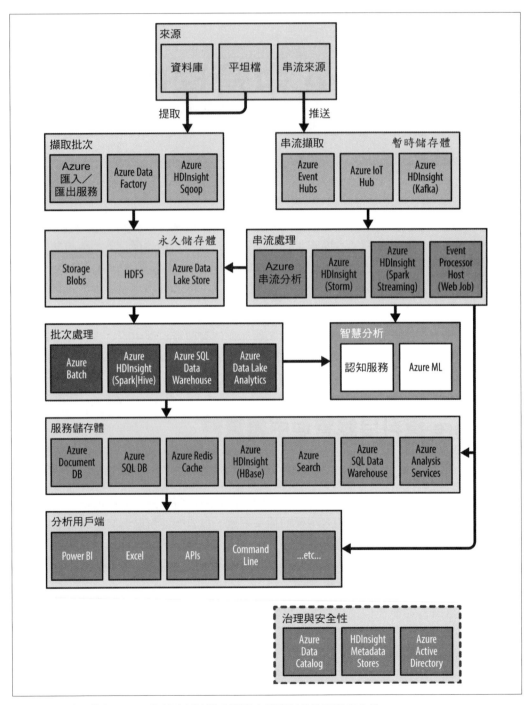

圖 10-1 本章聚焦在 Azure 資料分析管線中關於中繼資料的治理與安全性。

Azure 資料目錄的使用者，利用 Web 入口網站搜索所需資料，該網頁會傳回關於資料的描述性中繼資料，以及存取本地資料存放區的資料所需的連線資訊等結果。以 SQL Database 為例，傳回的連線資訊包括標準連線字串格式。對特定的資料存放區來說，Web 入口網站可透過 Power BI、Excel 或 SQL Server Data Tools 等用戶端應用程式一鍵式存取，開啟資料來源。

搜尋語法

Azure 資料目錄支援強大的搜尋語法，你可以使用一或多個搜尋字詞的基本搜尋，或者使用更為複雜的布林運算子搜尋符合特定屬性的資料資產。

有關更多搜尋語法的詳細資訊，請參閱 *http://bit.ly/2ndOHHt*。

發布者透過一個公開的 API，或是透過自動收集中繼資料的應用程式，將中繼資料新增到 Azure 資料目錄中，或者在資料目錄的入口網站中直接手動輸入。

Azure 資料目錄可支援的資料來源相當廣泛，稍微列舉如下：

- Azure Data Lake Store
- Azure Blob 儲存體
- Azure 儲存體資料表
- HDFS
- Hive 資料表和檢視
- MySQL 資料表和檢視
- Oracle 資料表和檢視
- SQL 資料倉儲資料表和檢視
- SQL Server 資料表和檢視
- Teradata 資料表和檢視
- FTP 檔案和目錄
- HTTP 端點
- OData 端點

除了探索與發佈中繼資料之外，Azure 資料目錄藉由提供資產層級授權，支援治理工作。該授權控制哪些使用者可以檢視和修改任何中繼資料資產。

資料目錄在 Blue Yonder Airports 的應用

如果你一直關注本書的示範案例，你會發現 Blue Yonder Airports 有許多個資料存放區。我們來看看如何用 Azure 資料目錄管理這些中繼資料。

你將需要 *Azure Active Directory* 憑證資訊

Azure 資料目錄仰賴 Azure Active Directory 運作，所以你需要使用一個工作或學校帳戶，個人帳戶是行不通的。這只限於建立和存取資料目錄的情況，所以如果想要利用個人帳戶中所存放的資料，則可以為這些資料新增中繼資料。

從佈建一個新的 Azure 資料目錄開始：

1. 定位到 *https://azure.microsoft.com/en-us/services/data-catalog/*。

2. 點選「開始使用」。

3. 為資料目錄提供名稱、選擇「訂用帳戶」，並選擇「目錄位置」（圖 10-2）。

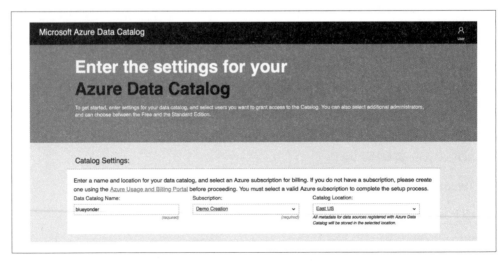

圖 10-2 建立一個新的 Azure 資料目錄。

4. 選擇定價層級（出於本例目的，你可以設定為「免費版本」）。

5. 將「安全性群組」、「目錄使用者」、「詞彙管理員」、「目錄管理員」設為預設值（圖 10-3）。

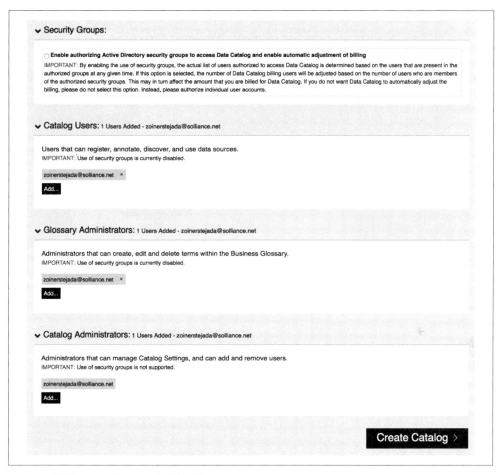

圖 10-3 配置一個新的 Azure 資料目錄。

6. 選擇「建立目錄」。大概會花上幾分鐘。

7. 完成建立資料目錄後,就會看到其首頁。(圖 10-4)

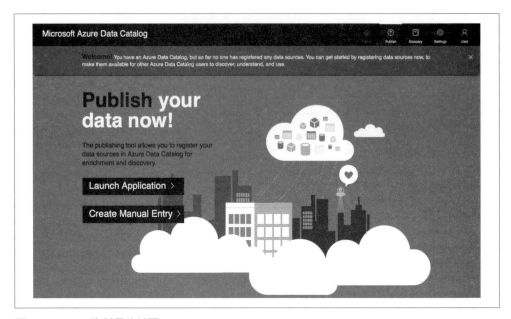

圖 10-4 Azure 資料目錄首頁

免費版本和標準版本的差異?

Azure 資料目錄的免費版本可以存取所有資料目錄功能,除了資產層級授權相關功能(允許資產所有者限制哪些使用者可以探索和註釋已註冊的資料資產)。標準版則增加這些功能。

新增一個 Azure Data Lake Store 資產

將一個 Azure Data Lake Store 新增到資料目錄中。

1. 在資料目錄首頁,選擇「手動建立條目」。

2. 提供名稱、易記名稱、敘述和「要求存取」(對使用者顯示如何要求資料資產的存取權。)

3. 將「資源類型」設定為 Azure Data Lake Store,設定「物件類型」為 Data Lake with OAuth Authentication(圖 10-5)。

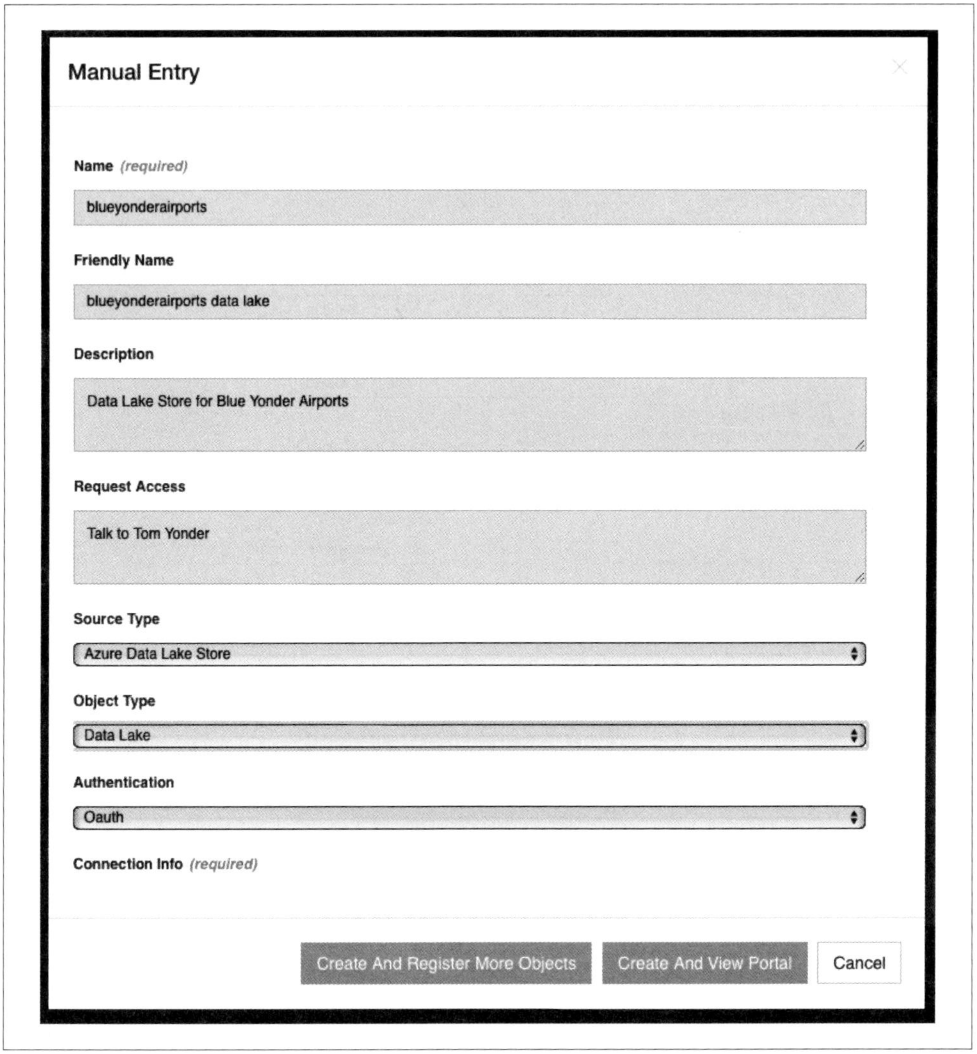

Manual Entry ✕

Name *(required)*

> blueyonderairports

Friendly Name

> blueyonderairports data lake

Description

> Data Lake Store for Blue Yonder Airports

Request Access

> Talk to Tom Yonder

Source Type

> Azure Data Lake Store ⬍

Object Type

> Data Lake ⬍

Authentication

> Oauth ⬍

Connection Info *(required)*

> Create And Register More Objects   Create And View Portal   Cancel

圖 10-5 手動將資產輸入到 Azure 資料目錄。

4. 在「連線資訊」，輸入連線到 Azure Data Lake Store 的 URL 位址。

5. 選擇「建立並檢視入口網站」。

6. 當資產建立後，你可以在目錄中看到它。想要查找資料，可以利用目錄上方的搜尋輸入框及左側的搜尋面板（圖 10-6）。你可以在「搜尋」面板上變更搜尋條件和篩選結果。

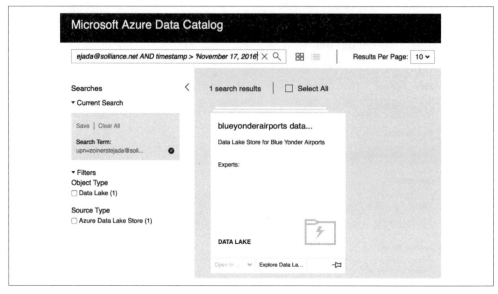

圖 10-6 一個 Data Lake Store 資產。

7. 點選你的 Data Lake Store 資產,以中繼資料檢視「屬性」面板,顯示資料格或清單中所選物件的屬性。

圖 10-7 一個 Data Lake Store 資產的「屬性」面板。

8. 選擇「文件」分頁。你可以使用 Rich Text Editor，為資料資產建立更詳細完整的資產敘述。

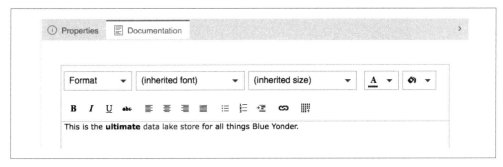

圖 10-8　一個 Data Lake Store 資產的「文件」分頁。

以上內容幫助你了解如何手動建立一個資料資產，不過，如果你使用 Window 作業系統，可以下載一種 ClickOnce 應用程式，自動收集中繼資料。如果你使用 Windows 系統，請參照以下步驟。

新增 Azure 儲存體的 Blob

現在，來看看新增 Azure Blob 儲存體資產的類似過程。我們使用 Azure 資料目錄應用程式來新增。

1. 從資料目錄網頁上方的選單欄中，選擇「發佈」。

2. 按一下「啟動應用程式」。

3. 下載並運行應用程式。

4. 在「應用程式安裝安全警告」中選擇「安裝」。

5. 應用程式將需要一些時間來下載和安裝。

6. 接受許可協議。

7. 在「歡迎使用」頁面上按一下「登入」，並輸入你的 Azure 資料目錄憑證（圖 10-9）。

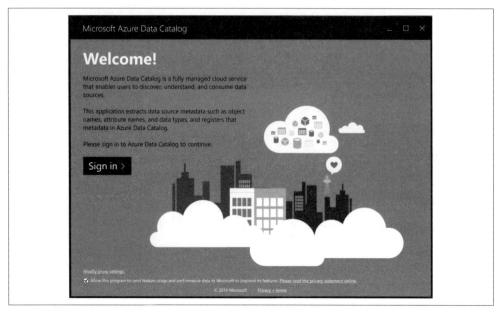

圖 10-9 Azure 資料目錄 ClickOnce 應用程式的「歡迎使用」頁面。

8. 在「選擇資料來源」頁面上,選擇「Azure Blob」,然後選擇「下一步」(圖 10-10)。

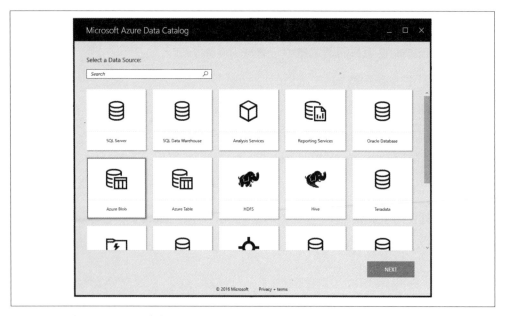

圖 10-10 選擇 Azure Blob 來新增一個 Blob 儲存體資產。

9. 提供儲存體帳戶名稱和金鑰，然後選擇「連線」（圖 10-11）。

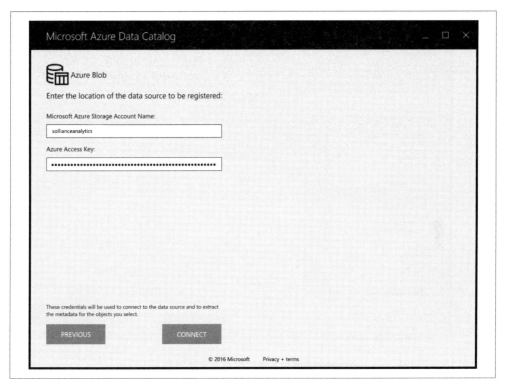

圖 10-11 提供 Azure 儲存體的憑證資訊。

10. 從「伺服器階層」之下的 blob 容器清單中，選擇存放航班延誤資料的容器。

11. 在「可用物件」中，選擇包含航班延誤資料 blob 的子資料夾。

12. 在「可用物件」清單右側中，按一下移動選取項目箭號（>）。將所選取的物件（flights）新增至「準備註冊的物件」清單。（圖 10-12）

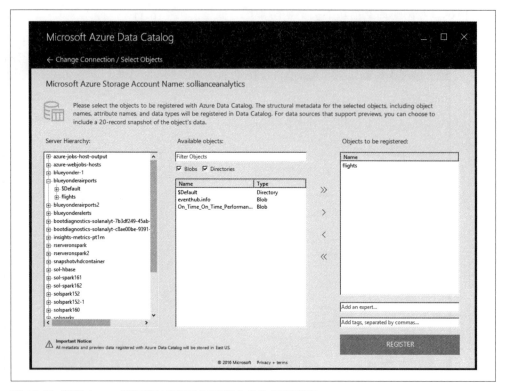

圖 10-12 選擇 Azure 儲存體的容器的子資料夾作為目錄資產。

13. 選擇「註冊」。現在,你已經註冊好這個容器。

14. 想要註冊容器內的個別 blob,請選擇「註冊更多物件」。

15. 選擇 Azure Blob,然後選擇「下一步」。

16. 提供你的儲存體帳戶名稱和金鑰,然後選擇「連線」。

17. 這一次請選擇容器下方的 *flights* 子資料夾。此資料夾中的 blob 應會顯示在「可用物件」中。

18. 點選右側的雙箭號(>>),新增所有 blob 檔案,請見圖 10-13。

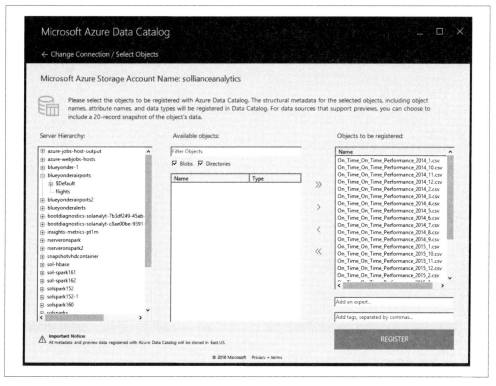

圖 10-13 新增個別 blob 資產到 Azure 資料目錄。

19. 選擇「註冊」。等待註冊程序完成。

20. 選擇「檢視入口網站」。

現在,你已經擁有 Blob 儲存體容器,可以紀錄和搜索可作為資產的個別儲存體 blob
(圖 10-14)。

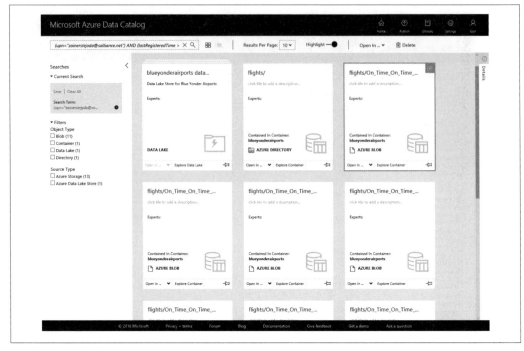

圖 10-14 檢視 Azure 資料目錄中的可用 blob 資產。

如果你選擇了一個 blob，請注意「屬性」面板旁邊的「資料檔案」分頁。選擇「資料設定檔」，可以查看 blob 的大小（圖 10-15）。

圖 10-15 在 Azure 資料目錄中檢視一個 blob 資產的「資料設定檔」。

新增一個 SQL 資料倉儲

現在，我們來新增一個包含 FlightDelays 資料表的 SQL 資料倉儲。

1. 回到 Microsoft 資料目錄應用程式，選擇「註冊更多物件」。

2. 這一次，選擇「SQL 資料倉儲」，然後點選「下一步」。

3. 輸入包含 FlightDelays 資料表的 SQL 資料倉儲實例的連線資訊。

4. 在「伺服器階層」樹狀結構中，選擇根節點。

5. 在「可用物件」清單中，選擇你的 FlightDelays 資料表，按一下移動選取項目箭號（>），新增到「準備註冊的物件」清單。

6. 在「準備註冊的物件」清單中，選擇此資料表。

7. 在「新增標籤」欄位中輸入 historical, flight delay, DOT。此動作會新增這些資料資產的搜尋標籤。標記可協助使用者尋找已註冊的資料來源，非常有用。

8. 選擇「註冊」。註冊完成後，選擇「檢視入口網站」。

你應該會看到兩項新資產，一個是 SQL 資料倉儲，另一個是 SQL 資料倉儲資料表。此外，在「搜尋」面板已經自動填入你剛剛建立的標籤（圖 10-16）。

圖 10-16 檢視 Azure 資料目錄的 SQL 資料倉儲資產。

選擇 FlightDelays 資料表，在「屬性」面板中選擇「資料行」分頁。應用程式已經為你自動填入資料行（圖 10-17）。

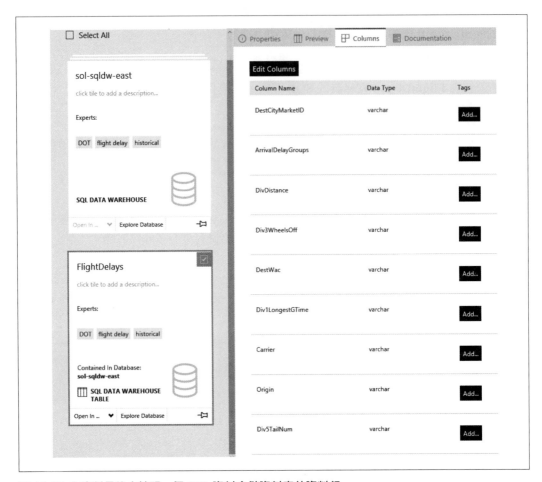

圖 10-17　在資料目錄中檢視一個 SQL 資料倉儲資料表的資料行。

回到 FlightDelays 資料表資產，按一下「於 ... 開啟」，選擇 Excel（前 1000 個）。這將會下載一個 Excel 檔案。開啟這個檔案，然後登入你的 SQL 資料倉儲；將會返回一個資料範本（圖 10-18）。

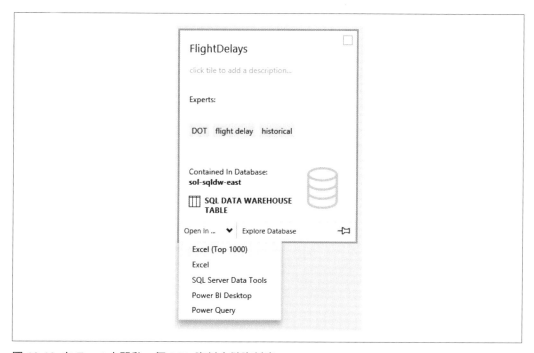

圖 10-18 在 Excel 中開啟一個 SQL 資料倉儲資料表。

現在，你已經在 Azure 資料目錄中載入幾個不同的資料資產，有助於管理 Blue Yonder Airports 在資料湖中可能擁有的所有資料資產。

本章摘要

在本章中，我們研究如何以 Azure 資料目錄作為中繼資料儲存庫，統整資料湖中的所有資料資產。

下一章將研究如何確保資料湖中的資料安全性。

第十一章

在 Azure 中保護你的資料

如果你依照本書的 Lambda 資料架構，好不容易佈建了一條資料管線，想必你視這些資料為珍稀資產——務必妥善保護。在本章，你可以了解必須使用哪些 Azure 機制，好好保護你的資料。

身分與存取管理

身分及存取管理的目標就是——在資料管線中指定「誰」可以擁有資料存取權，以及他們可以對資料執行哪些作業。可以細分為以下主要概念：

身分

　　使用者或群組是誰？

識別

　　要如何驗證使用者或應用程式？

授權

　　使用者或應用程式可以執行哪些作業？

身分定義、身分識別和動作授權的實際機制因不同的 Azure 服務而異，但可以整理出以下幾種，統稱為「存取管理機制」：

Azure Active Directory 身分

　　使用 Azure Active Directory（AAD）來管理使用者身分、應用程式身分和群組身分。

共用金鑰

　　共用金鑰通常是一組使用者名稱和密碼，或是一組金鑰名稱與私密值。

共用存取簽章

共用存取簽章可提供儲存體帳戶中資源的委派存取。共用存取簽章是一種經過加密處理的 URI，指向一或多個資源，並包含一組存取權限，以便利的 URL 格式呈現。典型例子是 Azure Blob 儲存體，你可以管理帳戶、容器或 Blob 的存取權限，並指定使用者可以執行的作業（讀取、寫入、刪除、建立、更新…等）。

原則

原則（policy）描述哪些動作被允許執行。藉由描述強制執行原則的時機及所要採取的動作，為組織中的資源建立慣例。可以採取 POSIX 風格的存取權限（例如，讀取、寫入、執行），或者是更加服務特定的存取權限形式（例如 IoT Hub 定義的管理、傳送和收聽）。

角色型存取控制

根據使用者角色資格或在群組中的層級，給予相對應的存取權限。

防火牆

根據試圖取得服務的用戶端 IP 位址，允許存取權限。

在這一章中，我們不會全面探討每種機制的細節特色（前幾章也曾介紹過使用方式）。不過，對於你的資料湖和資料分析管線來說，清楚知道你需要哪一個存取管理機制來保護資料是非常重要的。表 11-1 整理出適用於本書所介紹服務的可用存取管理機制。

表 11-1　各項服務的存取管理機制

Azure 服務	存取管理機制
Azure Event Hub	共用存取原則（使用共用存取金鑰名稱與金鑰值）
	原則定義的管理、傳送與收聽權限
Azure IoT Hub	Azure 角色型存取控制
	共用存取原則（使用共用存取金鑰名稱與金鑰值）
	原則定義的註冊讀取／寫入、服務連線、裝置連線權限
	裝置共用存取簽章
Azure 匯入／匯出服務	Azure 儲存體帳戶金鑰（準備磁碟）
	個人、學校、工作憑證（建立工作）
Azure Data Factory	Azure 角色型存取控制
Azure HDInsight	Azure 角色型存取控制
	管理員名稱與密碼
	SSH 使用者與密碼
	SSH 公開金鑰

Azure 服務	存取管理機制
Azure 串流分析	Azure 角色型存取控制
Azure Blob 儲存體	Azure 角色型存取控制
	Azure 儲存體使用者名稱與金鑰
	共用存取簽章
Azure Data Lake Store	Azure 角色型存取控制
	AAD 原生用戶端應用程式
	AAD Web Apps 應用程式與私密值
	AAD Web Apps 應用程式與憑證
	POSIX 存取控制（資料湖、資料夾、檔案）
	防火牆
Azure SQL 資料倉儲	SQL 驗證
	AAD 身分
	防火牆
Azure SQL Database	共 SQL 驗證
	AAD 身分
	防火牆
Azure Data Lake Analytics	Azure 角色型存取控制
	AAD 身分
Azure DocumentDB	Azure 角色型存取控制
	讀寫版本與只供讀取版本的帳戶端點與帳戶金鑰
	防火牆
Azure Redis 快取	主機名稱與密碼
Azure 搜尋	Azure 角色型存取控制
	共用金鑰（用於管理與查詢）

資料保護

除了控制誰可以存取資料及可執行哪些作業之外，你也必須將資料安全性列入考量，可分為兩種情況：資料在磁碟上待用時（靜止狀態），以及在用戶端和資料存放區傳輸的時候。

為你的解決方案加入資料保護機制，以下是處於資料待用狀態的可用保護選項：

磁碟加密

　　對磁卷或虛擬硬碟進行加密。

儲存體加密

對於 Azure Blob 儲存體和 Azure Data Lake Store 的檔案存放區而言，資料在寫入之前先被加密，在讀取之前被解密。加密與解密作業對用戶端應用程式是透明的。

透明資料加密

對於 SQL Database 和 SQL 資料倉儲的資料庫來說，資料在寫入之前先被加密，在讀取之前被解密。加密與解密作業對用戶端應用程式是透明的。

同理，當資料處於傳輸狀態時，可以使用以下資料保護機制：

傳輸層安全性協定（TLS）

用戶端和資料存放區的連線，使用工業標準的「傳輸層安全性協定」，可透過公開的網際網路進行安全保密的通訊。

磁碟加密

使用 Azure 匯入／匯出服務時，資料不會透過網際網路傳輸，我們要為實體磁碟加密，確保傳輸中的資料安全無虞。

表 11-2 整理適用於本書所介紹服務的可用資料保護機制。

表 11-2　資料保護機制

Azure 服務	靜止狀態	傳輸狀態
Azure Event Hub	不可用	TLS
Azure IoT Hub	不可用	TLS
Azure 匯入／匯出服務	磁碟加密	磁碟加密
Azure Blob 儲存體	儲存體加密	TLS
Azure Data Lake Store	儲存體加密	TLS
Azure SQL 資料倉儲	儲存體加密	TLS
	透明資料加密	
Azure SQL Database	透明資料加密	TLS
Azure HDInsight	不可用	TLS
Azure Redis 快取	不可用	TLS
Azure 搜尋	不可用	TLS
Azure DocumentDB	不可用	TLS

對於那些在「靜止狀態」列被標示為「不可用」的服務，請考慮實作自己的保護機制，以便在資料傳送到資料存放區之前先進行加密，並在檢索時對資料進行加密，讓資料存

放區只能管理加密過的資料。根據 Azure 產品團隊的支援計劃，不久後應該會推出一部分加密服務，例如 HDInsight 可以針對已加密的 Blob 儲存體進行查詢。

Azure Feedback

如果想查看與 Azure 服務相關的意見回饋，你可以提供改善建議，或者查看規劃中、執行中或已完成的改善進度，請參考以下網址：*https://feedback.azure.com*。

比如你可以在 *http://bit.ly/2n7O8Nz* 上看到一則條目，建議讓 HDInsight 可存取已加密的 Blob 儲存體。

稽核

想密切關注誰在對你的資料做些什麼動作時，你會需要兩種監控方式。第一種，你需要監控任何更改或配置 Azure 服務的操作。第二，你需要收集有關誰正在存取資料的存取紀錄（log）。這些稽核機制在各項 Azure 服務中可能有不同名稱，大致可總結如下：

活動紀錄（*Activity logs*）

> Azure 活動紀錄可以監視訂用帳戶的活動，擷取所有影響配置的變動紀錄。你可以在 Azure 入口網站的「活動紀錄」啟用其功能。

診斷紀錄（*Diagnostic logs*）

> Azure 診斷紀錄則可以收集並取用來自 Azure 資源的紀錄資料，通常 Azure 診斷紀錄包括可以指示事件（如使用者是否成功存取）的稽核紀錄。

儲存體分析紀錄（*Storage analytics logging*）

> Azure Blob 儲存體提供一系列專用的稽核紀錄，可以擷取成功／失敗存取、節流（throttling）、授權錯誤等紀錄。

稽核及威脅偵測（*Auditing and threat detection*）

> 這是 SQL Database 和 SQL 資料倉儲專用的稽核機制。協助使用者追蹤資料庫事件，例如成功／失敗的登入紀錄、預存程序執行紀錄，以及 SQL 執行等。一旦啟用稽核功能，威脅偵測會偵測意圖存取或攻擊資料庫，並可能會造成損害的異常活動，透過電子郵件提供警示。

表 11-3 總結適用於本書所介紹服務的稽核機制。

表 11-3　稽核機制

Azure 服務	稽核機制
Azure Event Hub	診斷紀錄
Azure IoT Hub	活動紀錄
	診斷紀錄
Azure 匯入／匯出服務	診斷紀錄
Azure Data Factory	活動紀錄
Azure Blob 儲存體	活動紀錄
	儲存體分析紀錄
Azure Data Lake Store	活動紀錄
	診斷紀錄
Azure SQL 資料倉儲	活動紀錄
	稽核與威脅偵測
Azure SQL Database	活動紀錄
	稽核與威脅偵測
Azure DocumentDB	活動紀錄
Azure Redis 快取	活動紀錄
	稽核與威脅偵測
Azure 搜尋	不適用

本章摘要

本章節重點介紹了如何在 Azure 中保護你的資料，首先討論存取權管理機制，如何在傳輸和靜止狀態保護資料，最後是稽核資料存取紀錄的機制。

下一章探討資料管線的最終目標——執行分析。

第十二章

執行分析

最後這個章節整合全書內容，看看我們如何對佈建在 Azure 的 Lambda 資料架構執行分析。本書所提及的種種範例，帶你一探那些支援「熱路徑」、「冷路徑」或兩者的技術方法。我們還探討一些在「低延遲／低準確性」和「高延遲／高準確性」之間的權衡方案。

對資料管線中的資料執行分析時，如同用來準備資料的各式工具一樣，你可以從許多分析工具中挑選。比如使用 Excel，將存取資料存放區的路徑封裝在自定義應用程式和 API 中。本章將帶你一探使用 Power BI，建立一個分析儀表板，回報來自冷熱路徑的資料（見圖 12-1）。

使用 Power BI 執行分析

Power BI 提供三樣分析工具，幫助使用者對分析管線中的資料進行視覺化處理和分析。Power BI Web 應用程式（*powerbi.com*）讓你以 Web 瀏覽器輕鬆建立並分享以視覺化方式處理的資料。Power BI Desktop 是一款安裝於 Windows 系統的 ClickOnce 應用程式，可以提供類似 Web 應用程式的使用者體驗，並實現更加豐富的資料管理及查詢功能，同時支援由社群提供的可擴展視覺化資料庫。

在 Power BI Desktop 應用程式中所建立的內容一旦準備就緒，即可發佈到 Power BI Web 應用程式上。Power BI Web 應用程式的使用者必須使用 Azure Active Directory 憑證進行身分驗證，並且需要訂用 Power BI 服務。不過，如果你想在公開網路中與其他人分享分析報表，這時可以選擇第三種工具——嵌入式 Power BI 服務。善用 Power BI 服務，你可以在任何網頁的 iframe 中嵌入任何報表，而網頁訪問者不需要訂用 Power BI 服務。

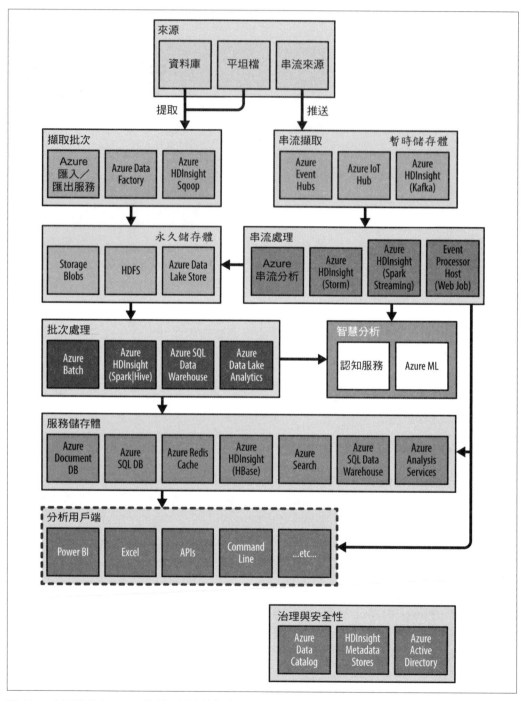

圖 12-1 本章聚焦在 Azure 資料分析管線的最後一哩路——用戶端。

Power BI 可以連接到即時串流的資料存放區，或是可供查詢的資料存放區。

支援連接即時串流資料來源的工具只有 Power BI Web 應用程式，以下列兩種方式支援：

- 自動整合成來自「串流分析」的輸出。

- 透過 REST API 手動整合。

> 關於更多即時 *Power BI REST API*
>
> Power BI REST API 幫助你的應用程式將資料加入報表中，可以即時視覺
> 化處理，更新報表。想了解更多，請參考 *http://bit.ly/2mtlqKa*。

Power BI Web 應用程式和 Power BI Desktop 可連接的資料存放區相當廣泛也不盡相同
（Power BI Desktop 可支援更多資料存放區），但這兩項工具皆可連接到下列：

- Azure SQL Database

- Azure SQL 資料倉儲

- SQL Analysis Services

- Spark on HDInsight

在 BYA 情境中以 PowerBI 即時分析

讓我們來研究看看，如何在 Power BI 中建立一個即時儀表板，視覺化處理流入資料分
析管線的遙測資料。在這個情境中，我們需要收集從裝置模擬器發出，並由 Event Hub
接收的溫度事件。建立一個「串流分析」工作，彙總一分鐘視窗內的資料，然後將彙總
結果輸出到 Power BI 資料集。串流分析工作所產生的資料包含時間戳記、裝置 ID、工
作視窗內的溫度最大值、最小值及平均值，以及工作視窗內所收集的事件計數。

想要使用 Power BI，你必須以工作或學校帳戶在 *https://app.powerbi.com* 註冊（諸如
@outlook.com 或 *@hotmail.com* 的個人帳戶並不適用）。註冊 Power BI 後，請繼續以下
操作。

首先建立一個新的「串流分析」工作（請參考第 5 章了解如何操作）。接著，為這個工作新增一個來自 Event Hub 的輸入，資料由 SimpleSensorConsole 裝置模擬器應用程式產生，並收集到 Event Hub 中（圖 12-2）

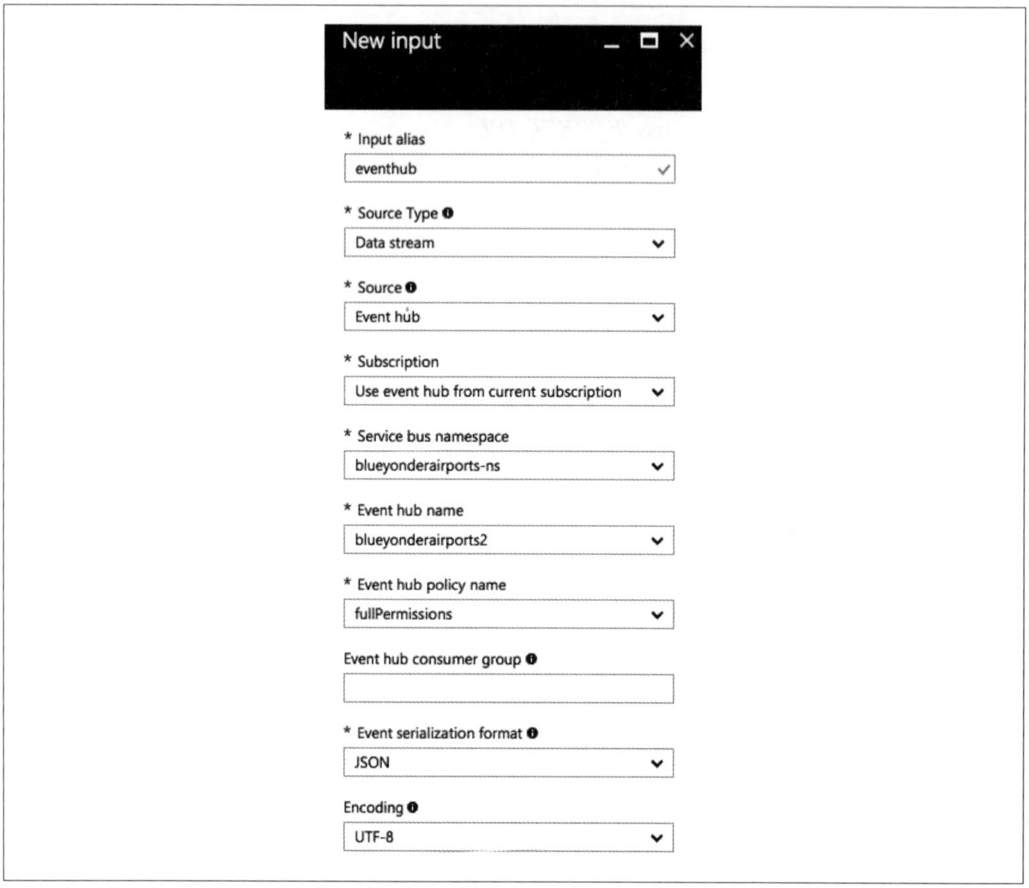

圖 12-2 新增一個 Event Hub 輸入。

再來，在串流分析工作中新增一個指向 Power BI 的輸出。當你選擇新增一個新的輸出時，請在 Sink 欄選擇「Power BI」。點選「授權」按鈕，然後輸入 Power BI 的憑證資訊（見圖 12-3）。

圖 12-3　新增一個 Power BI 輸出。

授權成功後，將自動跳回「新輸出」視窗。提供用來存放即時資料的「資料集名稱」和「資料表名稱」。選擇「建立」（圖 12-4）。

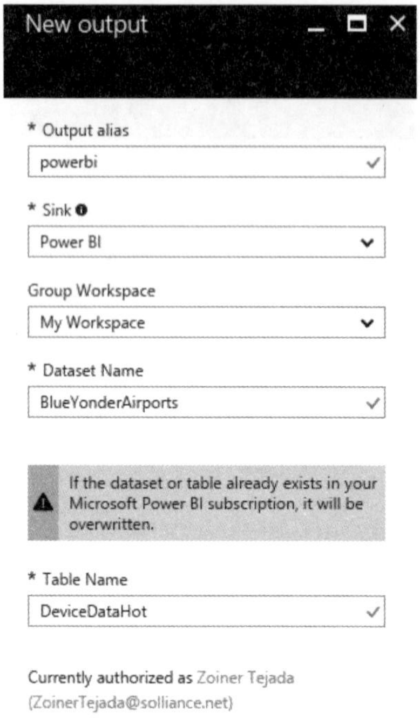

圖 12-4 完成配置 Power BI 輸出。

準備就緒，可以開始定義查詢，決定流入 Event Hub 的哪一條即時資料流可以進入 Power BI 的資料集。請利用以下程式碼來執行查詢（記得根據你的串流分析工作，替換輸入和輸出名稱）：

```
SELECT
    System.TimeStamp AS WindowEnd, DeviceId,
    Min(temp) AS Temp_Min, Max(temp) AS Temp_Max,
    Avg(temp) AS Temp_Avg, Count(*) AS Temp_ReportCount
INTO
    powerbi
FROM
    eventhub
GROUP BY TumblingWindow(Duration(minute, 1)), deviceId
```

儲存查詢，開始執行串流分析工作。等待串流分析工作完成處理的空檔，請開啟 Visual Studio 的 Blue Yonders Airlines 解決方案。在「解決方案總管」展開 SimpleSensorConsole，並開啟 *app.config*。

確認 SendEventAsBatchappSetting 的值為 false。這個設定保證資料可以至少從裝置模擬器持續串流 30 分鐘以上（或直到關閉 SimpleSensorConsole 為止）。同時，請確認 EventHubSenderConnectionString 已設定為正確值。

運行 SimpleSensorConsole 應用程式，並選擇方案 1 來產生與傳送模擬遙測資料到 Event Hub 中。讓控制台保持運行。

返回 Power BI Web 應用程式（*http://app.powerbi.com*）。在左側選單的「資料集」之下，選擇「串流資料集」。

這時你應該可以在清單中找到來自「串流分析」的新建資料集。如果沒有看見，確認你是否成功啟動串流分析工作，以及 SimpleSensorConsole 是否持續傳送資料（見圖 12-5）。

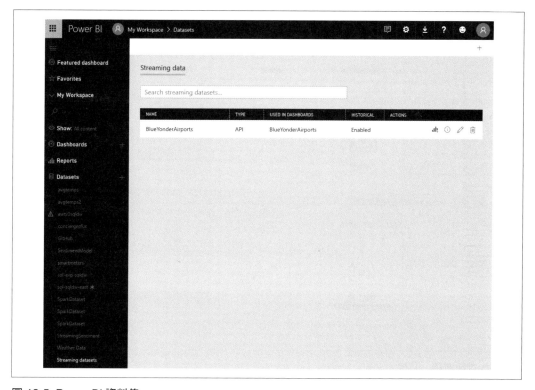

圖 12-5 Power BI 資料集。

點選「儀表板」左側的「＋」記號，新增並命名一個儀表板。在視窗的頂部右方，點選「新增磚」按鈕（見圖 12-6）。

Add tile

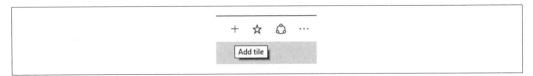

圖 12-6 「新增磚」按鈕，可為 Power BI 儀表板新增串流磚。

在「新增磚」面板上，選擇「自定義串流資料」，然後選擇「下一步」（圖 12-7）。

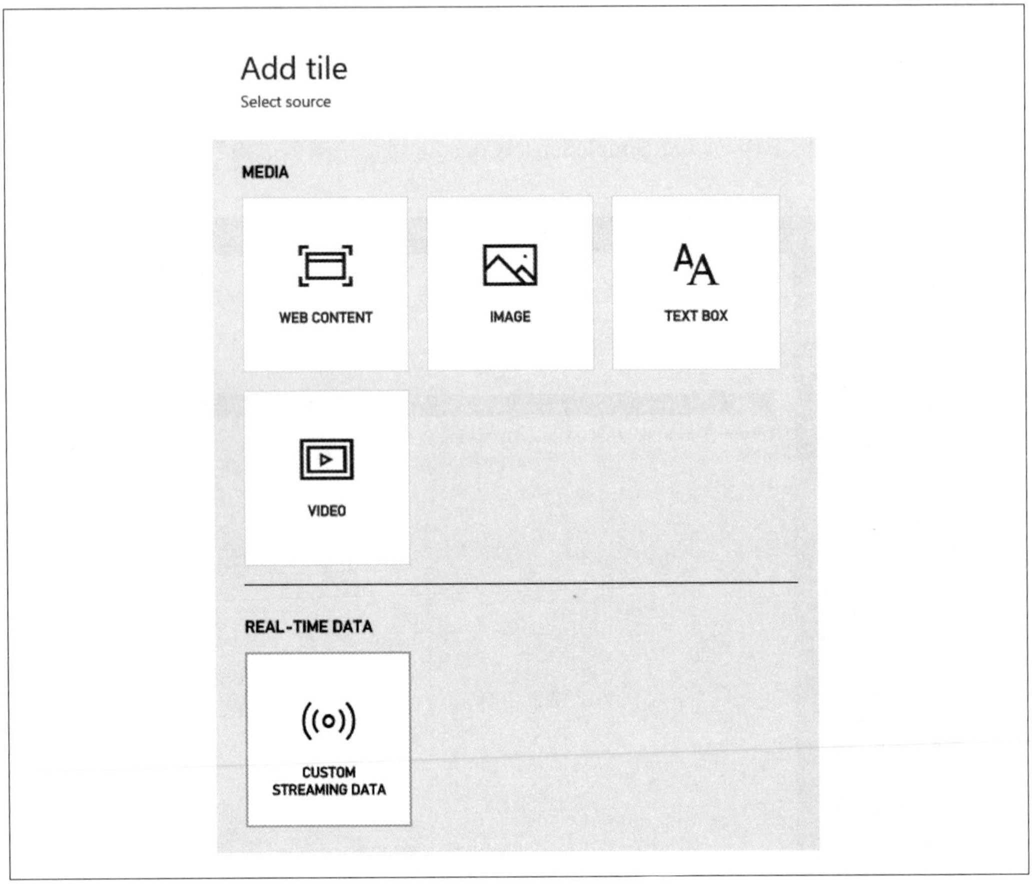
Add tile
Select source
MEDIA
WEB CONTENT
IMAGE
TEXT BOX
VIDEO
REAL-TIME DATA
CUSTOM STREAMING DATA

圖 12-7 「新增磚」面板。

在對話視窗中，選擇你的資料集，然後選擇「下一步」（圖 12-8）。

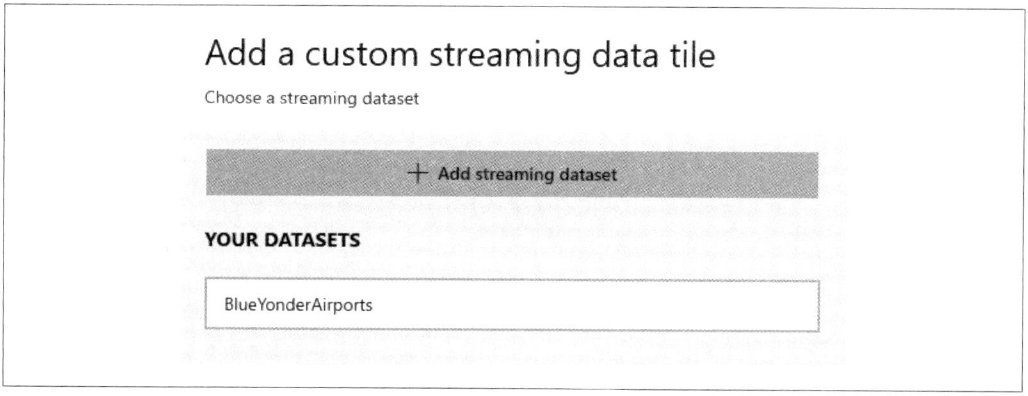

Add a custom streaming data tile
Choose a streaming dataset

+ Add streaming dataset

YOUR DATASETS

BlueYonderAirports

圖 12-8 為自定義串流資料磚選擇一個資料集。

在「視覺效果」中選擇「卡片」。選擇欄位下方的「新增值」，指定 temp_reportcount，然後選擇「下一步」（圖 12-9）。

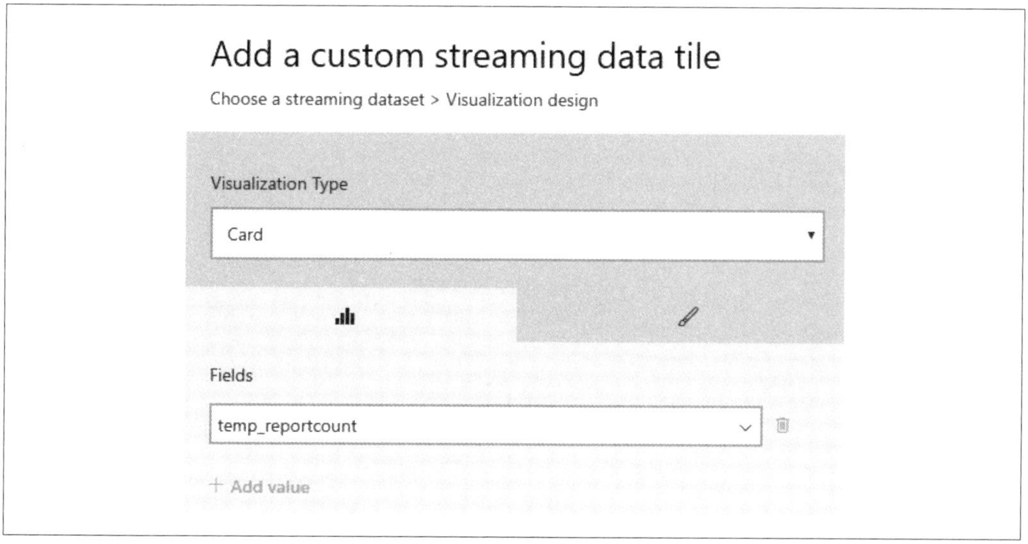

Add a custom streaming data tile
Choose a streaming dataset > Visualization design

Visualization Type

Card ▼

Fields

temp_reportcount ∨ 🗑

+ Add value

圖 12-9 從串流資料中選定一個欄位，進行視覺化處理。

在「磚細節」面板上，為磚輸入一則標題（例如 "# Events in Last Windows"）然後選擇「套用」。你剛剛建立的「磚」會顯示從輸入資料串流的 temp_reportcount 欄位接收到的最新數值。如果你的分析管線正常運作（而且模擬器也持續傳輸資料），則這塊磚應該如圖 12-10 所示。

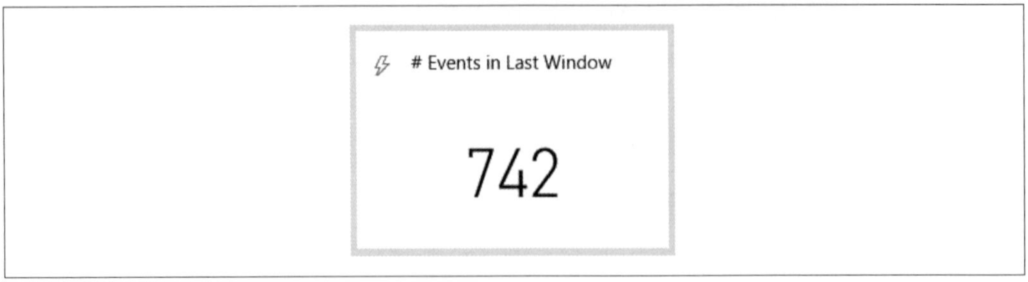

圖 12-10 以「磚」顯示串流資料的範例結果。

現在，有了一塊運作中的磚後，我們快速為這份儀表板建立其他磚。

新增另一塊磚，同樣使用自定義串流來源。這塊磚將會顯示已回報資料中的溫度最大值。重複前文建立步驟，並替換為以下資料值：

- 欄位：temp_max
- 標題：Last Temp Max Reported
- 子標題：（Degrees F）

這塊磚應該如圖 12-11 所示：

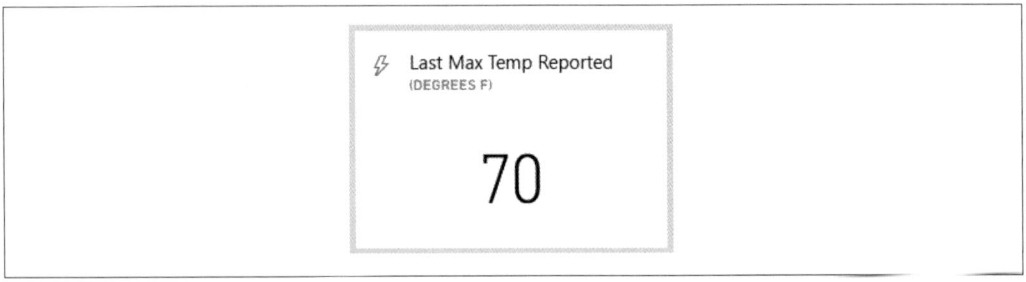

圖 12-11 以「磚」顯示最大溫度值的範例結果。

接著，新增另一塊磚。這次請使用下列設定：

- 視覺效果類型：折線圖
- 軸：windowend

- 圖例：deviceid
- 值：temp_avg
- 顯示時間窗口：最近 10 分鐘

這塊磚的輸出結果應該像下圖 12-12 一樣，顯示一段時間內的溫度值。

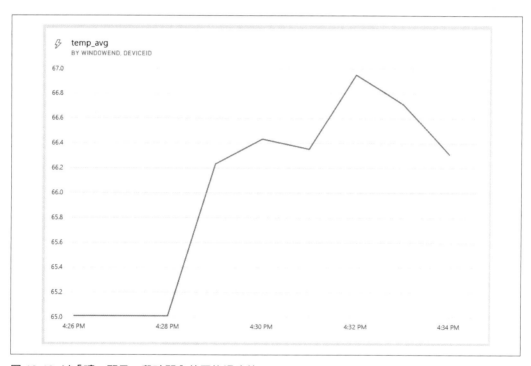

圖 12-12 以「磚」顯示一段時間內的平均溫度值。

最後，再新增一塊磚，顯示相對於最小值和最大值的平均溫度值。請使用下列設定：

- 視覺效果類型：量表圖
- 值：temp_avg
- 最小值：temp_min
- 最大值：temp_max
- 標題：Last Temp Range
- 子標題：（Degree F）

這塊磚所建立的量表圖應該類似圖 12-13。

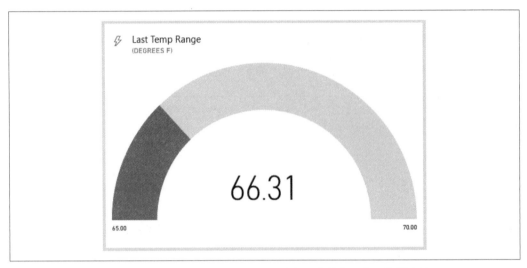

圖 12-13 以「磚」顯示最近時間窗口內，相對於最大值與最小值之間的平均溫度值。

如果你在儀表板中進行排版，應該可以得到類似圖 12-14，即時更新的儀表板。

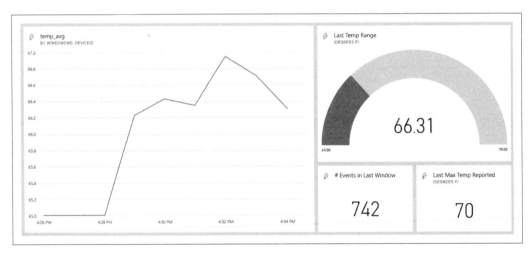

圖 12-14 顯示溫度遙測資料的即時儀表板範例。

在 BYA 情境中以 Power BI 執行批次分析

Power BI 可以顯示即時資料的圖表，也可以產出來自批次處理資料的報表。我們來看看如何以簡易的「區域分布圖（Filled Map）」視覺效果，顯示航班延誤情形最多的州。首先，從 SQL 資料倉儲中叫出航班延誤資料。

在 Power BI Web 應用程式的左側選單底部，選擇「取得資料」，然後在「資料庫磚」下方選擇「取得」。在可用的資料來源清單中，選擇 Azure SQL 資料倉儲，並選擇「連接」（圖 12-15）。

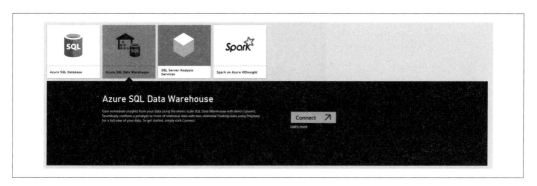

圖 12-15　選擇 Azure SQL 資料倉儲。

在「連接到 Azure SQL 資料倉儲」視窗中，提供你（在第 6 章建立，包含 FlightDelayStaging 資料表）SQL 資料倉儲實例的伺服器名稱、資料庫名稱、使用者名稱及密碼。

成功連接後，在左側選單選擇你的 SQL 資料倉儲作為資料集。在視覺效果面板上選擇「區域分布圖」（圖 12-16）。

圖 12-16　選擇「區域分佈圖」視覺效果。

在「欄位」清單中，展開 FlightDelaysStaging 並拖放 OriginState 到「位置」。從「欄位」清單拖放 DepDel15 到「色彩飽和度」。在視覺效果的「格式」分頁，展開「資料色彩」。開啟發散選項，並為最小值、中心值、最大值設定你想要的色彩（為「州」上色），如圖 12-17 所示。

圖 12-17 在 Power BI 為區域分佈圖設定資料色彩。

幾分鐘後，你就會看到如圖 12-18 的區域分佈圖。

圖 12-18 顯示各州航班延誤情形的區域分佈圖範例。

點選區域分佈圖頂部右角的「釘選」圖示（圖 12-19）。

圖 12-19 「釘選」視覺效果按鈕。

在對話框中，勾選「現有儀表板」；在下拉式選單中選擇你之前建立包含即時分析磚的儀表板，再選擇「釘選」（圖 12-20）。

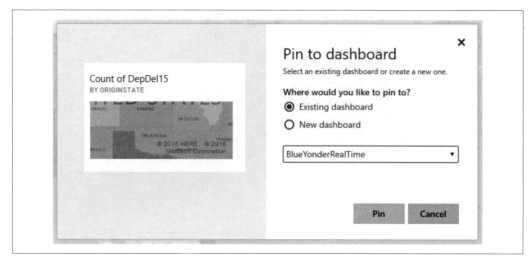

圖 12-20 「釘選到儀表板」對話框。

在左側選單選擇即時儀表板。最終結果應該類似圖 12-21。

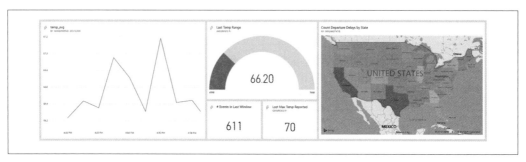

圖 12-21 顯示「冷、熱路徑」資料之視覺效果的儀表板範例。

這麼一來，針對你的 Lambda 資料架構的分析報表就出爐了！

向前展望

用來佈建資料分析管線的技術日新月異，不斷發展進化，而且似乎會定期推出創新功能、技術。在全書最後一節內容中，我們一起來看看在 Azure 中佈建分析管線的展望亮點。

更加即時

在本書撰寫之時，Microsoft 宣佈 Apache Kafka 成為 HDInsight 支援的新工作負載。這個廣受歡迎的開源專案之功能，與 Event Hub 所提供的訊息處理功能非常相似。不過，有鑒於 Apache Kafka 在網路社群的發展歷史，它為 Kappa 資料架構的實作提供非常強大的支援，不在將資料庫當作核心存放區，而是讓使用者以通用日誌（log）來維護資料的歷史紀錄。目前已經有很多微服務和日誌分析解決方案採用 Kafka 作為資料架構的核心，並且毫無疑問地可望強化 Azure 上的新分析工作負載。

更低的批次延遲

此外，Microsoft 也宣佈支援 Interactive Hive── 一組被視為 Hadoop Hortonworks 發佈版中的 Stinger v.next 的部分功能。如今，Interactive Hive 可作為 HDInsight 工作負載進行負載，並提供備受期待的 Live Long 和 Process 長時間運行程序，減少 Hive 工作負載的查詢延遲，並進一步消彌 Spark 和 Hive 效能之間的差距。

IoT

Azure IoT Hub 正在引進一個 Gateway SDK，幫助使用者更加擴展資料分析管線所處理的範圍──直到裝置。預先處理和最小化資料的能力，很可能成為基於物聯網的資料分析管線的發展趨勢。

安全性

近期 Apache Ranger 被引入 HDInsight，對 Hadoop 元件提供更為精細、基於角色的存取控制。隨著 HDInsight 不斷發展演進，應該期待這些元件與 Azure Active Directory 完美整合，讓在 Azure 中建立的資料湖得到更容易得到完整保障。

更多 Linux 系統

在本書撰寫之前，SQL Server on Linux 才剛剛公開預覽。帶來與 SQL Server on Windows 全然不同的功能（包括 R 服務、記憶體最佳化資料表及資料行索引等）。SQL Server on Linux 在資料管線的獨特之處是，它可以輕鬆部署到 Docker 容器中，讓使用者在更廣泛的作業系統（如 Linux 和 MacOS）上部署 SQL Server 提供創新的靈活性。

在我們眼前展開的是一條令人振奮的道路，沿路上有許多掌握 Azure 分析的新穎方法。

索引

※ 提醒您： 由於翻譯書排版的關係，部份索引名詞的對應頁碼會和實際頁碼有一頁之差。

A

Academic Knowledge API（學術知識 API）, 329
access management mechanisms（存取管理機制）, 359
　by service（依服務）, 360
activity logs（活動紀錄）, 363
ADF（請參閱 Azure Data Factory）
AdlCopy, copying data from Blob Storage to（AdlCopy，從 Blob 儲存體複製資料到）Data Lake Store, 88
adls: scheme, 94
AlertTopology（警示拓撲）
　C# implementation（C# 實作）, 158
　extending to use tick tuples（拓展使用 tick tuple）, 197
　Java implementation（Java 實作）, 136
　Storm with Trident, 193
Ambari, 219, 316
　using Hive View to execute HiveQL queries（使用 Hive View 來執行 HiveQL 查詢）, 220
AMQP（Advanced Message Queuing Protocol，進階訊息佇列通訊協定）, 74, 96
　communicating with Event Hubs, limits on,（與 Event Hub 通訊，限制）, 99
analytics（分析）, 1
　（請同時參閱：enterprise analytics 企業級分析）
　case-study scenario, introduction to（案例情境，介紹）, 9-11
　performing（執行）, 365-381
　　batch analytics reporting with Power BI（以 Power BI 執行分析報表）, 376-380

future developments in（開發展望）, 380
real-time dashboard in Power BI（Power BI 的即時儀表板）, 367-376
with Power BI（使用 Power BI）, 365
real-time operational analytics support in SQL Database（SQL Database 的即時作業分析支援）, 305
analytics data pipeline（資料分析管線）, 1
　Azure pipeline（Azure 管線）, 5-9
　building in Azure, future developments（在 Azure 中佈建，開發展望）, 380
　example of,（範例）65, 63
　storage items in（儲存物件到）, 77
analytics workloads（分析工作負載）
　Azure Data Lake Store support for（Azure Data Lake Store 支援）, 84
　handled by Azure Batch（由 Azure Batch 處理）, 260
　HDFS support for（以 HDFS 支援）, 90
Apache Ambari（請見 Ambari）
Apache Hadoop（請見 Hadoop）
Apache HBase（請見 HBase）
Apache Kafka, 380
Apache Phoenix（請見 Phoenix）
Apache Pig（請見 Pig on HDInsight）
Apache Ranger, 381
Apache Spark（請見 Spark on HDInsight; Spark SQL; Spark Streaming on HDInsight）
Apache Storm（請見 Storm on HDInsight）
Apache Tex（請見 Tez）
Apache YARN（請見 YARN Resource Manager）
Apache Zookeeper（請見 Zookeeper）
append blobs, 79
ApplicationMaster, 212

approximation of data（資料近似法），291

Aspera Server On Demand:, 51

asv: scheme（deprecated）
（asv:scheme（已停用）），94

at-least-once tuple processing guarantees
（保證至少一次的 tuple 處理法），131

auditing（稽核），363

  audit mechanisms by service
（依服務的稽核機制），363

  auditing and threat detection feature
（稽核與威脅偵測特色），363

  support for, in Azure Data Lake Store
（Azure Data Lake Store 支援），84

authentication（驗證），359

  support for, in Azure Data Lake Store
（Azure Data Lake Store 支援），84

authorization（授權），359

  support for, in Azure Data Lake Store
（Azure Data Lake Store 支援），84

Avro, data formatted in（Avro 格式的資料），200

AZCopy, 44

  using Azure Storage Movement
Library with（搭配使用 Azure
Storage Movement Lirary），46

  using to bulk load files into Blob Storage
（使用 AZCopy 批次載入檔案到 Blob
儲存體），45

Azure

  building analytics pipelines in, future
developments,（建立分析管線，開發展
望）378

  getting data into（取得資料到），17-75

  subscription to（訂用），11

Azure Active Directory, 344

  identity management（身分管理），359

Azure App Services（Azure App 服務）

  deploying Web Jobs to（部署 Web Job 到），
174

  hybrid connections（混合式連接），53

Azure Batch, batch processing with
（Azure Batch，批次處理），260

Azure Blob Storage（Azure Blob 儲存體），79-
84

  adding to Azure Data Catalog（新增到 Azure
資料目錄），349-354

audit logs（稽核紀錄），363

  bulk loading files into, using AZCopy（使用
AZCopy 批次載入檔案到），45

  bulk loading files into, using Azure Explorer
（使用 Azure 總管批次載入檔案到），
43

  bulk loading files into, using Azure Storage
Explorer（使用 Azure 儲存體總管批次
載入檔案到），42

  bulk loading files into, using Cloud Explorer
（使用雲端總管批次載入檔案到），37

  bulk loading files into, using PowerShell
cmdlets（使用 PowerShell cmdlets 批次
載入檔案到），48

  bulk loading files into, using Server Explorer
（使用伺服器總管批次載入檔案到），
34

  direct connections to, Azure Stream Analytics
（直接連線到，Azure 串流分析），200

  ingesting from file share to, using Azure
（利用 Azure 從檔案分享擷取資料）
Data Factory pipeline（Data Factory 管線），
56, 54

  staging files in, for AdlCopy（將檔案放到
Blob 儲存體，以便運行 AdlCopy），47

  storage capacity（儲存體空間），80

  storage capacity, per-file size limits and account
limit（儲存體空間，每檔案大小限制及
帳戶限制），85

  Stream Analytics Jobs pulling reference data
from（串流分析工作從 Azure 儲存體提
取參考資料），200

  transferring flight delay data files into
（傳輸航班延誤資料到），84

Azure Command-Line Interface（CLI）
（Azure 命令行介面（CLI）），46

Azure Data Catalog（Azure 資料目錄），341

  managing metadata with（管理中繼資料），
341-357

  adding Azure Blob Storage（新增 Azure Blob
儲存體），349-354

  adding Azure Data Lake Store（新增 Azure
Data Lake Store），346-349

  adding Azure SQL Data Warehouse（新增
Azure SQL 資料倉儲），354-357

data sources supported(受支援的資料來源),
343

Free versus Standard Edition(比較免費與標
準版本),346

governance efforts support(治理功能),343

provisioning a new Azure Data Catalog
(佈建新的 Azure 資料目錄),344

search syntax(搜尋語法),343

Azure Data Factory

data ingest from on-premises sources
(從本機來源擷取資料),53

hybrid connections and(混合式連接),52

ingestion from file share to Blob Storage
(從檔案分享擷取資料到 Blob 儲存
體),54-65

creating data set for data as it will be stored
(為欲儲存資料建立資料集),60

creating linked service to Azure Storage
(建立連結服務到 Azure 儲存體),
59

creating pipeline for data movement
(為資料移動建立管線),62

installing and configuring Data Management
Gateway(安裝並配置 Data
Movement Gateway),54

Monitoring App(監控應用程式),64

ingestion from file share to Data Lake Store
(從檔案分享擷取檔案到 Data Lake
Store),65-73

creating pipeline for data movement
(為資料移動建立管線),69

viewing pipelines in Monitoring App
(從監控應用程式檢視管線),71

orchestrating batch processing pipelines with
(配置批次處理管線),261

Azure Data Lake Analytics, 248-260

batch processing Blue Yonder Airports data
(批次處理 Blue Yonder Airports 的資
料),251

interactive querying with U-SQL(以 U-SQL
執行互動式查詢),285-288

distributions(分佈),285

exploring Blue Yonder Airports data
(探索 Blue Yonder Airports 的資
料),285

processing with U-SQL(以 U-SQL 處理),
251-260

provisioning an instance(準備一個執行個
體),250

storage options(儲存選項),250

U-SQL language(U-SQL 語言),249

Azure Data Lake Store, 84-90

adding to Azure Data Catalog(新增到 Azure
資料目錄),346-349

associating with HDInsight cluster
(綁定 HDInsight 叢集),218

bulk loading files into, using AdlCopy
(使用 AdlCopy 大量載入檔案),47

bulk loading files into, using Cloud Explorer
(使用雲端總管大量載入檔案),41

bulk loading files into, using PowerShell
cmdlets(使用 PowerShell cmdlet 大量
載入檔案),49

ingesting from a file share to(從檔案分享擷
取資料),65-73

provisioning(準備),86

storage capacity(儲存體空間),85

transferring flight delay data from Blob Storage
into(從 Blob 儲存體傳輸航班延誤資
料),88

Azure DocumentDB, 297-305

Hadoop Connector, 298

in the batch serving layer(批次服務層),304

in the speed serving layer(即時服務層),
300-304

structure of(結構),298

Azure Event Hub client for C#
(Azure Event Hub 的 C# 客戶端),125

Azure Explorer(Cerebrata)
(Azure 總管(Cerebrata)),43, 84

Azure Feature Pack(SSIS),44

Azure Files, 52

Azure Functions service(Azure 函式服務),
331-340

Azure Machine Learning(Azure 機器學習),
324-326

creating experiments with(建立實驗),326

leveraging in tuple-at-a-time processing
(使用一次一 tuple 處理法),174

Azure Management Portal, creating an import job（Azure Management Portal，建立一個匯入工作）, 21

Azure Portal（Azure 入口網站）
creating an Azure Data Lake Store（建立一個 Azure Data Lake Store）, 65, 86
creating new Storage account（建立一個新的儲存體帳戶）, 82
examing flight delay data via（檢驗航班延誤資料）, 89
Query Explorer（查詢總管）, 303
uploading files via web browser（透過 Web 瀏覽器上傳檔案）, 43

Azure Redis Cache, 292-297
latencies in performing random read/write operations（執行隨機讀取／寫入作業的延遲）, 292
reference for（參考資料）, 292
size limit（大小限制）, 292

Azure SDK 2.8 or later（Azure SDK 2.8 或後續版本）, 14, 157

Azure Search（Azure 搜尋）, 319
loading data into（載入資料到）, 319
querying（查詢）, 320

Azure Service Bus SDK（Azure 服務匯流排 SDK）, 170

Azure SQL Data Warehouse（Azure SQL 資料倉儲）, 238-248, 313
adding to Azure Data Catalog（新增到 Azure 資料目錄）, 354
auditing and threat detection feature（稽核與威脅偵測特色）, 363
batch processing Blue Yonder Airports data（批次處理 Blue Yonder Airports 的資料）, 240
indexes（索引）, 267
interactive exploration of Blue Yonder Airports data（互動式探索 Blue Yonder Airports 的資料）, 268
overview of main elements（主要要素概觀）, 238
partitions and distributions（分割區與分散區）, 265
Power BI data source（Power BI 資料來源）, 377

provisioning an instance（準備一個執行個體）, 240
storing credentials to Azure Storage account（儲存憑證資訊到 Azure 儲存體帳戶）, 241

Azure SQL Database, 305-313
auditing and threat detection feature（稽核與威脅偵測特色）, 363
in the batch serving layer（批次服務層）, 313
in the speed serving layer（即時服務層）, 306-313

Azure Storage Data Movement Library, 46

Azure Storage Explorer（Azure 儲存體總管）, 42

Azure Storage Vault（ASV）, 94

Azure Stream Analytics（Azure 串流分析）, 199-206
comparison to Storm on HDInsight（與 Storm on HDInsight 比較）, 201
creating a job that outputs results to Power BI（建立一個輸出結果到 Power B I 的工作）, 367-370
DocumentDB integration with（整合 Document DB）, 300
configuring a Stream Analytics job for DocumentDB（為 Document DB 配置一個串流分析工作）, 303
memory-optimized tables and（記憶體最佳化資料表）, 307
Power BI, automatic integration as output from（Powe BI，自動整合來自串流分析的輸出）, 367
provisioning a Stream Analytics job（準備一個串流分析工作）, 201-206
query definitions（SQL）（查詢定義（SQL））, 200

Azure Web Apps service, FTP endpoints（Azure Web Apps 服務，FTP 端點）, 51

B

B-tree indexes（B- 樹狀索引）, 306
batch analytics reporting with Power BI（使用 Power BI 產生批次分析報表）, 376-380

batch execution API（批次執行 API），325

batch processing（批次處理）

　batch operations in Storm Trident
　　（Storm Trident 的批次選項），196

　in Azure（Azure 的批次選項），207-262

　　orchestrating pipelines with Azure Data
　　　Factory（以 Azure Data Factory 架設
　　　資料管線），261

　　with Azure Batch（使用 Azure Batch），
　　　260

　　with Azure Data Lake Analytics（使用
　　　Azure Data Analytics），248-260

　　with Azure SQL Data Warehouse（使用
　　　Azure 資料倉儲），238-248

　　with Hive on HDInsight（使用 Hive on
　　　HDInsight），212-228

　　with MapReduce on HDInsight（使用
　　　MapReduce on HDInsight），209-212

　　with Pig on HDInsight（使用 Pig on
　　　HDInsight），228

　　with Spark on HDInsight（使用 Spark on
　　　HDInsight），229-238

　micro-batch processing in Azure（Azure 的微
　　批次處理），175-206

batch serving layer（批次服務層），289

　Azure DocumentDB in（Azure
　　DocumentDB），304

　Azure Search in（Azure 搜尋），319

　Azure SQL Data Warehouse in（Azure SQL
　　資料倉儲），313

　Azure SQL Database in（Azure SQL
　　Database），313

　data expiration and（資料有效期限），291

　key aspects（關鍵特色），291

batch writes（批次寫入），292

benchmarking Azure Redis Cache（Azure Redis
　Cache 的評量基準），292

Bing Autosuggest API（Bing 自動建議 API），
　329

Bing Image Search API（Bing 影像搜尋 API），
　329

Bing News Search API（Bing 新聞搜尋 API），
　329

Bing Speech API（Bing 語音 API），328, 329

Bing Spell Check API（Bing 拼字檢查 API），
　329

Bing Video Search API（Bing 影片搜尋 API），
　329

Bing Web Search API（Bing Web 搜尋 API），
　329

BitLocker encryption（BitLocker 加密），21, 26

Blob Storage（Blob 儲存體）

（請見 Azure Blob Storage）

blobs（Blob 儲存體內的 blob）

　block blobs, 84

　file structure（檔案結構），79

　formats（格式），79

block blobs, 79, 84

Blue Yonder Airports（BYA）scenario（Blue
　Yonder Airports（BYA）情境），9-11

　Azure Data Catalog in（Azure 資料目錄），
　　344-346

　batch analytics reporting with Power BI（使用
　　Power BI 產生批次分析報表），376-380

　batch processing data with Azure Data
　　Lake Analytics（以 Azure Data Lake
　　Analytics 批次處理資料），251

　batch processing data with Azure SQL Data
　　Warehouse（以 Azure SQL 資料倉儲批
　　次處理資料），240-241

　batch processing data with Hive on HDInsight
　　（以 Hive on HDInsight 批次處理資
　　料），219

　bulk data loading using disk shipping（以「磁
　　碟運送」大量載入資料），19

　data, ingestion into Azure（將資料擷取至
　　Azure），17

　example code and data sets（範例程式碼與資
　　料集），11

　interactive exploration of data with Azure SQL
　　Data Warehouse（以 Azure SQL 資料倉
　　儲對資料進行互動式探索），268

　interactive exploration of data with Hive and
　　Tez（以 Hive 和 Tez 對資料進行互動式
　　探索），273-280

　interactive exploration of data with Spark SQL
　　（以 Spark SQL 對資料進行互動式探
　　索），281-285

interactive exploration of data with U-SQL（以 U-SQL 對資料進行互動式探索），285

prerequisites for following along with（前提要件），11-15

real-time Power BI（即時 Power BI），367-376

smart buildings telemetry（智慧建築遙測），95-96

speed serving layer support with Azure DocumentDB（Azure DocumentDB 的即時服務層支援），300

speed serving layer support with Azure Redis Cache（Azure Redis Cache 的即時服務層支援），292-297

Storm on HDInsight, application to（Storm on HDInsight，應用），132

stream loading data, smart buildings telemetry（串流載入資料，智慧建築遙測），73

transferring flight delay data from Blob Storage into Data Lake Store（從 Blob 儲存體傳輸航班延誤資料到 Data Lake Store），84

using Azure Data Lake Store（使用 Azure Data Lake Store），85

using Blob Storage for flight delay data（使用 Blob 儲存體存放航班延誤資料），81

getting the data（取得資料），81

using Event Hubs for smart buildings telemetry data（使用 Event Hub 存放智慧建築遙測資料），99-111

using HDFS（使用 HDFS），94

using IoT Hub for smart buildings telemetry data（使用 IoT Hub 存放智慧建築遙測資料），114-122

using Spark on HDInsight to batch process data（使用 Spark on HDInsight 批次處理資料），232

bolts（Storm），blot 元件（Storm）130, 131

EmitAlerts bolt implementation, counting alert tuples（EmitAlert 的 bolt 執行個體，計算警示 tuple），198

in Java implementation（Java 實作），141

bounded staleness consistency level（一致性層級：限定過期），299

bulk data loading（大量載入資料），17, 19-73

disk shipping（磁碟運送），19-34

end user tools（終端使用者工具），34-50

network-oriented approaches（基於網路的傳輸手段），50-73

ingesting from file share to Blob Storage（從檔案分享擷取到 Blob 儲存體），54-65

ingesting from file share to Data Lake Store（從檔案分享擷取到 Data Lake Store），65-73

site-to-site networking（站對站網路），73

using FTP（使用 FTP），50

programmatic clients, command line and PowerShell（程式編寫用戶端，命令行與 PowerShell），44-50

ADlCopy，47

AZCopy，44

Azure Command-Line Interface（Azure 命令行介面），46

PowerShell cmdlets，48

C

C#

building Storm topologies with（以 C# 建立 Storm 拓撲）

dev environment setup（設置開發環境），156

topology implementation（拓撲實作），158

.NET-based sensor simulator（基於 .NET 的感測模擬器），100

StackExchange library（StackExchange 函式館），293

Caching（快取），292

（請同時參閱 Azure Redis cache）

CachingEventProcessorHostWebJob project（CachingEventProcessorHostWebJob 專案），293

checkpointing（檢查點），127

client SDKs for Event Hubs（Event Hub 的用戶端 SDK），96

Cloud Explorer（雲端總管），34
　bulk loading into Data Lake Store（大量載入
　　　資料到 Data Lake Store），41-42
　uploading a batch of files to Blob Storage
　　　（上傳一批資料到 Blob 儲存體），37
cloud service worker role to expose FTP endpoints
　　　（展現 FTP 端點的雲端服務工作者角
　　　色），50
Cloudera Distribution, 85
clustered columnstore indexes（叢集資料行存放
　　　區索引）
　for memory-optimized tables in SQL Database
　　　（SQL Database 中的記憶體最佳化資
　　　料表），306
　in Azure SQL Data Warehouse（Azure SQL 資
　　　料倉儲），267
　in Azure SQL Database（Azure SQL
　　　Database），310
clustered indexes（in SQL Data Warehouse）
　　　（叢集索引（SQL 資料倉儲）），268
clustering（叢集），323
code examples for this book（本書的程式碼範
　　　例），11
collections of documents（DocumentDB）（文件
　　　的集合（DocumentDB）），298, 301
column families（資料列家族），314
columnstore indexes（資料行存放區索引），306
　（請同時參閱「叢集資料行存放區索引」）
command-line clients（命令行用戶端）
　AZCopy, 44
　Azure Command-Line Interface（Azure 命令
　　　列介面），46
compute nodes（運算節點），239
Computer Management application
　　　（「電腦管理」應用），22
computer vision APIs, 328
config.properties file（config.properties 檔案），
　　　133
consistency levels in DocumentDB（DocumentDB
　　　的一致性層級），299
　documentation（文件），300
consumers（取用者）
　consuming messages from Event Hubs
　　　（從 Event Hub 取用訊息），125
　　competing consumers（競爭取用者），126

consumer groups（取用者群組），125
　egress quotas and limits（輸出限額與限
　　　制），128
Content Moderator（內容仲裁），330
control node（控制節點），238
Cortana, 330
Cosmos, 249
CQRS（command query responsibility
　　　segregation）（CQRS（指令查詢職責分
　　　離）），5
CREATE EXTERNAL FILE FORMAT statement
　　　（CREATE EXTERNAL FILE FORMAT
　　　陳述式），243
CREATE EXTERNAL TABLE statement
　　　（CREATE EXTERNAL TABLE 陳述式），
　　　244
CREATE TABLE statement（CREATE TABLE 陳
　　　述式），247
　in Azure SQL Data Warehouse（在 Azure 資料
　　　倉儲）
　creating clustered columnstore index（建立叢
　　　集資料行存放區索引），267
　　defining partition boundaries（定義分割邊
　　　界），266
　PARTITIONED BY clause（PARTITIONED
　　　BY 子句），275
CSV files（CSV 檔案）
　containing flight delay data used in Blue
　　　Yonder Airports scenario（在 Blue
　　　Yonder Airports 情境中包含航班延誤資
　　　料的 CSV 檔案），82
　flight delay data, copying from Blob Storage
　　　into Data Lake Store（航班延誤資
　　　料，從 Blob 儲存體複製到 Data Lake
　　　Store），88
　ingested from Blob Storage（從 Blob 儲存體
　　　擷取），200
　reading using U-SQL extractors（以 U-SQL 萃
　　　取器讀取），255
　stored in Data Lake store, previewing file
　　　contents（儲存於 Data Lake Store，
　　　預覽檔案內容），89
　transforming in batch processing（在批次處理
　　　中轉換格式），207

UTF-8-encoded CSV（UTF 編碼的 CSV
        檔案），200
CsvBulkLoadTool, 318

D

DAGs（請見 directed acyclic graphs）
Data Catalog（請見 Azure Data Catalog）
data expiration in speed serving layer（即時服務
        層的資料有效期限），291, 295
    in DocumentDB（在 DocumentDB），300
    SQL Database and（SQL Database），306
Data Lake Analytics（請見 Azure Data Lake
        Analytics）
data lakes（資料湖），2
Data Management Gateway, 53
    installing and configuring（安裝與配置），54
Data Movement Service（DMS），239
data protection（資料保護），361-363
    checking on status of improvements（查看改
        善狀態），363
    mechanisms for Azure services（Azure 服務的
        資料保護機制），362
data sets, example, for this book（資料集，
        範例，本書），11
data sources（資料來源），1
    （請同時參閱 source）
    supported by Azure Data Catalog（Azure 資料
        目錄支援），343
data stores and databases, Storm interaction with
        （資料存放區與 database，Storm 互動），
        131
Data Warehouse units（資料倉儲單位
        （DWU）），240
data wrangling（or data munging）（資料角力
        （或資料清理）），1
databases
    encryption of data（資料加密），361
    Hive, 215
    in Azure DocumentDB（在 Azure
        DocumentDB），298, 301
DataFrame API, 229
    DataFrame instance（DataFrame 執行個體），
        231

DataFrameReader, 230
DataFrameWriter, 231
DataReader, 230
DataSet API, 229, 232
delete markers（刪除標記），315
delivery in analytics data pipeline（在分析資料管
        線交付），2
    Azure analytics pipeline（Azure 分析管線），
        9
diagnostic logs（診斷日誌），363
directed acyclic graphs（DAGs）（有向非循環圖
        （DAG）），130, 131, 136
    for map and reduce tasks in Apache Tez
        （Apache Tez 中的映射與歸納工作），
        272
    of script execution（腳本執行），257
DIRECT_HASH distributions（DIRECT_HASH
        分散），285
discretized stream（DStream）（離散化資料流
        （DStream）），177
disk encryption（磁碟加密），361
    for data in transit（傳輸中的資料），362
Disk Management（in Computer Management）
        （（電腦管理中的）磁碟管理），22
disk shipping（to Azure）（硬碟運送（到
        Azure）），19-34
    Import/Export Service（匯入／匯出服務），
        20
distributed, in-memory cache（Azure Redis
        cache）（分散，記憶體內快取（Azure
        Redis Cache）），292
distributions（分散），265
    methods supported in Azure Data Lake
        Analytics（Azure Data Lake Analytics
        支援的分散方法），285
    methods supported in Azure SQL Data
        Warehouse（Azure SQL 資料倉儲支援
        的分散方法），265
    HASH distribution（雜湊分散），270
DocumentDB（請見 Azure DocumentDB）
drive letter, choosing to mount a drive（硬碟編
        號，選擇安裝硬碟），24
DStream, 177, 182

E

Elastic Database Query feature（彈性 Database 查詢功能），313

elastic pools（彈性集區），309

embarrassingly parallel（超簡單平行），210

Emotion API, 328

encryption（加密），361

encryption at rest, in Azure Data Lake Store （在靜止時加密，在 Azure Data Lake Store），84

end user tools for bulk data loading（大量載入資料的終端使用者工具），34-50

  graphical clients（圖形化用戶端），34

  Microsoft Azure Storage Explorer （Microsoft Azure 儲存體總管），42

  SSIS Feature Pack for Azure, 44

  third-party clients（第三方用戶端），43

  Visual Studio Cloud Explorer and Server Explorer（Visual Studio 雲端總管和伺服器總管），34-42

  programmatic clients, command line and （程式編寫用戶端，命令行與）

    PowerShell, 44-50

    AdlCopy, 47

    AZCopy, 44

    Azure Command-Line Interface （Azure 命令行介面），46

    PowerShell cmdlets, 48-50

  enterprise analytics（企業級分析），1-15

    analytics data pipeline（資料分析管線），1

    analytics scenarios, introduction to （分析情境，介紹），9-11

    Azure analytics data pipeline （Azure 資料分析管線），5-9

    choosing between lambda and kappa （選擇 Lambda 或 Kappa 結構），5

    data lakes（資料湖），2

    kappa architecture（Kappa 資料結構），5

    lambda architecture（Lambda 資料結構），3, 5

Entity Linking（實體搜尋），330

epoch（Event Hub consumers）（epoch（Event Hub 取用者）），128

ETL（extract-transform-load）pipeline （ETL（萃取 - 轉置 - 載入）資料管線），207

Event Hubs, 74, 96-111

  Azure Stream Analytics job for DocumentDB （DocumentDB 的 Azure 串流分析工作），303

  capacity（處理能力），97

    ingress quotas and limits（輸入額度與限制），99

    throughput units controlling volume of data ingress/egress（控制資料輸入／輸出量的輸送量單元），98

    total storage capacity for messages （總儲存容量），98

  configuration settings for the Event Hub （配置 Event Hub 設定）

  Spout in config.properties（config.properties 的 Spout 元件），133

  consuming events from, Spark Streaming （從 Spark Streaming 取用事件），177

  consuming messages from（取用訊息），125

  egress quotas and limits（輸出額度與限制），128

  creating an Event Hubs instance（建立一個 Event Hub 執行個體），105

    running a simulator to create sample data （運行模擬器以建立範例資料），110

    transmitting sample data to the instance （將範例資料傳輸到執行個體），111

  Event Hub Spout for Java Storm implementation, adding（Java Storm 實作的 Event Hub Spout 元件，新增），138

  Event Hub Spout, Trident-specific instance of（Event Hub Spout 元件，指定給 Trident 的執行個體），194

  ingest and consumptions side（擷取與取用端），123

  ingest and storage with（使用 Event Hub 擷取與儲存），96-97

  JAR file containing Event Hub Spout（包含 Event Hub Spout 元件的 JAR 檔案），157

processing of streams by Azure Stream Analytics（Azure 串流分析的串流處理），199

running Event Hubs load simulator（運行 Event Hub 加載模擬器），105

sensor simulators（感測模擬器），100

Sensors and SimpleSensorConsole projects（模擬器與 SimpleSensorConsole 專案），100-105

spawning a consumer for each partition in the instance（在 Event Hub 執行個體中尉每個分割區產生一個取用者），170

stream loading with IoT Hub（以 IoT Hub 串流載入），74

tuples from, for Storm on HDInsight（來自 Event Hub 的 tuple，傳到 Storm on HDInsight），132

using in Blue Yonder Airports scenario（應用到 Blue Yonder Airport 情境），99

Event Sourcing pattern（Event Sourcing 模式），5

EventData instances（EventData 執行個體），125

EventHubUtils library（EventHubUtils 函式館），182

EventProcessorHost, 170-174
in Web Jobs（在 Web Job 中），171

EventProcessorHostWebJob solution（EventProcessorHostWebJob 解決方案）
SqlDBEventProcessorHostWebJob project（SqlDBEventProcessorHostWebJob 專案），310

eventual consistency（最終一致性），299

example code and data sets（範例程式碼與資料集），11

examples in this book, requirements for（本書範例、先決條件），11-15

executors（執行器），130

expiration on keys（Redis）（金鑰的有效期限（Redis）），292, 295

Express Route, 73

external and internal tables（外部資料表與內部資料表），209, 213
creating an external table in Azure SQL Data Warehouse（在 Azure SQL 資料倉儲中建立外部資料表），244

creating an external table in Hive（在 Hive 建立外部資料表），220-225

creating an external table in Spark（在 Spark 建立外部資料表），233-238

creating an internal table in Azure Data Lake Analytics（在 Azure Data Lake Analytics 建立內部資料表），258

creating an internal table in Hive（在 Hive 建立內部資料表），225-228

in Azure Data Lake Analytics（在 Azure Data Lake Analytics），249

in Spark SQL（在 Spark SQL），231

storage on HDInsight（儲存於 HDInsight），218

extractors（in U-SQL）（U-SQL 的）萃取器，255

F

Face API, 328, 330

faceted queries（多面向查詢），320

fault tolerance（容錯性）
in kappa architecture（在 Kappa 資料結構），5

in lambda architecture（在 Lambda 資料結構），5

feedback（回饋），363

file shares（檔案分享）
ingesting from file share to Blob Storage（從檔案分享擷取資料到 Blob 儲存體），54-65

ingesting from file share to Data Lake Store（從檔案分享擷取到 Data Lake Store），65-73

file-oriented storage（基於檔案的儲存），77-94
Azure Blob Storage（Azure Blob 儲存體），79-84

Azure Data Lake Store, 84-90

HDFS（Hadoop Distributed File System）（HDFS（Hadoop 分散式檔案系統）），90-94

filled map visualization（區域分佈圖視覺效果），377

firewall rules（防火牆規則），309

firewalls（防火牆）, 360

flight delay data（example）航班延誤資料
（範例）, 10

（請同時參閱 Blue Yonder Airports scenario）

　copying from Blob Storage into Data Lake
　　Store（從 Blob 儲存體複製資料到 Data
　　Lake Store）, 88

　getting the sample data（取得範例資料）, 81

　On-Time Performance table（準時績效資料
　　表）, 81

FTP, using to bulk load into Azure Blob Storage
　（FTP，大量載入資料到 Azure Blob 儲存
　體）, 50

functions（Azure）（函式（Azure））, 331

　using a Cognitive Service from（使用 Azure
　　認知服務）, 332-340

G

geo-redundant storage（GRS）（異地備援儲存體
　（GRS））, 80, 84

　read-only geo-redundant storage（RA-GRS）
　　（讀取權限異地備援儲存體（RA-
　　GRS））, 80

Get-ChildItem cmdlet, 48

grouping（分群，劃分為群組）, 323

H

Hadoop

　Cloudera Distribution, 85

　DocumentDB Hadoop Connector, 298

　ecosystem components in HDInsight
　　（HDInsight 中的生態系統元件）, 129

　HBase and（HBase 與 Hadoop）, 314

　Hortonworks Data Platform（HDP）, 129

　MapReduce, 210-212

　　components of（組成）, 210

　　MapReduce system（MapReduce 系統）,
　　　210

　　running on YARN managed cluster（運行於
　　　YARN 受管理叢集）, 212

　running Spark on cluster using YARN resource
　　manager（使用 YARN 資源管理器運行
　　Spark）, 177

　　hard drive（for disk shipping）（（硬碟運送
　　　的）硬碟）, 21

HASH distributions（雜湊分散）, 265, 270, 285

hash indexes（雜湊索引）

　for memory-optimized tables in SQL Database
　　（SQL Database 中的記憶體最佳化資
　　料表）, 306

　in Azure SQL Database（Azure SQL
　　Databse）, 310

HBase, 272

　benefits of（優勢）, 314

　data organization in（資料組織）, 314

　on HDInsight（HBase on HDInsight）, 314-
　　319

HDFS（Hadoop Distributed File System）, 90-94,
　210

　client application reading from/writing to
　　（讀取／寫入的用戶端應用）, 91

　provided by Azure Data Lake Store（Azure
　　Data Lake Store 支援的 HDFS）, 84

　topology of（拓撲）, 90

　using in Azure（在 Azure 中使用）, 93

HDInsight

　Apache Ranger, 381

　Azure support for analytics workloads in
　　（Azure 對於分析工作負載的支援）,
　　85

　HBase on（HBase on HDInsight）, 314-319

　Hive on（Hive on HDInsight）, 212-228

　　batch processing Blue Yonder Airports data
　　　（批次處理 Blue Yonder Airports 資
　　　料）, 219

　　indexes（索引）, 273

　　interactive querying of Blue Yonder Airports
　　　data（互動式查詢 Blue Yonder
　　　Airports 的資料）, 273-280

　　Stinger initiative core enhancements
　　　（Stinger 計畫的核心強化功能）,
　　　271

　　storage on HDInsight（儲存於
　　　HDInsight）, 218

　introduction to（介紹）, 129

Kafka as newly supported workload（Kafka 成為新的受支援工作負載），380

MapReduce on（MapReduce on HDInsight），209-212

Pig on（Pig on HDInsight），228

provisioning a cluster and using HDFS provided with it（準備一個叢集並使用 HDFS），93

R Server on（R Server on HDInsight），326

Spark on（Spark on HDInsight），229-238

　batch processing Blue Yonder Airports data（批次處理 Blue Yonder Airports 資料），232

　creating an external table（建立外部資料表），233-238

Spark Streaming on（Spark Streaming on HDInsight），175-192

　implelmenting a Streaming application（實作一個 Streaming 應用），179-183

　provisioning an HDInsight cluster（準備一個 HDInsight 叢集），186-188

　running the Streaming application locally（在本機運行 Streaming 應用），183-185

　running the Streaming application on HDInsight（在 HDInsight 運行 Streaming 應用），188-192

Storm on（Storm on HDInsight），129-170，192-199

　alerting with, Java implementation on Linux cluster（發出警示，在 Linux 叢集上實施 Java 實作），133-156

　applying Storm to Blue Yonder Airports（應用 Storm 到 Blue Yonder Airports 情境），132

　Storm with tick tuples，196-199

　Tools for Visual Studio，157

hcap tables（堆積資料表），268

Hive，212-228

　creating permanent, managed tables in（在 Hive 建立永久的受管理資料表），231

　data types supported（支援的資料類型），212

　databases，215

Hive-on-Spark，213

indexes（索引），214

indexes in, and queries from Spark（索引，從 Spark 上查詢），280

interactive querying with（Hive 互動式查詢）

　exploring Blue Yonder Airports data（探索 Blue Yonder Airports 資料），273-280

　indexes（索引），273

　partitions（分割區），273

　Stinger initiative core enhancements（Stinger 計畫的核心強化功能），271

internal and external tables（內部與外部資料表），213

metadata store（中繼資料存放區），341

partitioning tables（分割區資料表），213

querying with HiveQL（使用 HiveQL 查詢），212

running HiveQL script from Azure Data Factory（從 Azure Data Factory 運行 HiveQL），261

Stinger.next initiative（Stinger.next 計畫），272

using on HDInsight（在 HDInsight 上使用），215，218

　batch processing Blue Yonder Airports data（批次處理 Blue Yonder Airports 資料），219

　creating an external table（建立外部資料表），220-225

　creating an internal table（建立內部資料表），225-228

　storage on HDInsight（儲存於 HDInsight），218

views（視圖），214

HiveContext，230

HiveQL，212

　syntax for managing databases（管理 database 的語法），215

Hortonworks Data Platform（HDP），85，129

　HDP 2.5，213

hot and cold path serving layer（「熱」、「冷」路徑服務層），289-320

　Azure DocumentDB，297-305

in batch serving layer（在批次服務層），
304

in speed serving layer（在即時服務層），
300-304

Azure Redis Cache, 292-297

in speed serving layer（在即時服務層），
292-297

Azure Search（Azure 搜尋），319

Azure SQL Data Warehouse in batch serving
layer（批次服務層的 Azure SQL 資料
倉儲），313

Azure SQL Database, 305-313

in batch serving layer（在批次服務層），
313

in speed serving layer（在即時服務層），
306-313

HBase on HDInsight, 314-319

HTTPS, 74

using to communicate with Event Hubs
（與 Event Hubs 進行通訊），99

hybrid cloud（混合式雲端），52

HyperLogLog, 292

example of use（使用範例），295

HyperLogLogLength, 297

I

identity and access management（身分與存取管
理），359-361

IDEs for Java development（適用 Java 的整合開
發環境），133

image processing tasks（圖像處理任務），260

Import-AzureRmDataLakeStoreItem cmdlet, 50

Import/Export Service（匯入／匯出服務），20-
34

import job, creating（建立匯入工作），29-34

preparing disk to use with import job
（為匯入工作準備磁碟），22

regional availability（區域可用性），20

requirements for import job
（匯入工作的要求），21

running WAImportExport tool
（運行 WAImportExport 工具），26

Storage accounts created in Classic mode
（以 Classic 模式申辦的 Azure 儲存體
帳戶），21

indexes（索引），263

and Spark SQL（與 Spark SQL），280

clustered and nonclustered index syntax
（叢集與非叢集索引語法），268

external, provided by Azure Search
（Azure 搜尋支援的外部索引），319

in Azure SQL Data Warehouse
（Azure 資料倉儲的索引），267

clustered columnstore index
（叢集資料行存放區索引），267

clustered index（叢集索引），268

nonclustered index（非叢集索引），268

in Azure SQL Database（Azure SQL Database
的索引），305, 310

for memory-optimized tables
（記憶體最佳化資料表），306

in Hive（Hive 中的索引），214, 273

secondary index support in HBase
（HBase 的次要索引支援），315

ingest loading layer（擷取載入層），17

ingesting data, in analytics data pipeline
（擷取資料，在資料分析管線），2

Azure pipeline（Azure 分析管線），8

INSERT statement（for partitioned table in Hive）
（（針對 Hive 分割區資料表的）INSERT
陳述式），276

intelligence and machine learning
（智慧分析與機器學習），321-340

Azure Machine Learning（Azure 機器學習），
324-326

intelligence components of Azure analytics
pipeline（Azure 分析管線的智慧元
件），321

Microsoft Cognitive Services
（Microsoft 認知服務），328-340

R Server on HDInsight, 326

SQL R Services, 327

IntelliJ IDEA, 133

creating JAR for Storm topology（為 Storm
拓撲建立 JAR），149

Spark Streaming project（Spark Streaming
專案），179

interactive querying in Azure（在 Azure 中執行互動式查詢），263-288
　pruning data sets in query processing to achieve faster query execution（在查詢處理期間修剪大型資料集，以便更快速執行查詢），263
　with Azure SQL Data Warehouse（使用 Azure SQL 資料倉儲），265-271
　　exploring Blue Yonder Airports data（探索 Blue Yonder Airports 資料），268
　　indexes（索引），267
　　partitions and distributions（分割區與分散區），265
　with Hive and Tez（使用 Hive 與 Tez），271-280
　　exploring Blue Yonder Airports data（探索 Blue Yonder Airports 資料），273-280
　　partitions（分割區），273
　with Spark SQL（使用 Spark SQL），280-285
　　exploring Blue Yonder Airports data（探索 Blue Yonder Airports 資料），281-285
　with U-SQL in Azure Data Lake Analytics（使用 Azure Data Lake Analytics 的 U-SQL），285-288
internal tables（內部資料表，請見 external and internal tables）
IoT Hub, 74, 111-122
　capacity（處理能力），112
　　IoT Hub units（IoT Hub 單位），112
　　quotas and limits for message ingest（訊息擷取的額度與限制），113
　　storage（儲存體），113
　core set of properties in the message（訊息中的核心屬性集），111
　creating an instance of（建立一個 IoT Hub 實例），118-122
　　getting connection strings（取得連接字串），120
　　sending simulated messages to IoT Hub（傳送模擬訊息到 IoT Hub），121
　Gateway SDK, 381
　ingest and storage with（擷取與儲存），111
　partition for a message（為訊息分割），112

running IoT Hub load simulator（運行 IoT Hub 加載模擬器），118
Sensors and SimpleSensorConsole projects（模擬器與 SimpleSensorConsole 專案），114-118
service side, exposing Event Hubs compatible endpoint（服務端，兼容 Event Hub 的端點），123
using in Blue Yonder Airports scenario（應用在 Blue Yonder Airports 情境），114

J

Java
　authoring model training in（以 Java 編寫訓練模型），326
　hybrid C# and Java project, EventHubSpout in JAR file（混合 C# 與 Java 的專案，Jar 檔案的 EventHubSpout 元件），157
　Storm implementation in（Storm 實作），133
　　dev environment setup（開發環境設置），133
　　packaging the Storm topology in a JAR（將 Storm 拓撲封裝在 JAR 中），149
　　topology implementation（拓撲實作），136-146
　Storm toplogy implementation, AlertTopology（Storm 拓撲實作，AlertTopology），193
JDBC, 131
　and DocumentDB clients（與 DocumentDB 用戶端），304
JobTracker, 210
JSON
　event data for telemetry events（遙測事件的事件資料），100
　Event Hubs payload format（Event Hub 負載格式），97
　schemaless documents in Azure DocumentDB（Azure DocumentDB 中的無模式檔案），297
　UTF-8-encoded（UTF-8 編碼），200, 203
Jupyter notebook, 232

publishing a web service from（發佈一個 Web 服務）, 326

K

Kafka, 380

kappa architecture（Kappa 資料架構）, 5

choosing between lambda architecture and（選擇 Lambda 或 Kappa 資料架構）, 5

key expiration in Redis（Redis 的金鑰有效期限）, 295

key/value store, Azure Redis Cache（索引鍵／值存放，Azure Redis Cache）, 292

Knowledge Exploration Service（知識探索服務）, 330

L

lambda architecture（Lambda 資料架構）, 3, 5

choosing between kappa architecture and（選擇 Lambda 或 Kappa 資料架構）, 5

language services（語言服務）, 328

Language Understanding Intelligent Service API（Language Understanding（LUIS））, 328

latencies（延遲）

achieving interactive query latencies in batch processing（在批次處理中消彌互動式查詢的延遲）, 263

benchmarking for Azure Redis Cache（Azure Redis Cache 的評量標準）, 292

high latency in data lake processing（資料湖處理的高延遲性）, 3

I/O latency for random read/write in Azure Redis Cache（以 Azure Redis Cache 執行隨機讀取與寫入的 I ／ O 延遲）, 292

in Azure analytics pipeline processing（Azure 資料分析管線的處理延遲）, 8

lower batch latencies（降低批次處理延遲）, 381

lazy indexing（延遲索引）, 300

Linguistic Analysis APIs（語言分析 API）, 330

LINQ（language integrated query）（LINQ（語言整合查詢））, 231

Linux

AZCopy executable for（AZCopy 執行程式）, 44

Azure Command-Line Interface（Azure 命令行介面）, 46

HDInsight cluster with Hive（以 Hive on HDInsight 建立叢集）, 215-218

HDInsight cluster with Spark（以 Spark on HDInsight 建立叢集）, 186, 188

HDInsight cluster with Storm（以 Storm on HDInsight 建立叢集）

provisioning the cluster（準備一個叢集）, 146

running the Storm topology on HDI（在 HDInsight 上運行 Storm 拓撲）, 149

SQL Server on（Linux 系統上的 SQL Server）, 381

Live Long and Process, 381

locally redundant storage（LRS）（本地備援儲存體（LRS）），80, 84

Login-RmAccount cmdlet, 50

logs（紀錄）, 363

long-running processes（長時間運行程序）, 381

LUIS（Language Understanding Intelligent Service）（LUIS（Language Understanding）），330

Lumenize library（DocumentDB）（Lumenize 函式館（DocumentDB）），304

M

machine learning（機器學習）, 321-340

Azure Machine Learning（Azure 機器學習），324-326

Microsoft Cognitive Services（Microsoft 認知服務），328-340

MLlib and SparkML, 175

model training and model operationalization（模型訓練與模型作業化），323

RServer on HDInsight, 326

SQL R Services, 327

supervised and unsupervised learners（監督式學習者與非監督式學習者），321

macOS

AZCopy executable for（AZCopy 執行程式），44

Azure Command-Line Interface（Azure 命令行介面），46

SQL Server on（macOS 系統的 SQL Server），381

Main method, SimpleSensorConsole application（Main 方法，SimpleSensorConsole 應用），105

Manage menu for local computer（管理本機電腦選單），22

managed（or internal）table（受管理（或內部）資料表），209

creating with U-SQL in Azure Data Lake Analytics（在 Azure Data Lake Analytics 中以 U-SQL 建立），258

in Azure Data Lake Analytics（在 Azure Data Lake Analytics），250

ManagedAlertTopology project（Visual Studio）（ManagedAlertTopology 專案（Visual Studio）），157

Management Portal（請見 Azure Management Portal）

MapReduce

in Hive, 212

on HDInsight, 209-212

Apache Hadoop MapReduce, 210-212

MapReduce programming model（MapReduce 程式編寫模型），209

performance shortcomings, addressed in Tez（在 Tez 中的效能缺陷），272

running a program using Azure Data Factory（使用 Azure Data Factory 運行程式），261

Maven build manager（Maven 專案建置管理器），135

configuration to run Storm topologies locally（在本機運行 Storm 拓撲的設置），145

memory-optimized tables（記憶體最佳化資料表）

and Azure Stream Analytics（與 Azure 串流分析），307

in Azure SQL Database（在 Azure SQL Database），305

benefits for random reads/writes（隨機讀取／寫入的優點），306

indexing（索引），306

running out of memory（記憶體不夠了怎麼辦？），306

messages（訊息），111

（請同時參閱 IoT Hub）

metadata, managing in Azure（中繼資料，在 Azure 中管理），341-357

with Azure Data Catalog（使用 Azure 資料目錄管理中繼資料），341-357

adding Azure Blob Storage asset（新增 Azure Blob 儲存體資產），349-354

adding Azure Data Lake Store asset（新增 Azure Data Lake Store 資產），346-349

adding Azure SQL Data Warehouse asset（新增 Azure SQL 資料倉儲資產），354-357

adding metadata to Azure Data Catalog（新增中繼資料到 Azure 資料目錄），343

in Blue Yonder Airports scenario（Blue Yonder Airports 情境中的中繼資料），344

provisioning a new Azure Data Catalog（準備一個新的 Azure 資料目錄），344

micro-batch processing in Azure（Azure 中的微批次處理），175-206

approaches to（方法手段），175

Azure Stream Analytics（Azure 串流分析），199-206

Spark Streaming on HDInsight, 175-192

Storm on HDInsight, 192-199

Storm with tick tuples, 196-199

Storm with Trident, 192-196

Microsoft Azure Storage Explorer（Microsoft Azure 儲存體總管），42

Microsoft Cognitive Services（Microsoft 認知服務），328-340

categories of services（服務分類），328

identifying which service to use for your application（找出適合你的應用之認知服務）, 331

services overview（服務總覽）, 329

using from an Azure function（從 Azure 函式使用認知服務）, 332-340

Microsoft Data Management Configuration Manager, 55

Microsoft DeployR, 326

model operationalization（模型作業化）, 323, 326

encapsulated R code making predictions in a stored procedure（將 R 程式碼寫進另一個預存程序，將模型作業化以便進行預測。）, 327

model training（模型訓練）, 323

creating experiments in Azure Machine Learning（在 Azure 機器學習中建立實驗）, 326

using R Server on HDInsight（使用 R Server on HDInsight）, 326

modules（模組）, 324

MQTT（Message Queue Telemetry Transport）protocol（MQTT（訊息查詢遙測傳輸）協定）, 75

multiconsumer（or broadcast）pattern（多取用者（或廣播）模式）, 127

N

native compiled stored procedures（本地編譯預存程序）, 306

.NET

C# .NET-based sensor simulator（以 C# 編寫基於 .Net 的感測模擬器）, 100

exposing AZCopy functionality as .NET assemblies（參考 .NET 程式集善用 AZCopy 功能）, 46

SDK for Event Hubs（Event Hub 的 SDK）, 97

sending a single event to Event Hubs（傳送單一事件到 Event Hub）, 103

sending events as a batch（傳送一批事件）, 104

SDK for IoT Hub（IoT Hub 的 SDK）, 111

Stream Computing Platform for .NET（SCP. NET）, 158

network-oriented approaches to bulk data loading（基於網路大量加載資料的方法）, 50-73

hybrid connections and Azure Data Factory（混合式連接與 Azure Data Factory）, 52

ingesting from file share to Blob Storage（從檔案分享擷取資料到 Blob 儲存體）, 54-65

ingesting from file share to Data Lake Store（從檔案分享擷取資料到 Data Lake Store）, 65-73

site-to-site networking（站對站網路）, 73

SMB network shares（SMB 網路分享）, 51

UDP transfers（UDP 傳輸）, 51

using FTP（使用 FTP）, 50

New Simple Volume Wizard（新建簡易磁卷精靈）, 23

NodeManager, 212

nonclustered indexes（非叢集索引）

for memory-optimized tables in SQL Database（在 SQL Database 中的記憶體最佳化資料表）, 306

in Azure SQL Data Warehouse（在 Azure SQL 資料倉儲）, 268

NoSQL key/value store（NoSQL 索引鍵／值存放區）, 79

numeric values, parsing and manipulation by Redis（數值，由 Redis 剖析和操控）, 292

O

ODBC or JDBC and DocumentDB clients（ODBC 或 JDBC 及 DocumentDB 用戶端）, 304

ORC file format（ORC 檔案格式）, 213, 214

in Hive architecture core enhancements（Hive 架構核心強化功能）, 271

inline indexes automatically provided by（ORC 檔案自動提供的內聯索引）, 273, 280

using for internal table in Hive（使用 Hive 中的內部資料表）, 225

outputs for Azure Stream Analytics job（Azure 串流分析工作的輸出）, 203

P

page blobs, 79, 84

parallel processing（平行處理原則）

  embarrassingly parallel processing in Apache Hadoop MapReduce（Apache Hadoop MapReduce 中的超簡單平行處理）, 210

  in MapReduce operations（在 MapReduce 作業）, 209

  massively parallel processing, SQL Data Warehouse（在 SQL 資料倉儲的大量平行處理）, 238

parameter documentation（參數文件）

  parameters for Azure Blob Storage linked service and data set（Azure Blob 儲存體之連結服務與資料集的參數）, 64

  parameters for Azure Data Lake Store linked service and data set（Azure Data Lake Store 連結服務與資料集的參數）, 69

Parquet files（Parquet 檔案）, 229

PARTITIONED BY clause（PARTITIONED BY 子句）, 276

partitions（分割區）, 263

  files in Blob Storage（Blob 儲存體的檔案）, 79

  in Azure DocumentDB（在 Azure DocumentDB 的分割區）, 298, 301

    scaling（擴展）, 300

  in Azure SQL Data Warehouse（在 Azure SQL 資料倉儲的分割區）, 265

  in Event Hubs（在 Event Hub 的分割區）, 98

    begin and end sequence numbers（起始與終點序列號碼）, 127

    ingress limit（輸入限制）, 98

  in Hive（在 Hive 的分割區）, 273

    exploring Blue Yonder Airports data（探索 Blue Yonder Airports 資料）, 274-279

  partitioning tables（分割資料表）, 213

  in IoT Hub（在 IoT Hub 的分割區）, 112

  in Spark SQL（在 Spark SQL 的分割區）, 280

  partitioning streaming data（分割與串流資料）, 201

  use in Azure Stream Analytics（在 Azure 串流分析使用分割區）, 199

peering, 73

permissions（權限許可）, 360

persistent storage in Azure analytics pipeline（在 Azure 資料分析管線的永久儲存體）, 8

Phoenix, 316

  CsvBulkLoadTool, 318

  executing SQL commands against（對 Phoenix 執行 SQL 指令）, 316

  layering onto HBase data store（分層到 HBase 資料存放區）, 315

  SQL support for HBase（SQL 對 HBase 的支援）, 314

photographic images, processing（圖像檔案，處理）, 260

Pig, 212

  Pig on HDInsight, 228

  running Pig Latin script from Azure Data Factory（從 Azure Data Factory 運行 Pig Latin 腳本）, 261

Pig Latin, 228

policies（規則）, 360

PolyBase, 240

pom.xml file（pom.xml 檔案）, 135

Power BI, 365-380

  batch analytics reporting in Blue Yonder Airports scenario（在 Blue Yonder Airports 情境中執行批次分析報表）, 376-380

  real-time analytics in Blue Yonder Airports scenario（在 Blue Yonder Airports 情境中即時分析）, 367-376

  support for streaming data and queryable data stores（支援串流資料與可查詢的資料存放區）, 367

  web application and Power BI Desktop（Web 應用與 Power BI Desktop）, 365

PowerShell

　using cmdlets to transfer files to Blob Storage or Data Lake Store（使用 cmdlets 傳輸檔案到 Blob 儲存體或 Data Lake Store），48

　　bulk loading into Azure Storage Account blobs（大量載入資料到 Azure 儲存體帳戶 blob 中），48

　　bulk loading into Data Lake Store（大量載入資料到 Data Lake Store），49

predicate pushdown（述詞下推），265

predictions, performing in Azure ML（預測，在 Azure 機器學習中執行），325

predictive analytics（預測分析），327

predictive experiments（預測實驗），325

　publishing as web service（發佈為 Web 服務），325

primitive values, caching in Redis Cache（原始值，在 Redis Cache 中擷取），295

private endpoints, support by HBase on HDInsight（私人端點，由 HBase on HDInsight 支援），315

processing（處理）

　batch processing in Azure（在 Azure 中執行批次處理），207-262

　in analytics data pipeline（在資料分析管線），2

　in Azure analytics pipeline（在 Azure 資料分析管線），8

　in data lakes（在資料湖），2

　real-time micro-batch processing in Azure（Azure 中的即時微批次處理），175-206

　real-time processing in Azure（Azure 中的即時處理），123-174

Project Object Model（pom.xml file），135

protecting your data in Azure（在 Azure 中保護你的資料，請見 security）

PSCP command-line client（PSCP 命令行用戶端），151

PuTTY Windows client（PuTTY Windows 用戶端），151

Python，324, 326

Q

QnA Maker，330

queries（查詢）

　defining for Azure Stream Analytics job（為 Azure 串流分析工作定義查詢），205

　formulating and running a query for DocumentDB with Query Explorer（使用查詢總管為 DocumentDB 定義與運行查詢），303

querying, interactive（查詢，互動式，請見 interactive querying in Azure）

Queue Storage（佇列儲存體），79

queue-oriented storage（佇列導向的儲存體），94-122

　Blue Yonder Airports scenario, smart buildings（Blue Yonder Airports 情境，智慧建築），95-96

　with Event Hubs（Event Hub），96-111

　with IoT Hub（IoT Hub），111-122

queueing systems（佇列系統），123

　Event Hubs，126

　　queue retention period（佇列保留期），127

　IoT Hub，111

　Storm consuming from（Storm 從查詢系統取用），131

R

R language（R 語言），324, 326

　R script on Microsoft DeployR invoking prediction against a trained model（部署一個運行 Microsoft DeployR 的虛擬機器，將 Web 服務層寫入以 R 語言編寫的預測腳本內容。），326

　SQL R Services，327

R Server on HDInsight，326

R Studio，326

random reads（隨機讀取）

　Azure Redis cache（Azure Redis 快取），292

　in Azure SQL Data Warehouse（在 Azure SQL 資料倉儲），314

in Azure SQL Database（在 Azure SQL
Database），306

in HBase（在 HBase），314

support in batch serving layer（在批次服務層
的支援），291

support in speed serving layer（在即時服務層
的支援），291

random writes（隨機寫入）

Azure Redis cache（Azure Redis 快取），292

in Azure SQL Data Warehouse, limitations on
（在 Azure SQL 資料倉儲），313

in Azure SQL Database（在 Azure SQL
Database），306

in HBase（在 HBase），314

support in speed serving layer（在即時服務層
的支援），291

RANGE distributions（RANGE 分散），285

Ranger, 381

read-only geo-redundant storage（RA-GRS）
（讀取權限異地備援儲存體（RA-
GRS）），80

real-time processing in Azure（在 Azure 執行即
時處理），123-174, 175
（請同時參閱 micro-batch processing in
Azure）

stream processing（串流處理），123-129

consuming messages from Event Hubs
（從 Event Hub 取用訊息），125

tuple-at-a-time processing（一次處理一個
tuple），129-174

EventProcessorHost, 170-174

receivers for Event Hubs（Event Hub 的接收
器），125
（請同時參閱 consumers）

Recommendations API（推薦 API），328

Redis C# StackExchange libraries（Redis C#
StackExchange 函式館），293

Redis Cache（請見 Azure Redis Cache）

replication（資料複本）

data stored in Azure Data Lake Store（存放在
Azure Data Lake Store 的資料），84

in Azure Redis Cache（在 Azure Redis
Cache），292

in DocumentDB（在 DocumentDB），299

locally redundant storage（LRS）（本地備援
儲存體（LRS）），84

Storage account options for（資料複本的儲存
體帳戶選項），80

request units（RUs）（請求單位（RU）），298

estimating requirements for your workload
（為你的工作負載預估所需 RU），298

setting for Azure DocumentDB（為 Azure
DocumentDB 設定 RU），301

request/response API（請求／回應 API），325

resilient distributed datasets（RDDs）（彈性分散
式資料集（RDD）），177

DataFrame created from（建立 DataFrame），
231

iterating over and processing（迭代與處理），
183

RDD API in Spark（Spark 中的 RDD API），
229

resource containers（資源容器），212

ResourceManager, 212

REST APIs

Event Hubs, 96

Power BI, 367

querying Azure DocumentDB via（透過 REST
API 查詢 Azure DocumentDB），297

RESTful endpoint provided by WebHDFS
（WebHDFS 提供的 RESTful 端點），85

role-based access control（基於角色的存取控
制），360

ROUND_ROBIN distributions（ROUND_ROBIN
分散法），265, 285

RUs（請見 request units）

S

SATA II/III internal hard drive（SATA II/III 內建
硬碟─外接硬碟），21

Scala, 326

implementing a Spark Streaming application in
（以 Scala 實作一個 Spark Streaming
應用），179-183

using Spark SQL API in（在 Scala 中使用
Spark SQL API），233

schema on read（讀時模式），207

Azure DocumentDB, 298

SCP utility（SCP 工具）, 150

running in Windows（在 Windows 系統中運行）, 151

SDKs

for building Event Hubs consumers（佈建 Event Hub 取用者的 SDK）, 125

for Event Hubs（Event Hub 的 SDK）, 96

for IoT Hub（IoT Hub 的 SDK）, 111

for querying Azure DocumentDB（查詢 Azure DocumentDB 的 SDK）, 297

search syntax, Azure Data Catalog（搜尋語法，Azure 資料目錄）, 343

secondary indexes（次要索引）, 315

provided by Azure Search（由 Azure 搜尋提供）, 319

Secure Copy（請見 SCP utility）

security（安全）, 359-364

audit mechanisms（稽核機制）, 363

future developments in（未來展望）, 381

identity and access management（身分與存取管理）, 359-361

Select-RmSubscription cmdlet, 50

sensor simulators（Event Hubs）（感測模擬器（Event Hub）), 100

Sensors and SimpleSensorConsole projects（Sensors 專案與 SimpleSensorConsole 專案）, 100-105

sending sensor telemetry to IoT Hub（傳送感測遙測資料到 IoT Hub）, 114-118

sensor implementation, TemperatureSensor（感測器實作，TemperatureSensor）, 101

SensorBase class（SensorBase 層級）, 100

SimpleSensorConsole project（SimpleSensorConsole 專案）, 102, 206, 311

EventHubLoadSimulator class（EventHubLoadSimulator 層級）, 102

Main method（Main 方法）, 105

output from running three sensors（運行三個感測器的輸出）, 103

transmitting events to Event Hubs（傳輸事件到 Event Hub）, 103

TempDataPoint structure（TempDataPoint 結構）, 102

Server Explorer（伺服器總管）, 34

uploading a batch of files to Blob Storage（上傳一批檔案到 Blob 儲存體）, 34

Server Message Block（SMB）network shares（伺服器訊息區塊（SMB）網路分享）, 52

Service Bus Explorer（服務匯流排總管）, 128

Service Bus SDK（服務匯流排 SDK）, 170

serving layer（服務層）, 289

（請同時參閱 hot and cold path serving layer）

speed and batch divisions（即時與批次）, 289

serving storage in Azure analytics pipeline（Azure 資料分析管線的服務儲存體）, 8

session consistency（對話一致性）, 299

Set-AzureStorageBlobContent cmdlet, 48

shared access signatures（共用存取簽章）, 360

shared keys（共用金鑰）, 359

shuffle（混洗）, 210

Signiant Flight, 51

site-to-site networking between on-premises（本機之間的站對站網路）

network and Azure（網路與 Azure）, 73

smart building telemetry（智慧建築遙測）, 11

（請同時參閱 Blue Yonder Airports scenario）

collecting（收集）, 73

SMB（Server Message Block）network shares（SMB（伺服器訊息區塊）網路分享）, 52

source（來源）

in analytics data pipeline（資料分析管線）, 1

in Azure analytics pipeline（Azure 資料分析管線）, 8

Spark jobs, executing HiveQL queries via（Spark 工作，執行 HiveQL）, 213, 272

Spark on HDInsight, 229-238

accessing files stored in Azure（存取 Azure 中的檔案）, 229

batch processing Blue Yonder Airports data（批次處理 Blue Yonder Airports 資料）, 232

creating an external table（建立外部資料表）, 233, 238

DataSet API, 232

Spark packages（Spark 封包）, 229

Spark SQL, 229

creating an external table（建立外部資料表）, 233-238

external and internal tables（外部與內部資料表）, 231

interactive querying with（以 Spark SQL 進行互動式查詢）, 280-285

exploring Blue Yonder Airports data（探索 Blue Yonder Airports 資料）, 281-285

indexes（索引）, 280

partitions（分割區）, 280

language integrated query（LINQ）format（語言整合查詢（LINQ）格式）, 231

modes of executing queries（執行查詢的模式）, 232

Spark Streaming on HDInsight, 175-192

events consumed from Event Hubs（從 Event Hub 取用事件）, 177

flow of data through streaming applications（通過串流應用的資料流）, 177

implementing a Streaming application（實作一個 Streaming 應用）, 179-183

provisioning an HDI cluster（準備一個 HDI 叢集）, 186-188

running the Streaming application locally（在本機運行 Streaming 應用）, 183-185

viewing application on Spark Web UI（在 Spark Web UI 上檢視應用）, 185

running the Streaming application on HDInsight（在 HDInsight 上運行 Streaming 應用）, 188-192

steps in building Streaming applications（佈建 Streaming 應用的步驟）, 178

SparkContext, 230

Speaker Recognition API（說話者辨識 API）, 328

speech services（語音服務）, 328

speed serving layer（即時服務層）, 289

Azure DocumentDB in（Azure DocumentDB）, 300-304

Azure Redis Cache in（Azure Redis Cache）, 292-297

Azure Search in（Azure 搜尋）, 319

Azure SQL Database in（Azure SQL Database）, 306-313

key aspects（關鍵特色）, 291

spouts（in Storm）（（Storm 中的）Spout 元件）, 131, 131

SQL

for querying Azure DocumentDB（查詢 Azure DocumentDB）, 297, 304

in Azure Stream Analytics（Azure 串流分析）, 200

support via Phoenix in HBase（透過 HBase 的 Phoenix 支援）, 314

U-SQL in Data Lake Analytics（Data Lake Analytics 中的 U-SQL）, 249

processing with（處理）, 251-260

vectorized execution in Hive（Hive 的向量化執行）, 272

SQL Data Warehouse（SQL 資料倉儲，請見 Azure SQL Data Warehouse）

SQL Database（請見 Azure SQL Database）

SQL R Services, 327

SQL Server

hybrid connection between web app running in Azure and SQL Server on premises（運行在 Azure 的 Web 應用與本機 SQL Server 的混合式連接）, 52

on Linux and macOS（在 Linux 和 macOS 系統）, 381

SQL R Services, 327

SQL Server Integration Services（SSIS）, Azure Feature Pack, 44

SQL Server Management Studio, 240, 268

analytics queries against memory-optimized table（針對記憶體最佳化資料表進行分析查詢）, 311

Object Explorer, examining utilization of available memory（物件總管，檢驗可用記憶體的使用情況）, 311

SQL-based data processing（Spark SQL）（基於 SQL 的資料處理（Spark SQL））, 175

SQLContext, 230

SQLLine command-line tool（SQLLine 命令行工具）, 316

SSH

connecting to HDInsight cluster head node
（連接到 HDInsight 叢集頂部節點），
150

running in Windows（在 Windows 系統中運
行），151

state management by consumers（取用者狀態管
理），127

Stinger initiative（Stinger 計畫），271

Stinger.next, 272

storage（儲存體），77

（請同時參閱 storing ingested data in Azure）

HBase on HDInsight, 315

in analytics data pipeline（在資料分析管線），
2

in Azure analytics pipeline（在 Azure 資料分
析管線），8

in Azure SQL Data Warehouse（在 Azure SQL
資料倉儲），239

in Azure, accessing files from Spark on
HDInsight（在 Azure，從 Spark on
HDInsight 存取檔案），229

in data lakes（在資料湖），2

options for Azure Data Lake Analytics（Azure
Data Lake Analytics 的儲存體選項），
250

storing credentials to Azure Storage account
（儲存憑證資訊到 Azure 儲存體帳
戶），241

Storage account（儲存體帳戶）

creating for bulk ingest of flight delay data
（為大量輸入航班延誤資料而建立），
82

defining degree of replication of data（定義資
料複寫程度），79

storage services in（儲存體服務），79

storage analytics logging（儲存體分析紀錄），
363

storage encryption（儲存體加密），361

stored procedures（預存程序）

encapsulated R code making predictions in
（嵌入 R 程式碼到預存程序，產生預
測），327

native compiled stored procedures in Azure
SQL Database（Azure SQL Database 的
本地編譯預存程序），305, 306

storing ingested data in Azure（在 Azure 儲存已
擷取資料），77-122

file-oriented storage（基於檔案的儲存體），
77

Azure Blob Storage（Azure Blob 儲存體），
79-84

Azure Data Lake Store, 84-90

HDFS（Hadoop Distributed File System），
90-94

queue-oriented storage（基於佇列的儲存體），
94-122

Blue Yonder scenario, smart buildings
（Blue Yonder Airports，智慧建
築），95-96

using Event Hubs（使用 Event Hub），96-
111

using IoT Hub（使用 IoT Hub），111-122

Storm on HDInsight, 129-170, 192-199

alerting with, C# implementation on Windows
cluster（產生警示，Windows 叢集的
C# 實作），156-170

C# topology implementation（C# 拓撲實
作），158

dev environment setup（開發環境設置），
156

provisioning Windows HDI cluster（準備一
個 Windows HDInsight 叢集），164

running the topology on HDI（在 HDInsight
上運行拓撲），166

alerting with, Java implementation on Linux
cluster（產生警示，Linux 叢集的 Java
實作），133-156

Java dev environment setup（Java 開發環
境設置），133

provisioning Linux HDI cluster（準備一個
Linux HDInsight 叢集），146

running the topology on HDI（在 HDInsight
上運行拓撲），149

topology implementation（拓撲實作），
136-146

applying Storm to Blue Yonder Airports
scenario（應用 Storm 到 Blue Yonder
Airports 情境），132

comparison to Azure Stream Analytics
（與 Azure 串流分析之比較），201

consuming from queuing systems
（從佇列系統取用），131
processing guarantess for tuples
（tuple 的處理保證），131
Storm with tick tuples, 196-199
Storm with Trident, 192-196
Trident window computations
（Trident 視窗運算），193
Stream Analytics（串流分析，請見 Azure Stream
Analytics）
Stream Computing Platform for .NET（SCP.
NET），158
stream grouping（串流分組），130
stream loading（串流加載），17, 73-75
with Event Hubs（與 Event Hub 串流加載），
74
using IoT Hub（使用 IoT Hub 串流加載），
74
stream processing（串流處理），123-129
consuming messages from Event Hubs
（從 Event Hub 取用訊息），125
Spark Streaming on HDInsight, 175-192
strong consistency（強式一致性），299
structures as values, Redis support of
（Redis 支援的索引值類型），292
supervised learners（監督式學習者），321

T

T-SQL, 200
embedding R script within（嵌入 R 腳本到
T-SQL），327
native compiled stored procedures in Azure
SQL Database（Azure SQL Database
的本地編譯預存程序），306
Table Storage（表格儲存體），79
TaskTracker, 210
TCP, cloud storage service access via
（TCP，透過 TCP 存取雲端儲存體），51
TemperatureSensor class（example）
（TemperatureSensor 層級（範例）），101
Text Analytics, 328, 331
Tez, 272

running undercover in interactive queries
（運行於互動式查詢底層的 Tez），280
threat detection（威脅偵測），363
throughput units（TUs），in Event Hub（輸送量單
元（TU），Event Hub 中），98
tick tuples, Storm with（tick tuple，Storm with
tick tuples），196-199
time to live（TTL）（存活期間（TTL））
data expiration in data stores（資料存放區的
資料有效期限），291
expiration on keys in Redis Cache（Redis
Cache 的索引鍵的有效期限），292
extending on keys in Redis Cache（在 Redis
Cache 延展索引鍵的存活期間），295
on documents in DocumentDB, 300
TLS（Transport Layer Security）（TLS（傳輸層
安全性協定）），362
HTTPS over（在 TLS 上的 HTTPS），74
tombstone markers, 315
topologies（Storm）（拓撲（Storm）），130
C# implementation, running on HDI
（C# 實作，運行在 HDInsight 上），
166-170
Java implementation, AlertTopology
（Java 實作，AlertTopology），136-146
running the topology on HDI（在 HDInsight
上運行拓撲），149
Storm with Trident, 192
temperature alerts for Blue Yonder Airports
scenario（Blue Yonder Airports 情境的
溫度警示），132
training experiments（訓練實驗），324
example for predicting flight delays
（預測航班延誤的範例），324
transient storage in Azure analytics pipeline
（Azure 資料分析管線的暫時儲存體），8
Translator API, 331
transparent data encryption（透明資料加密），
361
Trident, Storm with, 192-196
batch operations in Trident（在 Trident 中批次
作業），196
Trident window computations（Tridenr 視窗運
算），193

tuple-at-a-time processing（一次一 tuple 處理
　　法），129-174
　　Azure Machine Learning（Azure 機器學習），
　　　174
　　EventProcessorHost, 170
　　HDInsight, 129
　　Storm on HDInsight, 129-170
tuples, 130
　　tick tuples, using with Storm, 196-199

U

U-SQL, 249
　　executing a job from Azure Data Factory
　　　（從 Azure Data Factory 執行一個工
　　　作），261
　　interactive querying with（以 U-SQL 執行互
　　　動式查詢），285-288
　　processing with（以 U-SQL 處理），251-260
　　syntax, differences from SQL and C#（語法，
　　　與 SQL 或 C# 的不同之處），249
UDP, uploading files to Azure Storage via
　　　（UDP，透過 UDP 上傳檔案到 Azure 儲
　　　存體），51
unified log（event data）in kappa architecture
　　　（Kappa 資料架構的統一日誌（事件資
　　　料）），5
unsupervised learners（非監督式學習者），323
USB adapter, SATA II/III-to-USB（USD 轉接
　　　器，SATA II/III-to-USB），21
UTF-8-encoded CSV（UTF-8 編碼的 CSV 檔
　　　案），200
UTF-8-encoded JSON（UTF-8 編碼的 JSON 檔
　　　案），200, 203

V

vectorized SQL engine（向量化 SQL 引擎），272
Video API（影片 API），331
views（Hive）（視圖（Hive）），214
virtual machines（VMs）（虛擬機器（VM））
　　using for bulk ingestion into Blob Storage
　　　（大量擷取資料到 Blob 儲存體），84

with FTP services, transferring files to Azure
　　Storage（使用 FTP 服務，傳輸資料到
　　Azure 儲存體），50
with Visual Studio preinstalled（預先安裝
　　Visual Studio），11
virtual private networks（VPNs）（虛擬私人網路
　　（VPN）），73
vision services, 328
Visual Studio 2015, 156
　　authoring U-SQL with（以 Visual Studio 編寫
　　　U-SQL），252
　　deploying and running a Storm topology on
　　　HDI,（在 HDInsight 上部署與運行
　　　Storm 拓撲）166
　　HDInsight tools for, installing（HDInsight
　　　tools for Visual Studio，安裝），157
　　running Hive queries from（運行 Hive 查詢），
　　　274
　　Tools for Azure Functions（Azure 函式工
　　　具），332
　　using Cloud Explorer and Server Explorer to
　　　bulk load Blob Storage（使用雲端總管
　　　和伺服器總管大量載入資料到 Blob 儲
　　　存體），34-41
　　using Cloud Explorer to bulk load into Data
　　　Lake Store（使用雲端總管大量載入資
　　　料到 Data Lake Store），41-42
　　using for SQL Data Warehouse queries
　　　（執行 SQL 資料倉儲查詢），240
　　using to bulk load data into Blob Storage
　　　（大量載入資料到 Blob 儲存體），84
Visual Studio 2015 with Update 1, 1, 11
volume, configuring with New Simple Volume
　　Wizard（磁卷，以 New Simple Volume
　　Wizrd 配置），23
VPNs（virtual private networks）（VPN（虛擬私
　　人網路）），73

W

WAImportExport tool（WAImportExport 工具），
　　20, 22
　　complete command example（完整命令範
　　　例），27

metadata and logfiles created by running（運行 WAImportExport 工具而建立的中繼資料與紀錄檔案），28

running（運行），26

wasb:（Windows Azure Storage Blobs），93

weather data（example）（天氣資料（範例）），10

（請同時參閱 Blue Yonder Airports 情境）

web browsers（Web 瀏覽器）

Storm UI, accessing（Storm UI，存取），151

uploading files via, in Azure Portal（上傳檔案，到 Azure 入口網站），43

Web Jobs, 51

deploying to Azure App Services（部署到 Azure App 服務），174

EventProcessorHost in（在 Web Jobs 的 EventProcessorHost），171

hybrid connections, using to talk to onpremises SQL Server（混合式連接，與本機 SQL Server 對話），53

Web Language Model API（Web 語言模型 API），328, 331

web portal for Azure Data Catalog（Azure 資料目錄的 Web 入口網站），343

web search, HBase support for（Web 搜尋，HBase 支援），314

web service, setting up training experiment as（Web 服務，設定訓練實驗為），324

Web Sockets, AMQP over, 96

WebHDFS API, 84

WHERE clause（WHERE 子句），265

Windows Azure Storage Blobs（wasb:），93

Windows systems（Windows 系統）

HDInsight cluster running Storm on（運行 Storm 的 HDInsight 叢集），164

with BitLocker drive encryption（BitLocker 磁碟加密），21

WITH clause（WITH 子句）

CREATE EXTERNAL TABLE statement（CREATE EXTERNAL TABLE 陳述式），247

CREATE TABLE statement（CREATE TABLE 陳述式），267

for memory-optimized table（記憶體最佳化資料表），310

write once, read many（WORM）workloads（單寫多讀（WORM）工作負載），90

Y

YARN Resource Manager（YARN 叢集管理員），177, 212, 257

Z

zone-redundant storage（ZRS）（區域備援儲存體（ZRS）），80, 84

Zookeeper, 129, 148, 160

hostname needed by many HBase commands（HBase 命令所需的主機名稱），316

關於作者

Zoiner Tejada 擁有超過 17 年的軟體顧問經驗，曾任軟體架構師、技術長與新創企業的執行長，專精雲端運算、大數據、數據分析及機器學習等領域。他是首批獲選 Microsoft Azure MVP（最有價值專家）的得獎者之一，並連續五年獲得該獎項，目前他在 Azure 及 Microsoft 資料平台（Data Platform）兩個領域中皆榮獲 MVP 獎項。他是在史丹佛大學取得電腦科學學士學位。

Zoiner 是《*Exam Ref 70-532: Programming Microsoft's Clouds*》（Azure 證照的官方參考書）及《*Developing Microsoft Azure Solutions*》的共同作者，同時也是 Pluralsight.com 上 "Google Analytics Fundamentals" 課程的講師。

出版記事

本書封面的動物是菲律賓藍腹和平鳥（學名：*Irena cyanogastra*），是菲律賓群島的特有鳥種，體型與烏鴉相似。藍腹和平鳥的背部及羽毛前端呈深藍色，而雄性的羽色更為鮮豔。儘管在日光下藍腹和平鳥極為顯眼，在鬱鬱蔥蔥的森林中羽色反而成了極佳的保護色。

藍腹和平鳥棲於潮濕的森林地帶，以水果及昆蟲為主食，無花果是牠們最愛的食物。藍腹和平鳥的鳥喙十分強健，可將水果咬碎成小塊後食用。通常這些鳥類不會單獨行動，常以一對或小群體在林冠之間採食。雄性會竭力發出鳥鳴來保衛雌性，而雌性則以築巢作為回報。雌性的藍腹和平鳥一次會產下二至三顆蛋，雄性及雌性會一同養育雛鳥。

歐萊禮叢書封面上有許多動物正瀕臨絕種，想知道你能如何幫助牠們，請參考 *animals.oreilly.com*。

封面圖的來源為 *Natural History of Birds*。

精通 Azure Analytics｜在雲端上使用 Azure Data Lake、HDInsight 與 Spark

作　　者：Zoiner Tejada
譯　　者：沈佩誼
企劃編輯：莊吳行世
文字編輯：詹祐甯
設計裝幀：陶相騰
發 行 人：廖文良

發 行 所：碁峰資訊股份有限公司
地　　址：台北市南港區三重路 66 號 7 樓之 6
電　　話：(02)2788-2408
傳　　真：(02)8192-4433
網　　站：www.gotop.com.tw
書　　號：A546
版　　次：2018 年 09 月初版
建議售價：NT$680

商標聲明：本書所引用之國內外公司各商標、商品名稱、網站畫面，其權利分屬合法註冊公司所有，絕無侵權之意，特此聲明。

版權聲明：本著作物內容僅授權合法持有本書之讀者學習所用，非經本書作者或碁峰資訊股份有限公司正式授權，不得以任何形式複製、抄襲、轉載或透過網路散佈其內容。

版權所有 ● 翻印必究

國家圖書館出版品預行編目資料

精通 Azure Analytics：在雲端上使用 Azure Data Lake、HDInsight 與 Spark / Zoiner Tejada 原著；沈佩誼譯. -- 初版. -- 臺北市：碁峰資訊, 2018.09
　　面；　公分
　　譯自：Mastering Azure Analytics
　　ISBN 978-986-476-920-9(平裝)
　　1.雲端運算
312.136　　　　　　　　　　　　　107015776

讀者服務

● 感謝您購買碁峰圖書，如果您對本書的內容或表達上有不清楚的地方或其他建議，請至碁峰網站：「聯絡我們」\「圖書問題」留下您所購買之書籍及問題。(請註明購買書籍之書號及書名，以及問題頁數，以便能儘快為您處理)
http://www.gotop.com.tw

● 售後服務僅限書籍本身內容，若是軟、硬體問題，請您直接與軟體廠商聯絡。

● 若於購買書籍後發現有破損、缺頁、裝訂錯誤之問題，請直接將書寄回更換，並註明您的姓名、連絡電話及地址，將有專人與您連絡補寄商品。

● 歡迎至碁峰購物網
http://shopping.gotop.com.tw
選購所需產品。